金属有机骨架材料去除水中
难降解有机污染物的研究

程建华　著

科学出版社

北京

内 容 简 介

本书系统阐述了金属有机骨架材料在去除水中典型难降解有机污染物的应用，包括吸附法、光催化法、电芬顿法及生物酶催化法，重点分析了金属有机骨架材料的改性策略及水中典型难降解有机污染物的去除提升机制，对推动先进功能材料在水处理中的应用具有重要的学术价值和实践意义。

本书可供从事金属有机骨架材料及其相关领域研究的人员，以及高等院校相关专业师生参考使用。

图书在版编目（CIP）数据

金属有机骨架材料去除水中难降解有机污染物的研究/程建华著. —北京：科学出版社，2023.6

ISBN 978-7-03-075106-5

Ⅰ. ①金… Ⅱ. ①程… Ⅲ. ①金属材料—有机材料—骨架材料—应用—难降解有机物—有机废水处理 Ⅳ. ①X703

中国国家版本馆 CIP 数据核字（2023）第 042643 号

责任编辑：郭勇斌 邓新平 常诗尧 / 责任校对：郝璐璐
责任印制：吴兆东 / 封面设计：众轩企划

科学出版社 出版
北京东黄城根北街 16 号
邮政编码：100717
http://www.sciencep.com
北京厚诚则铭印刷科技有限公司印刷
科学出版社发行 各地新华书店经销
*
2023 年 6 月第 一 版 开本：720×1000 1/16
2024 年 4 月第二次印刷 印张：19 1/2
字数：386 000
定价：**139.00 元**
（如有印装质量问题，我社负责调换）

序

　　难降解有机污染物是一类难降解、有毒、可在生物体内富集放大的有机化学物质，具有三致作用（致癌、致畸、致突变），会对人类健康和环境造成严重危害。如何有效地去除水中的难降解有机污染物成为摆在科研工作者面前的一道难题。近年来，金属有机骨架（MOF）材料因其具有高孔隙率、大比表面积、结构及孔道尺寸可调等特性，在去除难降解有机污染物方面显示出巨大的优势。

　　金属有机骨架材料是 21 世纪发展迅速的一种新型配位聚合物，由无机金属节点与有机配体自组装形成的具有周期性网络结构的多孔晶体材料。MOF 材料已成为无机化学、结构化学等多个化学分支的重要研究方向。与传统的微孔材料和介孔材料（包括沸石、活性炭）相比，MOF 材料有着更加多样的结构和组分，同时还兼具比表面积大、孔径均匀等特性。这些特性使得 MOF 材料在吸附分离、催化、药物递送、质子导电和传感等方面具有非常好的应用前景。但大多数 MOF 材料的机械稳定性、热稳定性和化学稳定性较差，制约了其进一步发展。为了克服这些问题，MOF 材料的改性成为研究热点，最新的研究已制备出了一系列性能优异的 MOF 材料，如有序大孔-微孔 MOF 单晶材料、具有生物相容性的 MOF 材料（bio-MOF）等。

　　华南理工大学程建华教授在环境化学、材料学等学科，长期从事先进功能材料的开发及水中毒害性污染物的去除研究，特别是在 MOF 材料去除水中难降解有机污染物方面开展了大量研究工作，积累了丰富的科研成果。主要包括：①针对水中的难降解有机污染物，制备具有优异吸附性能、易回收的 MOF 材料。②利用 MOF 材料本身的光催化特性，与氧化石墨烯、石墨相氮化碳、离子液体等功能材料结合构成复合光催化材料，实现对水中典型难降解有机污染物的有效降解去除。③利用铁基 MOF 材料的电催化活性，高效去除水中的抗生素。④将 MOF 材料与生物酶结合，协同降解酚类污染物。

　　《金属有机骨架材料去除水中难降解有机污染物的研究》是一本关于利用 MOF 材料去除水中难降解有机污染物的专著，系统阐述了 MOF 材料的改性及应用发展趋势，主要介绍了不同 MOF 材料在吸附、光催化、电芬顿、生物酶催化等方面的应用，分析了 MOF 材料的改性机制及 MOF 材料与有机污染物相互作用的机理。该书是国内在金属有机骨架材料与水污染修复结合方面的一本优秀著作，该书的出版对推动先进功能材料在水处理中的应用具有重要的学术价值和实践意义。

中国工程院院士

2023 年 3 月 23 日

前　言

金属有机骨架（MOF）材料是由无机金属节点和有机配体通过配位作用形成的一种有机-无机杂化材料。MOF 材料具有多样性的结构、超大的比表面积（常见的多孔材料如碳材料、沸石材料等，它们的比表面积最大约为 2000 m^2/g，而 MOF 材料的比表面积可达 7000 m^2/g）、可调控性强和易于功能化（有机配体功能化不饱和金属位点）等优点。近些年，在众多科研工作者的共同努力下，MOF 材料的合成和功能化开发已经取得了可喜的进展。更多的合成经验和方法被成功应用于 MOF 材料的定向设计和合成，同时通过材料掺杂或功能性修饰，将光、电、磁等功能引入其骨架结构中，除保留孔结构本身的吸附能力和分子识别功能外，还赋予了 MOF 材料更多的功能。MOF 材料因具备诸多优点而引起众多学者的关注，使其在环境修复和污染控制等领域得到广泛的应用。

近年来，MOF 材料及其复合材料在环境修复方面的应用研究发展迅速。开发 MOF 与其他功能组分[氧化石墨烯（graphene oxide，GO）、石墨相氮化碳（g-C_3N_4）、纺丝材料、活性酶、离子液体等]构建的功能化 MOF 材料、探索改性 MOF 材料中 MOF 与功能组分间的相互关系及协同作用，极大地拓展了功能化 MOF 材料在环境修复领域的应用。MOF 材料多样的功能化有机配体和内部价键轨道等独特的性质，以及其在吸附、高级氧化方面等所表现出的优异性能，都展现了其在土壤、水体、大气等各类环境中的应用潜力。MOF 材料同时具备均匀分布的孔道、超大的比表面积及方便易行的修饰方法，可以通过物理吸附或化学吸附作用，将难降解有机污染物吸附到活性基团上。另外 MOF 材料可以与其他材料复合，改善其在水中的稳定性和回收性能，提高其选择性吸附能力和循环使用性能。MOF 材料具有可调的不饱和金属位点、功能化有机配体和孔道中的客体分子，使得 MOF 材料能够作为高级氧化的催化剂，MOF 材料可以在外界条件下催化产生具有强活性的物种，如羟自由基（·OH）、超氧自由基（·O_2^-）、单线态氧（$^1O_2$）等，然后通过自由基诱发一系列自由基链式反应，高效去除水中绝大多数的难降解有机污染物，实现废水的净化。除此之外，MOF 材料具有生物相容性、大比表面积、高负载量，可以作为酶、多肽、氨基酸等生命物质和微生物的良好载体，在微生物降解污染物领域有着广阔的应用前景。

本书基于笔者研究团队的科学实验、学位论文及所发表的学术论文等研究成果进行编写。第 1 章介绍 MOF 材料的基本情况、制备方法和改性及应用。第 2 章介绍难降解有机污染物的基本特性、去除难降解有机污染物的方法和 MOF 材料在去除难降解有机污染物方面的应用。第 3 章介绍 MOF 材料吸附去除难降解有机污染物，重点是铝基金属有机骨架材料及其复合材料和沸石咪唑酯骨架及其静电纺纤维材料吸附去除难降解有机污染物。第 4 章介绍 MOF 材料利用光催化去除难降解有机污染物，包括 MIL-68(In)-NH$_2$ 复合材料、MIL-88A(Fe)复合材料等利用光催化去除阿莫西林、布洛芬等污染物。第 5 章介绍 MOF 材料利用类芬顿体系去除磺胺甲噁唑。第 6 章介绍 MOF 材料负载生物酶去除难降解有机污染物，包括 MIL-88B(Fe)负载辣根过氧化物酶降解去除酚类污染物等。

本书的研究成果是在笔者及其所指导的数届博士研究生及硕士研究生的共同努力下完成的。全书共六章，由程建华撰写，感谢李晓慢、林家亮、牛继亮对本书的完善、设计、整理和审校，感谢李冬梅、齐辰晖、许嘉鑫、韩帅鹏、华涛、蓝秀权、伍丹惠、陈雅真、郭晓岚、胡同珂、彭永俊等对本书在资料收集和整理方面的贡献。

本书的研究成果基于国家自然科学基金项目"MOFs-石墨烯自组装复合光催化剂制备及对水中痕量抗生素去除机制研究"（21976060）、广州市珠江科技新星项目"基于紫外（UV）-超声（US）催化氧化体系降解水中全氟辛烷磺酸钾（PFOS）及机理研究"（x2hjB2120050）及东莞市社会科技发展重点项目"铟基 MOFs/氧化石墨烯复合光催化材料的开发与应用"（20185071631595）。

由于笔者水平及目前的认知程度有限，本书不足之处恳请广大读者批评指正。

程建华

2022 年 7 月

目　录

序
前言
第1章　金属有机骨架材料简介 ……………………………………………1
　1.1　金属有机骨架材料概述 …………………………………………1
　　1.1.1　金属有机骨架材料的结构 …………………………………1
　　1.1.2　金属有机骨架材料的特性 …………………………………2
　　1.1.3　金属有机骨架材料的发展历程 ……………………………4
　1.2　金属有机骨架材料分类 …………………………………………4
　1.3　金属有机骨架材料的制备方法及影响因素 ……………………6
　　1.3.1　水热（溶剂热）法 …………………………………………6
　　1.3.2　微波合成法 …………………………………………………7
　　1.3.3　超声合成法 …………………………………………………8
　　1.3.4　电化学合成法 ………………………………………………9
　　1.3.5　机械化学法 ………………………………………………10
　1.4　金属有机骨架材料的改性及应用 ……………………………11
　　1.4.1　形貌调控 …………………………………………………12
　　1.4.2　金属有机骨架复合材料 …………………………………13
　　1.4.3　配体功能化 ………………………………………………14
　　1.4.4　制造缺陷 …………………………………………………16
　　1.4.5　金属有机骨架材料衍生物 ………………………………17
　参考文献 ……………………………………………………………17
第2章　金属有机骨架材料去除水中难降解有机污染物概述 …………19
　2.1　难降解有机污染物的概述 ……………………………………19
　　2.1.1　难降解有机污染物的概念 ………………………………19
　　2.1.2　难降解有机污染物的危害 ………………………………19
　2.2　去除难降解有机污染物的方法 ………………………………20
　　2.2.1　物理处理法 ………………………………………………21
　　2.2.2　高级氧化技术 ……………………………………………22
　　2.2.3　生物处理法 ………………………………………………31

2.2.4 复合工艺氧化方法 ·················32
2.3 MOF 材料在去除难降解有机污染物方面的应用 ·········33
2.3.1 MOF 材料去除难降解有机污染物的表征手段 ·······33
2.3.2 MOF 材料去除难降解有机污染物的应用进展 ·······38
参考文献 ·························39
第3章 金属有机骨架材料及其复合材料吸附去除水中难降解有机污染物的
研究 ························42
3.1 铝基金属有机骨架复合材料吸附去除甲基橙 ·········42
3.1.1 MIL-68(Al)/GO 的制备与表征 ············43
3.1.2 MIL-68(Al)及 MIL-68(Al)/GO 吸附去除甲基橙的性能研究 ···48
3.1.3 MIL-68(Al)及 MIL-68(Al)/GO 吸附去除甲基橙的机理探究 ···54
3.2 铝基金属有机骨架微球吸附去除双酚 A 和四环素类抗生素 ···59
3.2.1 MIL-68(Al)/SA-CS 微球吸附去除双酚 A ········59
3.2.2 MIL-68(Al)/GO 微球吸附去除四环素类抗生素 ·····73
3.2.3 MIL-68(Al)/GO 微球吸附去除四环素类抗生素的机理探究 ···86
3.3 磁性铝基金属有机骨架吸附去除抗生素 ···········93
3.3.1 Fe_3O_4@MIL-68(Al)的制备与表征 ·········93
3.3.2 Fe_3O_4@MIL-68(Al)吸附去除抗生素的性能研究 ····101
3.3.3 Fe_3O_4@MIL-68(Al)吸附去除抗生素的机理探究 ····108
3.4 沸石咪唑酯骨架及其静电纺纤维材料吸附去除刚果红 ·····115
3.4.1 ZIF-8 及 ZIF-8/PVA 的制备与表征 ·········116
3.4.2 ZIF-8 及 ZIF-8/PVA 吸附去除刚果红的性能研究 ····121
3.4.3 ZIF-8 吸附去除刚果红的机理探究 ·········125
参考文献 ························132
第4章 金属有机骨架材料光催化降解水中难降解有机污染物的研究 ····135
4.1 MIL-68(In)-NH$_2$/GO 复合材料光催化降解阿莫西林 ·····135
4.1.1 MIL-68(In)-NH$_2$/GO 复合材料的制备与表征 ·····136
4.1.2 MIL-68(In)-NH$_2$/GO 复合材料光催化降解阿莫西林的性能研究 ·141
4.1.3 MIL-68(In)-NH$_2$/GO 复合材料光催化降解阿莫西林的机理探究 ·145
4.2 g-C$_3$N$_4$/MIL-68(In)-NH$_2$ 复合材料光催化降解布洛芬 ····146
4.2.1 g-C$_3$N$_4$/MIL-68(In)-NH$_2$ 复合材料的制备与表征 ···147
4.2.2 g-C$_3$N$_4$/MIL-68(In)-NH$_2$ 复合材料光催化降解布洛芬的性能研究 ·154
4.2.3 g-C$_3$N$_4$/MIL-68(In)-NH$_2$ 复合材料光催化降解布洛芬的机理探究 ·159
4.3 IL/MIL-68(In)-NH$_2$ 复合材料光催化降解盐酸强力霉素 ····162
4.3.1 IL/MIL-68(In)-NH$_2$ 复合材料的制备与表征 ·····162

　　　4.3.2　IL/MIL-68(In)-NH₂复合材料光催化降解盐酸强力霉素的性能研究⋯⋯⋯ 172
　　　4.3.3　IL/MIL-68(In)-NH₂复合材料光催化降解盐酸强力霉素的机理探究 ⋯⋯⋯ 179
　4.4　IL/GO/MIL-88A(Fe)复合材料光催化降解四环素⋯⋯⋯⋯⋯⋯⋯⋯⋯⋯ 184
　　　4.4.1　IL/GO/MIL-88A(Fe)复合材料的制备与表征 ⋯⋯⋯⋯⋯⋯⋯⋯⋯⋯⋯ 184
　　　4.4.2　IL/GO/MIL-88A(Fe)复合材料光催化降解四环素的性能研究 ⋯⋯⋯⋯ 192
　　　4.4.3　IL/GO/MIL-88A(Fe)复合材料光催化降解四环素的机理探究 ⋯⋯⋯⋯ 198
　参考文献 ⋯⋯⋯⋯⋯⋯⋯⋯⋯⋯⋯⋯⋯⋯⋯⋯⋯⋯⋯⋯⋯⋯⋯⋯⋯⋯⋯⋯ 203
第5章　金属有机骨架材料催化类芬顿体系降解去除水中难降解有机
　　　　污染物的研究 ⋯⋯⋯⋯⋯⋯⋯⋯⋯⋯⋯⋯⋯⋯⋯⋯⋯⋯⋯⋯⋯⋯⋯ 206
　5.1　缺陷 MIL-88B(Fe)修饰阴极催化电芬顿体系降解去除磺胺
　　　　甲噁唑 ⋯⋯⋯⋯⋯⋯⋯⋯⋯⋯⋯⋯⋯⋯⋯⋯⋯⋯⋯⋯⋯⋯⋯⋯⋯⋯ 206
　　　5.1.1　MIL-88B(Fe)及缺陷 MIL-88B(Fe)的制备与表征⋯⋯⋯⋯⋯⋯⋯⋯⋯ 207
　　　5.1.2　缺陷 MIL-88B(Fe)修饰阴极催化电芬顿体系降解去除磺胺甲噁唑的
　　　　　　性能研究 ⋯⋯⋯⋯⋯⋯⋯⋯⋯⋯⋯⋯⋯⋯⋯⋯⋯⋯⋯⋯⋯⋯⋯ 208
　　　5.1.3　缺陷 MIL-88B(Fe)修饰阴极催化电芬顿体系降解去除磺胺甲噁唑的
　　　　　　机理探究 ⋯⋯⋯⋯⋯⋯⋯⋯⋯⋯⋯⋯⋯⋯⋯⋯⋯⋯⋯⋯⋯⋯⋯ 212
　5.2　双金属有机骨架材料耦合光电芬顿体系降解去除磺胺甲噁唑 ⋯⋯⋯ 214
　　　5.2.1　MOF-525、MOF-525-Fe/Zr 及其修饰阴极的制备与表征⋯⋯⋯⋯⋯⋯ 214
　　　5.2.2　MOF-525-Fe/Zr 修饰阴极催化光电芬顿体系降解去除磺胺甲噁唑的
　　　　　　探究 ⋯⋯⋯⋯⋯⋯⋯⋯⋯⋯⋯⋯⋯⋯⋯⋯⋯⋯⋯⋯⋯⋯⋯⋯⋯ 229
　　　5.2.3　MOF-525-Fe/Zr 修饰阴极催化光电芬顿体系活性增强机理及途径探究 ⋯⋯ 238
　参考文献 ⋯⋯⋯⋯⋯⋯⋯⋯⋯⋯⋯⋯⋯⋯⋯⋯⋯⋯⋯⋯⋯⋯⋯⋯⋯⋯⋯⋯ 244
第6章　金属有机骨架材料负载生物酶降解去除酚类污染物的研究 ⋯⋯⋯ 246
　6.1　MIL-88B(Fe)负载辣根过氧化物酶降解去除酚类污染物 ⋯⋯⋯⋯⋯ 246
　　　6.1.1　MIL-88B(Fe)及 MIL-88B(Fe)/HRP 的制备与表征 ⋯⋯⋯⋯⋯⋯⋯⋯ 247
　　　6.1.2　MIL-88B(Fe)/HRP 的酶学行为研究 ⋯⋯⋯⋯⋯⋯⋯⋯⋯⋯⋯⋯⋯⋯ 252
　　　6.1.3　MIL-88B(Fe)/HRP 降解去除酚类污染物的探究 ⋯⋯⋯⋯⋯⋯⋯⋯⋯ 261
　6.2　Cu-PABA 负载漆酶降解去除双酚 A ⋯⋯⋯⋯⋯⋯⋯⋯⋯⋯⋯⋯⋯⋯ 275
　　　6.2.1　Cu-PABA 及 Cu-PABA@Lac 的制备与表征 ⋯⋯⋯⋯⋯⋯⋯⋯⋯⋯⋯ 275
　　　6.2.2　Cu-PABA 及 Cu-PABA@Lac 的酶学行为研究 ⋯⋯⋯⋯⋯⋯⋯⋯⋯⋯ 281
　　　6.2.3　Cu-PABA@Lac 降解去除双酚 A 的探究 ⋯⋯⋯⋯⋯⋯⋯⋯⋯⋯⋯⋯ 288
　参考文献 ⋯⋯⋯⋯⋯⋯⋯⋯⋯⋯⋯⋯⋯⋯⋯⋯⋯⋯⋯⋯⋯⋯⋯⋯⋯⋯⋯⋯ 297

第 1 章　金属有机骨架材料简介

1.1　金属有机骨架材料概述

金属有机骨架（metal-organic framework，MOF）材料（也被称为金属有机框架、多孔配位聚合物）是由无机金属节点与有机配体自组装形成具有周期性网络结构的多孔晶体材料，是一类结合无机物的稳定性和有机物的可修饰性的杂化配位聚合物。这类材料具有大比表面积、高孔隙率等特性，而且结构及孔道尺寸可调，易于功能化和拥有丰富的活性位点。这些特性使得 MOF 材料在气体吸附分离、催化、药物递送、质子导电和传感等方面具有非常好的应用前景，尤其是在处理水中难降解污染物方面表现出了巨大的优越性。

1.1.1　金属有机骨架材料的结构

MOF 材料的结构主要包括：①由金属离子或金属簇构成的节点；②羧酸盐或含氮杂环阴离子配体构成的连接体；③由金属离子或金属簇与有机配体构成的拓扑结构。皮尔逊软硬酸碱理论可以描述 MOF 材料中金属离子或金属簇与有机配体之间的配位关系。将具有较大弱碱的离解常数的负对数（pK_b）值的含氮唑类配体归于软碱，羧酸类配体则归为硬碱；将金属离子划分为硬酸、中等强度酸和软酸，可将二者之间的配位关系类比于酸碱反应。

1. 构成节点的金属离子或金属簇

MOF 材料的组成元素（除去锕系元素）已超过 100 种。考虑到价格、毒性、结晶性等影响因素，常采用具有合适软硬度并与氧、氮等给电离子的配体和具有适中可逆性的二价金属离子的金属节点。尤其是第一过渡系的金属离子（如 Mn^{2+}、Fe^{2+}、Cu^{2+}、Zn^{2+} 等）。三价稀土离子被划分为硬酸，能够和含氧配体进行配位。该类离子具有满的 d 轨道，能够形成配位键，几何取向较难预测。因此由该类离子组成的 MOF 材料水稳定性较差。而其他三价金属（如 Cr^{3+}、Fe^{3+}、Al^{3+} 等）由于半径较小、价态较高、极化能力较强，与含氧配体能够形成较多的共价键，所构成的 MOF 材料具有较好的化学稳定性和热稳定性。还有 Zr^{4+}、Ti^{4+}

等四价金属离子也可以和配体形成更强的配位键，因此也被广泛用于制备 MOF 材料。

2. 作为连接体的配体

影响 MOF 材料性能的主要因素包括有机配体的可设计性和配位键的选择性。作为连接体的有机分子，要有不少于两个的配位官能团，且具有多端配位的特点。目前，羧酸类配体和吡啶类配体是构筑 MOF 材料的两种主要配体。早期常用于构筑 MOF 材料的有机配体为对苯二甲酸、均苯三甲酸等羧酸类配体。羧酸类配体属于硬碱，能够与多种金属离子形成较强的配位，尤其是和属于硬酸的高价金属离子进行配位。两者之间会形成更强的配位键，构筑的 MOF 材料稳定性更好。含氮杂环类配体是另一种常用于构筑 MOF 材料的有机配体。吡啶中含有 sp^2 杂化的氮原子，包含一对孤立的电子，吡啶和中心离子形成的键强度相对较弱；但咪唑、吡唑等多唑分子脱去质子后形成阴离子配体具有很强的碱性，能和金属离子配位，从而提高 MOF 材料的稳定性。

3. 拓扑结构

MOF 材料具有高度有序的结构。采用描述无机沸石拓扑结构的方法，将 MOF 材料的结构简化为拓扑网络。将构筑 MOF 材料结构中的次级结构单元（second building units，SBU）看成空间中的阵点，有机配体看成阵点之间的连接线，就可以把 MOF 材料的网状结构抽象为不同的拓扑网络。这些拓扑网络可以通过三个字母符号进行表示，如面心立方表示为 FCC（face-centered cubic）、体心立方表示为 BCC（bulk-centered cubic）等。通过引入拓扑结构的概念，不仅能够简单地描述 MOF 材料的结构，还可以根据节点的几何形状，选择不同长度的配体构筑具有特定网络的化合物[1]。

1.1.2　金属有机骨架材料的特性

鉴于 MOF 材料结构及功能可调的多样性等优势，MOF 材料具有高孔隙率、大比表面积、结构及孔道尺寸可调、不饱和的金属位点、电子传导等独特的特性，下面简单介绍 MOF 材料的部分特性。

1. 高孔隙率

高孔隙率是 MOF 材料最突出的特征之一，MOF-399 具有高达 94%的孔隙率[2]。MOF 材料结构中的金属节点与有机配体呈周期性有序排列，从而形成规整的空间网络结构。内部的孔隙一般是去除骨架中的客体分子后所留下的，因此 MOF 材料的孔隙大小与有机配体的长度及客体分子的残留程度有关。孔隙形状则与配位构型相关。金属离子与有机配体的连接方式不同，产生的孔隙结构也会不同，造成了 MOF 材料孔隙的多样性。而不同孔道尺寸的 MOF 材料的适用领域也有所不同。因此可以针对不同的领域，通过选择合适的配位构型的金属元素及合适的有机配体，从而设计出孔道尺寸相符合的 MOF 材料。孔隙率的高低直接反映了材料的致密程度，相同种类的材料，随着孔隙率及结构特征的不同，各种强度也有明显的差异。孔隙率越高的材料，其强度越低，因而也就更易发生坍塌。在实际应用中，选择不同的有机配体可以得到不同孔隙的材料。

2. 大比表面积

MOF 材料比其他多孔材料拥有更大的比表面积。1999 年，Yaghi 等首次合成了由对苯二甲酸有机配体和 Zn^{2+} 配位形成的 MOF-5，其比表面积高达 $3000\ m^2/g$[3]。2004 年，在 MOF-5 的基础上，Yaghi 研究小组又报道了比表面积高达 $4500\ m^2/g$ 的 MOF-177[4]。随着研究工作者对 MOF 材料的进一步深入研究，MOF 材料的比表面积又有了惊人的突破。2010 年，Yaghi 研究小组成功制备出一种新型 MOF-210，其朗缪尔（Langmuir）比表面积高达 $10\,400\ m^2/g$[5]。MOF 材料所具备的超大的比表面积为其在能源储存、吸附分离、催化及药物传递等领域的应用提供了良好的基础。

3. 结构及孔道尺寸可调

MOF 材料结构及孔道尺寸可调的特性也决定了其结构与功能的多样性。组成 MOF 材料的金属离子或有机配体的不同都能对材料的结构造成影响。不同的金属离子，配位能力会有所差别，如 Zn^{2+} 可以直接与 4 个配体相连，而 Cu^{2+} 则可以形成二聚铜后再和 4 个配体连接。此外，即使是相同的金属离子，也具有不同的配位数。同时，金属离子的价态也会对配位能力有一定的影响。有机配体的种类和配位方式繁多。在金属离子保持不变的基础上，改变有机配体的种类能够有效调节 MOF 材料的孔隙结构。除了金属离子与有机配体的影响，合成过程中的环境条件也会导致不同结构的出现，如温度、溶液的酸碱度及反应时间等。到目前为止，MOF 的生长机理仍未十分明确，哪个因素才是导致 MOF 材料结构多样性的主要因素，仍然有待研究。

4. 不饱和的金属位点

由于 N, N-二甲基甲酰胺（N, N-dimethylformamide，DMF）、水、乙醇等小客体分子的存在，不饱和的金属位点需与其进行结合满足配位需求。经过加热或真空处理后可以去除这些客体分子，从而暴露不饱和的金属位点。这些暴露的不饱和金属位点可以通过与 NH$_3$、H$_2$S、CO$_2$ 等气体配位，达到气体吸附分离的作用；也可以与带有氨基或羧基的物质进行配位，从而使 MOF 材料成为药物载体或肽段分离的有效工具。此外，含有不饱和金属位点的 MOF 材料亦可作为催化剂加速反应的进行。

1.1.3　金属有机骨架材料的发展历程

对金属有机骨架材料的研究是从配位化学发展而来的。尽管已知某些配位聚合物能够表现出可逆的吸附特性，如普鲁士蓝化合物和霍夫曼笼形物[6]。但由于条件和资源的限制并没有做出进一步的研究。1990 年，Hoskins 和 Robson 的始创性研究工作为后续金属有机骨架材料的发展奠定了基础[7]。在他们的论文中描述了 MOF 材料可以形成晶体，具有稳定的多孔结构，并且结构可调节。同时，也可以进一步通过后合成修饰引入功能化基团。20 世纪 90 年代，第一代 MOF 材料正式合成。由于在研究初期，该类 MOF 材料的稳定性和孔隙率都较差，一旦客体分子结构被移除，骨架就会坍塌。第二代 MOF 材料重点研究的内容之一就是提升材料的稳定性。1995 年，Yaghi 等第一次在 *Nature* 上提出金属有机骨架材料的概念。1999 年，他们以羧基为有机配体桥联过渡金属离子合成出新的 MOF 材料。这类材料克服了第一代 MOF 材料的缺点，不会坍塌。其比表面积大、孔道尺寸可调及热稳定性高，并且能选择性地吸附污染物。以 MOF-5 为代表的具有稳定结构的材料，其比表面积可高达 3000 m^2/g。第三代 MOF 材料是以拉瓦锡骨架系列材料为代表的具有柔性结构的 MOF 材料，这类材料在外界条件改变时结构会发生变化[8]。孔道能够在不同形态之间转变，这种现象被称为"呼吸现象"。在经过后合成修饰之后，仍然能够保持最初的拓扑结构和结构完整性的配位聚合物被列为第四代的 MOF 材料。后合成修饰通过改变有机配体、金属节点和表面环境来改进材料的性能，已经成为构筑 MOF 材料常用的功能化手段。目前，MOF 的发展已经从单纯的结构研究过渡到了对材料性能的开发和研究上，使得 MOF 材料的发展向实际应用又进了一步。

1.2　金属有机骨架材料分类

MOF 材料由无机金属节点与有机配体组成，可以根据需求进行结构的调整，因此 MOF 材料的种类众多。主要有沸石咪唑酯骨架（ZIF）系列材料、拉瓦锡骨架（MIL）系列材料、网状金属有机骨架（IRMOF）系列材料、孔-通道式骨架（PCN）系列材料及锆基三维微孔骨架（UiO）系列材料。

1. 沸石咪唑酯骨架（ZIF）系列材料

沸石咪唑酯骨架（zeolitic imidazolate frameworks，ZIF）系列材料主要以咪唑（或其衍生物）为双齿桥联配体，通过 N 原子与 Zn 或 Co 等过渡金属离子组装形成。该类材料具有类似硅铝分子筛孔隙结构。不同的是硅铝分子筛中的 Si 或 Al 原子被 Zn 或 Co 等过渡金属离子取代，而起桥联作用的氧桥也被替换成咪唑（或其衍生物）配体。2006 年，Yaghi 等通过共聚合作用合成了一系列 ZIF 材料 ZIF-n（n = 1~12），材料的孔径可以从 0.07 nm 跨越到 1.31 nm[9]。这类材料不仅耐高温，在碱性溶液和有机溶剂中也可保持稳定。自从 ZIF 材料被报道，人们对 ZIF 材料的研究不断地深入，ZIF 材料的应用领域也逐渐增多。与其他种类的 MOF 材料相比，ZIF 材料的热稳定性、化学稳定性均较好。其中 ZIF-8 在水中的热稳定性高达550℃。ZIF-8 由 2-甲基咪唑配体连接 Zn^{2+} 离子簇组成，呈现出方钠石拓扑结构。在 ZIF-8 材料中同时存在着具有酸碱性质的官能团，因此可以吸附多种污染物[10]。

2. 拉瓦锡骨架（MIL）系列材料

拉瓦锡骨架（materials of institute Lavoisier fameworks，MIL）系列材料可分为两类：一类是由镧系金属元素和过渡金属元素与戊二酸、琥珀酸等二元羧酸合成的；另一类则是由三价的 Cr、Fe、Al 或 V 等金属与对苯二甲酸或者均苯三甲酸合成的。此类材料由法国 Férey 等最先合成。MIL 系列材料的一个显著特点是具有"呼吸现象"，例如，MIL-53 具有孔径狭窄的微孔与孔径较宽的大孔两种孔隙结构。在吸附较大的染料分子时，受到温度的刺激后，微孔能够发生可逆的伸缩变化转化为大孔。MIL-68 是 MIL 系列材料中的一种。MIL-68(Al)是以 $AlO_4(OH)_2$ 八面体结构单元与对苯二甲酸有机配体桥联而成。通过三角形和六边形两种类型的孔道交替有序排列形成网络结构，孔径分别为 0.6~0.64 nm 和 1.6~1.7 nm[11]。MIL-68(In)是一种性能优异的铟（In）基金属有机骨架材料，具有较好的热稳定性和较大的比表面积[12]。但是其吸附量并不高，主要是由于 MOF 中原子密度低并且孔隙空间完全开放，使得结构稳定性和对小分子物质的捕获能力受到严重影响。因此，可以将 MOF 材料和其他材料复合以克服 MOF 材料本身的缺陷和不足。

3. 网状金属有机骨架（IRMOF）系列材料

网状金属有机骨架（isoreticular metal-organic frameworks，IRMOF）系列材料主要是由金属簇$[Zn_4O]^{6+}$与有机羧酸类配体以八面体开孔桥联而成的配位聚合物。1999 年，Yaghi 等首次合成 IRMOF-1，也被称为 MOF-5。它是由金属簇$[Zn_4O]^{6+}$与对苯二甲酸配位而成，呈现十分坚固的八面体结构且具有较大的比表面积。在

IRMOF-1 的基础上，通过采用改变有机配体的种类或用官能团修饰有机配体的方式合成了一系列拓扑结构不变、孔隙与功能各不相同的 IRMOF 材料。

4. 孔-通道式骨架（PCN）系列材料

孔-通道式骨架（porous coordination network frameworks，PCN）系列材料一般由铜离子和均苯三甲酸等有机配体反应而成。该类 MOF 材料可以通过调节有机配体的种类改变孔道及窗口的大小及性质。具有代表性的材料是由 Williams 等合成的 HKUST-1，又被称为 Cu-BTC[13]。Cu-BTC 具有独特的四重对称方形孔隙结构，还具备良好的电化学活性，因此在气体存储、催化及传感等领域具有很好的应用前景。

5. 锆基三维微孔骨架（UiO）系列材料

锆基三维微孔骨架（University of Oslo frameworks，UiO）系列材料是 Lillerud 等于 2008 年，以 Zr^{4+} 和对苯二甲酸为主体首次合成的材料[14]。这类材料是最稳定的 MOF 材料之一，在 500℃ 的高温下，依然可以保持结构的稳定。最典型的代表为 UiO-66，是由一个 Zr_6 八面体核与 12 个对苯二甲酸配体配位组成，结构高度对称。因为 Zr_6 八面体核与配体中羧基的氧元素之间具有很强的相互作用，因此具有良好的水稳定性和热稳定性。此材料在催化和吸附分离等方面都受到了广泛的关注[15]。

1.3　金属有机骨架材料的制备方法及影响因素

随着研究的不断深入，合成金属有机骨架材料的方法不仅越来越简单高效，而且能够根据特定的需求，通过调节金属离子与有机配体的种类、比例等进行半定向合成。目前，合成 MOF 材料的方法主要包括水热（溶剂热）法、微波合成法、超声合成法、电化学合成法和机械化学法[16]。在制备过程中，需要考虑所用原料的成本、合成条件、工艺程序、活化过程等因素，以期获得高产率、少杂质、绿色环保的材料。

1.3.1　水热（溶剂热）法

水热（溶剂热）法是 MOF 研究者最早使用的合成方法，如图 1.1 所示。水热法将反应原料与水或 DMF 配置成溶液，常温下磁力搅拌使金属离子与有机配体完全溶解后，再转移至相应容积大小的聚四氟乙烯反应釜中，在 50～250℃ 温度下，反应一段时间后自然冷却到室温，离心分离，然后进行样品的后续处理，如离心、抽提、洗涤等。而随后发展出来的溶剂热法，其原理与水热法相同，只是扩大了溶剂的使用范围,不再仅限于水,而是可选用带有不同官能团的有机溶剂。溶剂的性质会影响 MOF 材料的性质,其中水、乙醇和 N, N-二甲基甲酰胺是最常用的溶剂。水热(溶剂热)法合成过程有许多影响因素,溶剂类型、反应温度、反应时间、反应物的比例、调节剂的种类、溶液 pH 等都需考虑,这些条件决定了晶体能否成核生长。

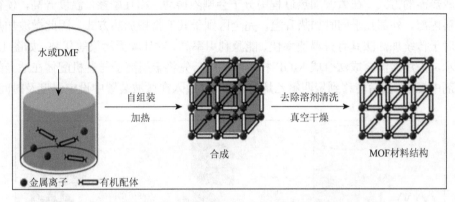

图 1.1　水热(溶剂热)法合成 MOF 材料结构

该方法操作简单、合成的产物产率高、纯度高、晶型好且粒径大小及形态可控。在金属有机骨架材料领域,经典的 ZIF、UiO、MIL、PCN 等大多通过此方法合成(表 1.1)。但该方法在反应过程中难以实时了解反应的历程,且合成时间一般比较长。

表 1.1　水热(溶剂热)法合成 MOF 材料示例

金属有机骨架材料	金属	配体	溶剂	合成条件
ZIF-8[17]	Zn(NO$_3$)$_2$·4H$_2$O	2-甲基咪唑	N, N-二甲基甲酰胺	80℃,72 h
UiO-66[18]	ZrCl$_4$	对苯二甲酸	N, N-二甲基甲酰胺	120℃,24 h
MIL-68(Al)[19]	AlCl$_3$·6H$_2$O	对苯二甲酸	N, N-二甲基甲酰胺	130℃,18 h
MIL-68(In)[20]	In(NO$_3$)$_3$·4.5H$_2$O	对苯二甲酸	对苯二甲酸	100℃,48 h
HKUST-1[21]	Cu(NO$_3$)$_2$·3H$_2$O	均苯三甲酸	水/乙醇	180℃,12 h

1.3.2　微波合成法

微波是指频率为 300 MHz～300 GHz、波长在 1 mm～1 m(不含 1 m)之间的电磁波,其波长比红外线、远红外线等其他用于辐射加热的电磁波更长,具有更好的穿透性。介质材料通常都能吸收微波能，并与微波电磁场相互耦合，形成各种功率耗散，从而达到能量转化的目的。能量转化的方式有许多种，其中离子传导及偶极子转动是微波加热的主要原理。传统加热方式是通过热传导、对流和辐射，热量总是由表及里传递进行加热物料，物料中不可避免地存在温度梯度，故加热的物料不均匀，致使物料出现局部过热。微波加热是一种依靠物体吸收微波能，并将其转换成热能的方式。在微波加热过程中分子会剧烈振动，相互摩擦，温度升高，使得材料内部、外部几乎同时加热升温，完全区别于其他常规加热方式。因此微波加热相对于传统加热法具有升温速率快、能源利用率高、对环境无污染等优势。如图 1.2所示，采用微波合成法合成 MOF 材料结构时，先将金属离子与有机配体在适当的溶剂中混合，然后转移到聚四氟乙烯容器里，并放入在微波装置中设定温度及时间。

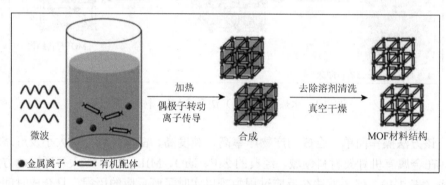

图 1.2　微波合成法合成 MOF 材料结构

　　微波合成法最重要的参数是微波功率和反应时间。微波功率的增加会使混合物更快地被加热到目标温度，因此 MOF 晶体的生成速率会更快。但产物产率却随着微波功率的增加而降低，这是因为过大的微波功率反而加速了晶体结构的破坏，导致了低产量现象。反应温度的提高也可以观察到类似的趋势，随着反应温度的提高，结晶速率有所提高，但只能在较窄的加热时间范围内获得高质量的晶体。

　　微波合成法相比传统水热法，具有反应速度快、合成的 MOF 晶体尺寸小、可选择性合成 MOF 晶体等优势。通常情况下，微波合成法合成的 MOF 晶体成核速率和 MOF 晶体生长速率比传统水热法的快 5～40 倍。

1.3.3　超声合成法

　　超声波的频率高于人类的听觉上限（大约为 20 000 Hz），波长一般短于 2 cm，由一系列的纵波组成。由于其波长比分子尺度大得多，因此在该合成过程中超声波需要通过介质对物质进行作用才能完成合成过程。当超声波在液体中传播时，由于超声波的频率较高，液体分子会发生剧烈的振动，这种振动会促使液体内部产生一个个微小的空隙，随着这些空隙的迅速胀大闭合，促使液体微粒之间发生猛烈的撞击作用，这些剧烈撞击产生的压强可以达到几千 MPa，这种现象被称为"声空化"。如图 1.3 所示，采用超声合成法合成材料正是通过液体作为介质，利用液体的"声空化"作用加速结晶。液体的"声空化"作用所产生的每个气泡都是一个"热点"，经过超声波的稀疏相和压缩相作用以后，气泡会经历形成、生长、收缩的过程。而在经过周期性振荡以后，气泡会急速破裂。在破裂过程中会形成一个瞬间高温（约 5000 K）高压（约 100 MPa）的反应场所，冷却速率在 10^{10} K/s 以上，同时会产生强烈的冲击波和 100 m/s 的微射流，冲击波和微射流导致分子原子发生剧烈碰撞，使气泡内部发生化学键的断裂，加强非均相界面间的扰动，加快物质的传递速率，改变材料的表面性质，从而引发高能的化学反应。

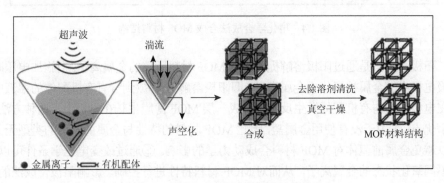

图 1.3　超声法合成 MOF 材料结构

　　采用超声合成法需要关注反应时间、反应物浓度、超声波功率、溶剂组成等影响因素。反应时间通常决定了 MOF 晶体的尺寸，但其使 MOF 晶体粒径增大还是减小需要结合具体的 MOF 晶体种类进行分析。反应物浓度对 MOF 晶体的形貌和晶体大小也会产生显著影响。一般来说，将反应物浓度降低到最佳点会使晶体尺寸减小，在此基础上进一步降低反应物浓度可能会导致晶体团聚。超声波功率的选择与温度直接相关，提高超声波功率可以提高反应合成过程中的最高温度及升温速率。此外，还需要注意合成过程中溶剂的选择，极性非质子溶剂的加入会使反应体系活化能提高，这是因为阴离子配体与极性非质子溶剂之间会形成氢键，阻碍合成反应的发生。超声合成法具有成核均匀、晶化时间短、晶体尺寸小的优点。

1.3.4　电化学合成法

　　电化学合成法较其他几种方法更易制成 MOF 薄膜，可在几十分钟或几小时内合成膜，且反应条件温和，可在室温下进行。如图 1.4 所示，合成过程中原料损耗很少，便于实现连续生产，实验设备也较简单。目前电化学合成法主要分为阳极合成法、阴极合成法、间接双极电沉积法、电位移法（电镀置换法）和电泳沉积法。下面简要介绍阳极合成法和阴极合成法。

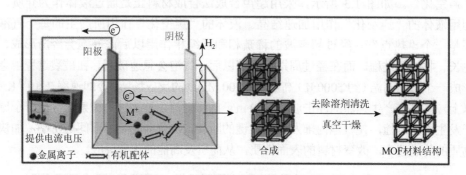

图 1.4　电化学合成法合成 MOF 材料结构

阳极合成法是通过阳极溶解提供合成 MOF 材料所需的金属离子。当施加电压时，阳极电极中的金属被氧化成金属离子（即阳极溶解），释放到含有有机配体的溶液中，并在电极附近与有机配体发生反应，形成一层 MOF 薄膜生长在电极上。这种方法有两个优点：①由于没有使用金属盐，因此 MOF 材料的特性与金属前驱体的类型无关，可以避免金属前驱体对 MOF 材料合成动力学的影响。②通过改变电化学条件可以获得不同氧化状态的金属离子，从而对 MOF 材料特性进行控制。影响阳极合成法的因素有溶剂性质、外加电压、电解液浓度、电沉积时间和电极间距等。通常情况下，质子溶剂是阳极溶解的首选电解液，因为这能够确保合成过程中的氢析出，并防止金属离子在阴极上的还原。在较高的电势下，阳极溶解的速率增加，能够进一步提高 MOF 晶体的成核速率，因此电势也会影响晶体的尺寸。

阴极合成法是通过外加电场使阴极电极表面生成 OH$^-$，并产生从阴极表面到电解液体相的 pH 梯度，有利于配体去质子化，随后与金属离子在电极表面自组装形成 MOF 材料。在这种情况下，电极仅作为电子源；而在阳极溶解中，电极还需要作为金属源。因为金属离子和有机配体生成的共沉积 MOF 晶体层与电极之间有较好的黏附力，电极表面和沉积层之间没有空隙，不存在压缩应力，所以阴极沉积法没有 MOF 晶体从电极上分离这一阶段，刚好克服了阳极合成法的缺点。

1.3.5　机械化学法

典型的机械化学法是将粉末材料研磨或铣削，可在玛瑙研钵中手动研磨，也可借助电动机械（如球磨机或其他研磨机械）实现。如图 1.5 所示，机械化学法过程中提供的动能可对固体粉末产生多种影响，比如，产生热量、粒径减小、在晶格中形成缺陷和位错、局部熔化甚至出现晶相变化。值得一提的是，机械化学法作为一种搅拌手段还提供了优良的传质过程。在此过程中，机械应力有可能通过破坏晶体而增加比表面积，促进了相互渗透和后续反应。

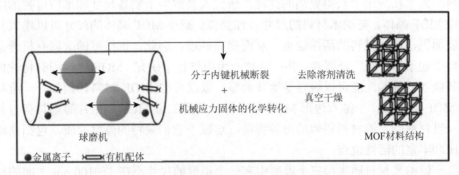

图 1.5　机械化学法合成 MOF 材料结构

用于合成 MOF 材料的机械化学法一般可以分为 3 种：①无溶剂研磨法，即反应过程不使用任何溶剂。机械应力可引起许多物理现象（机械物理）及化学反应，使得分子内键的机械断裂，引发化学转化。②液体辅助研磨法，即加入微量液体溶剂使反应物在分子水平上实现活性增强，加速机械化学反应。液体溶剂还可能发挥结构导向作用而起到优化 MOF 材料的作用。与金属醋酸盐、硝酸盐不同，不含结晶水的金属碳酸盐和金属氧化物通常需要添加少量液体溶剂来辅助反应过程。少量液体溶剂的添加可加速研磨或铣削的固态反应，并且为分子扩散提供润滑作用。③离子液体辅助研磨法，即同时使用少量液体溶剂和盐离子加速 MOF 晶体形成，特别适用于直接由金属氧化物合成 MOF 材料。利用添加简单离子盐作为催化手段，诱导并增强机械化学反应使其直接由金属氧化物合成 MOF 材料。该方法对形成柱撑层状 MOF 材料结构具较高效率，其中的离子和液体溶剂同时具有结构导向作用。

1.4　金属有机骨架材料的改性及应用

在大多数 MOF 结构中，无机金属节点容易被有机配体阻断，导致没有足够的活性（吸附）位点与底物进行结合或反应，并且金属离子与有机配体间的配位键键能通常较弱，因此许多 MOF 材料的机械稳定性、热稳定性和化学稳定性较差。为了让 MOF 材料能够在吸附分离、催化、能源储存领域，尤其是环境修复领域具备更好的性能，对该材料进行改性成为研究重点。

1.4.1　形貌调控

　　纳米材料是指至少有一个维度（长、宽、高）上的尺寸在 1~100 nm 之间的材料。为了在应用中获得更高的性能，研究人员致力于制备尺寸和形貌可控的纳米级 MOF 晶体。与纳米材料的尺寸特性类似，减小 MOF 晶体的尺寸可以增大其比表面积，增加材料的活性位点，从而提高性能。因此，低维度的金属有机骨架材料引起了学者的广泛兴趣，并在各种应用中进行了研究。MOF 材料固有特性使得其微观结构和性能可以很容易地被调整。低维度的 MOF 材料，例如，一维单壁 MOF 纳米管、一维六边形 MOF 纳米棒、超薄二维 MOF 纳米片等都具有与其他一维材料、二维材料相似的形貌特征，这赋予它们独特的维度性质，包括高纵横比和丰富的活性位点。

　　一维纳米材料通常指三个维度中有一个维度的尺寸不在 1~100 nm 之间的材料，比如，纳米线、纳米管、纳米带和纳米棒等。由于一维纳米材料的晶体存在各向异性，会更容易暴露出活性位点或反应晶面，因此有着独特的电学、光学、热学、机械及磁性等性质，这使得它们在近 20 年被人们广泛研究，且在电子、光子、生物和能源储存与转换等领域展现出了优良的应用前景。如图 1.6 所示，制备一维 MOF 材料的策略大致可以分为两种，即模板法和无模板法。模板法能够有效地控制 MOF 材料的形貌，已广泛应用于制备各种一维 MOF 材料，如 ZIF-8 纳米线、Cd-BTC 纳米棒等。而无模板法则避免了烦琐的模板制备过程和模板去除步骤，具有较好的通用性。

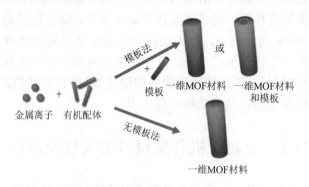

图 1.6　一维 MOF 材料合成方法

　　二维纳米材料是指三个维度中有两个维度的尺寸不在 1~100 nm 之间的材料，如超薄纳米片等。纳米片状的 MOF 材料表现出优异的机械强度、出色的柔韧性、大比表面积等特性。例如，原子厚度使二维 MOF 纳米片具有很高的机械灵活性和光学透明度,使它们成为柔性电子器件和透明电子器件合适的候选材料;超薄的厚度及较大的横向尺寸使二维 MOF 材料成为需要低传质阻力和高通量的气体分离超薄膜的理想材料;超大的比表面积使底物分子与活性位点更容易接触,从而提高催化活性。因此,超薄二维 MOF 材料在光电设备、催化、电容器、吸附分离等领域得到了广泛的应用。二维 MOF 纳米片的制备方法包括自上而下法和自下而上法。自上而下法涉及到 MOF 层结构的剥离,主要通过物理剥离和化学剥离获得二维 MOF 纳米片。自下而上法是指直接合成二维 MOF 纳米片,可以采用界面合成、三层合成、表面活性剂辅助合成、调制合成等方法。

1.4.2 金属有机骨架复合材料

复合材料通常指两种或两种以上的物质组成的材料,是功能材料与基质材料的结合。由于不同组分之间产生耦合和协同作用,因此复合材料具备新的特性,为整个系统提供更加理想的性能。MOF 复合材料可分为三种结构类型:①MOF 材料作为载体或基质,承载、分散纳米材料;②壳核结构的 MOF 复合材料;③MOF 材料作为功能材料,负载在其他载体或基质上。在第一种结构类型中,MOF 材料利用孔隙容纳纳米颗粒。MOF 材料的孔道能够产生限制效应,有效阻止纳米材料的聚集和扩散,使纳米颗粒均匀分布。其中的笼状孔隙,因具有较大的空腔尺寸和较小的孔隙开口,使得纳米颗粒在其中不容易浸出。第二类 MOF 复合材料被广泛应用于吸附分离、催化和传感等领域。有时为了提高 MOF 材料在生物应用中的稳定性、水分散性和生物相容性,会使用二氧化硅和有机聚合物包覆 MOF 材料进行改性。第三种结构类型中采用的基底可以是二维的也可以是三维的,而 MOF 材料沉积在二维基底上是常用的制备 MOF 基薄膜的方式。为了构建 MOF 复合材料,目前已开发出多种合成方法。如图 1.7 所示,可分为以下几种类型:①表面改性封装法;②MOF 空腔内原位合成法;③自牺牲模板法;④多步合成异质结;⑤一锅合成法。

迄今为止,MOF 材料已经成功地与有机聚合物、石墨烯、生物分子、金属纳米粒子、金属氧化物、量子点、多金属氧酸盐、碳纳米管等物质组成复合材料,并且获得了单个组分无法达到的性能。作为配位聚合物,MOF 晶体常常表现出一定的脆性和不稳定性。当体系中有流体流动时,会不可避免地造成材料的大量损失。而在静电纺丝纳米纤维表面生长或沉积 MOF 晶体获得的分级多孔 MOF/聚合物纳米纤维能够固定 MOF 材料,有利于循环使用,且 MOF 材料高度开放、互联的纤维结构还能够降低流体的传输限制。因此这种独特的性能组合使得多孔 MOF 材料在能源储存和环境修复领域有良好的应用前景。单一 MOF 材料作为光催化剂时存在光生空穴和光生电子分离效率低、吸附驱动力不足及活性位点少等缺点,而石墨烯表面含氧官能团丰富，且具有优秀的亲水特性、导电性、化学活性，将其与 MOF 材料进行复合，能够增强界面作用，提高电荷传输效率，促进吸附和光催化协同降解，有效提升污染物降解效率。此外，MOF 材料也是热门的酶固定化材料。酶的高效催化和生物转化的能力远远超过人工催化剂，并且固定化酶的活性明显优于游离酶，因此将 MOF-酶复合材料应用于工业过程是一个规避人工催化剂费力设计和合成的策略。

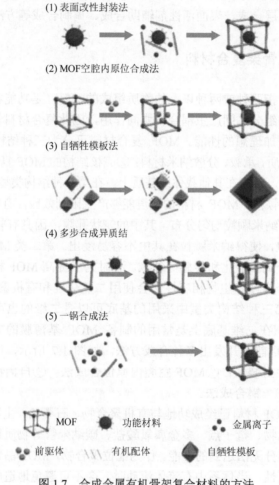

(1) 表面改性封装法

(2) MOF 空腔内原位合成法

(3) 自牺牲模板法

(4) 多步合成异质结

(5) 一锅合成法

MOF　　　功能材料　　　金属离子
前驱体　　　有机配体　　　自牺牲模板

图 1.7　合成金属有机骨架复合材料的方法

1.4.3　配体功能化

目前，MOF 材料的设计主要基于"结点-连结单元"和"次级结构单元（SBU）"这两个 MOF 结构模型。这些模型主要涉及到前驱体，包括金属离子或金属簇、有机配体，以及它们原位形成的中间产物，这些都被简便地概念化为诸如点、线、多边形或多面体等结构，而 MOF 材料则是这些几何体周期性和互补性的组合产物。功能化 MOF 材料的构筑，则是在上述模型的构建过程中，适当地引入功能化基团以此赋予材料所需要的特性，例如，引入氨基修饰 MOF 材料。已有研究表明采用 2-氨基对苯二甲酸代替对苯二甲酸作为配体可以调节 MOF 材料的光学吸收特性。一方面，其共轭效应有所增强，可见光响应能力提高，从而实现太阳能的高效转化和利用，使 MOF 材料在可见光条件下仍具有较高的污染物降解效率；另一方面，功能化基团的引入可以诱导 MOF 结构改变，对 MOF 材料的结晶度、孔隙度、柔韧性、稳定性和拓扑结构等性质有着重要影响。所以，通过预先设计 MOF 材料，使用理想的功能化基团就可以合成具有特定功能的 MOF 材料。

目前，常用来构筑功能化 MOF 材料的方法主要可分为前修饰策略和后修饰策略。在 MOF 结构模型的构建过程中，对其孔道和空腔的物理环境进行修饰，使其能调节与有机配体的相互作用，从而调节整个骨架结构的化学稳定性和反应性，科学家们将这种构筑功能化 MOF 材料的策略称为前修饰策略。通常，前修饰策略至少有三种不同的方法来实现 MOF 材料的功能化，分别为：①使用功能化基团作为有机结构单元实现功能化 MOF 材料构筑。②结合金属离子来实现功能化 MOF 材料的构筑。③加入辅助分子，通过非共价键相互作用与金属离子和有机配体结合来构筑功能化 MOF 材料。上述三种方法是可调节 MOF 结构的物理性质和化学性质的方法，丰富了 MOF 材料作为高性能、多用途材料的制备方法。然而，这三种方法都要求在分子中预先修饰功能化基团。目前，在配体合成时或在合成 MOF 材料过程中存在一些限制，减少了这些方法的应用范围。例如，有些取代基由于其独特的化学属性（反应性等）或物理属性（极性等），可通过预修饰配体来构筑功能化 MOF 材料，但有时会受到其他用来合成 MOF 结构的组分的干扰，或者与 MOF 结构合成条件不相容（如化学稳定性或热稳定性、溶解度、体积等），从而无法得到目标结构。另外，与任何 MOF 结构的合成一样，寻找合适的反应条件来构筑一个基于功能化有机配体的特殊 MOF 结构，通常是非常耗时且非常复杂的，这也进一步限制了通过前修饰策略来构筑功能化 MOF 材料。基于此，科学家们又提出了另一种策略可以避免这些限制，在已经得到的 MOF 晶体材料上进行修饰。具有足够坚固的骨架和多孔结构的 MOF 材料，经修饰与转换后不影响总体骨架的完整性，可以将各种各样的化学反应应用于修饰配位聚合物骨架，从而构筑功能化的 MOF 材料，这种策略称为后修饰策略。后修饰策略有 5 种后修饰方法：后合成修饰、后合成脱保护、后合成交换、后合成插入和后合成聚合。由于 MOF 材料能够根据应用方向进行功能化修饰，因此被广泛应用于吸附分离、气体储存、能量转化、催化、负载、药物传递等方面。

1.4.4　制造缺陷

MOF 材料具有高孔隙率、大比表面积、不饱和金属位点、结构与功能多样性等优点。就美学角度而言，具有对称性、周期性结构的 MOF 材料才是理想的 MOF 材料。然而，在一些特定情况下，缺陷反而可以通过改变 MOF 材料的外表面性质、内部孔隙结构或产生新的活性位点等途径增强其某方面的性能，如吸附、催化等。因此，环境修复领域的研究者开始通过人为引入缺陷，以获得某方面性能增强的缺陷 MOF 材料，应用于污染控制。

MOF 材料由金属离子或金属簇构成的金属节点与有机配体通过自组装方式相连接而成，其缺陷可分为有机配体缺失缺陷和金属节点缺失缺陷。若根据缺陷尺寸大小及其结构的维度，可分为点缺陷、线缺陷、面缺陷和体缺陷。若根据缺陷所在的位置，可分为外部缺陷和内部缺陷。内部缺陷源于部分金属节点或有机配体的缺失，这些缺失会导致材料骨架内的局部周期性遭到破坏，有机配体的溶解可能导致 MOF 材料表面变得粗糙或者出现裂痕，形成外部缺陷。

合成缺陷 MOF 材料的方法主要有两种：从头合成和后合成修饰。为了在 MOF 材料合成过程中制造缺陷，控制 MOF 的结晶过程至关重要。在 MOF 材料合成配方中加入调节剂可以控制 MOF 的动力学和结晶度。少量的调节剂可以降低 MOF 的结晶速率，以获得较高的结晶度；大量的调节剂，再加上有机配体数量不足，会导致调节剂参与到骨架的合成中，从而有利于缺陷的形成。混合配体也可以制造缺陷，部分金属有机骨架上的配体被具有不同基团的其他配体取代从而形成缺陷。此外，使用微波辅助合成和超声波的快速结晶过程也可以导致有机配体缺失形成缺陷。合成方法中的后合成修饰主要是 MOF 材料合成后的异构处理，是暴露金属节点的一种强有力的方法。为了有效地切断金属节点和有机配体的连接，可以采用酸/碱处理、溶剂辅助配体交换、活化、机械处理等方法。这些方法在金属节点上产生缺陷，同时能够保持 MOF 的结晶度。

MOF 规律的晶体结构决定其性质，而引入缺陷会破坏 MOF 内部的晶体结构，进而较大程度地改变 MOF 材料的性能。缺陷主要可以影响三方面的性质：孔道分布、比表面积和表面电荷。引入有机配体缺失缺陷或金属节点缺失缺陷会使材料中本来规律的孔隙结构局部变得无序，产生新的微孔、介孔甚至大孔，从而增加材料的孔体积（孔容）和比表面积，进而提升材料的吸附效果。在光响应 MOF 材料中引入缺陷可以促进光生电子的转移、抑制光生电子–空穴对的复合、优化能带结构，从而提高材料的光催化性能。从化学催化角度，MOF 材料中的有机配体缺失或金属节点缺失形成的孔隙会使材料内部暴露，在材料中创造额外的活性位点，并且会使反应物更容易接触到活性位点，从而提升材料的催化性能。总之，缺陷 MOF 材料在催化领域具有较广的应用空间，可以根据需求针对性地通过改变晶体结构而对 MOF 材料性能进行调控。

1.4.5　金属有机骨架材料衍生物

目前，新的 MOF 材料仍然在不断地被合成出来，而这些 MOF 材料在环境治理和能源再生方面有很大的优势。但是，一些 MOF 材料稳定性差，电导率低，这在一定程度上限制了 MOF 材料的应用。MOF 材料所具有的结构规则、成分均匀、含碳量高等特点使其被认为是理想的自牺牲模板和金属前驱体。

MOF 的自牺牲模板法操作简单，其中的金属组分可以用于获得纳米结构的金属单质或金属氧化物，而有机组分则可作为碳源制备纳米多孔碳。现有报道的 MOF 材料衍生物主要包括纳米金属离子材料、多孔碳材料及金属纳米粒子掺杂的多孔碳复合材料等。这些衍生物通常能保持 MOF 材料金属前驱体的形貌和孔隙结构，因此可以通过改变 MOF 材料的金属种类和数量、有机配体的功能化基团等，制备出各类金属纳米材料及 N、P、S、F 等杂原子掺杂的多孔材料。值得注意的是，通过将不同结构、结晶度的 MOF 材料金属前驱体置于不同的煅烧温度、环境下，可以得到具有不同拓扑结构、晶相和气孔率的材料。目前 MOF 材料衍生物主要被应用在环境、催化领域，并展现出优越的应用前景。

参 考 文 献

[1] 张晋维，李平，张馨凝，等. 水稳定性金属有机骨架材料的水吸附性质与应用[J]. 化学学报，2020，78（7）：597-612.

[2] Furukawa H，Go Y B，Ko N，et al. Isoreticular expansion of metal-organic frameworks with triangular and square building units and the lowest calculated density for porous crystals[J]. Inorganic Chemistry，2011，50（18）：9147-9152.

[3] Li H，Eddaoudi M，O'Keeffe M，et al. Design and synthesis of an exceptionally stable and highly porous metal-organic framework[J]. Nature，1999，402（6759）：276-279.

[4] Chae H K，Siberio-Pérez D Y，Kim J，et al. A route to high surface area，porosity and inclusion of large molecules in crystals[J]. Nature，2004，427（6974）：523-527.

[5] Furukawa H，Ko N，Go Y B，et al. Ultrahigh porosity in metal-organic frameworks[J]. Science，2010，329（5990）：424-428.

[6] Altintas C，Avci G，Daglar H，et al. Database for CO$_2$ separation performances of MOF based on computational materials screening[J]. ACS Applied Materials & Interfaces，2018，10（20）：17257-17268.

[7] Lin Y，Wan H，Chen F，et al. Two-dimensional porous cuprous oxide nanoplatelets derived from metal-organic frameworks（MOF）for efficient photocatalytic dye degradation under visible light[J]. Dalton Transactions，2018，47（23）：7694-7700.

[8] Férey G，Mellot-Draznieks C，Serre C，et al. A chromium terephthalate-based solid with unusually large pore

volumes and surface area[J]. Science，2005，309（5743）：2040-2042.

[9] Park K S，Ni Z，Côté A P，et al. Exceptional chemical and thermal stability of zeolitic imidazolate frameworks[J]. Proceedings of the National Academy of Sciences，2006，103（27）：10186-10191.

[10] Chizallet C，Lazare S，Bazer-Bachi D，et al. Catalysis of transesterification by a nonfunctionalized metal-organic framework：Acido-basicity at the external surface of ZIF-8 probed by FTIR and ab initio calculations[J]. Journal of the American Chemical Society，2010，132（35）：12365-12377.

[11] Yang Q，Vaesen S，Vishnuvarthan M，et al. Probing the adsorption performance of the hybrid porous MIL-68(Al)：A synergic combination of experimental and modelling tools[J]. Journal of Materials Chemistry，2012，22（20）：10210-10220.

[12] Volkringer C，Meddouri M，Loiseau T，et al. The Kagomé topology of the gallium and indium metal-organic framework types with a MIL-68 structure：Synthesis，XRD，solid-state NMR characterizations，and hydrogen adsorption[J]. Inorganic Chemistry，2008，47（24）：11892-11901.

[13] Chui S S Y，Lo S M F，Charmant J P H，et al. A chemically functionalizable nanoporous material [$Cu_3(TMA)_2(H_2O)_3$] n[J]. Science，1999，283（5405）：1148-1150.

[14] Cavka J H，Jakobsen S，Olsbye U，et al. A new zirconium inorganic building brick forming metal organic frameworks with exceptional stability[J]. Journal of the American Chemical Society，2008，130（42）：13850-13851.

[15] Wu H，Yildirim T，Zhou W. Exceptional mechanical stability of highly porous zirconium metal-organic framework UiO-66 and its important implications[J]. The Journal of Physical Chemistry Letters，2013，4（6）：925-930.

[16] Banerjee R，Phan A，Wang B，et al. High-throughput synthesis of zeolitic imidazolate frameworks and application to CO_2 capture[J]. Science，2008，319（5865）：939-943.

[17] Abdelhameed R M，Abu-Elghait M，El-Shahat M. Hybrid three MOF composites（ZIF-67@ ZIF-8@ MIL-125-NH$_2$）：Enhancement the biological and visible-light photocatalytic activity[J]. Journal of Environmental Chemical Engineering，2020，8（5）：104107.

[18] Abid H R，Tian H，Ang H M，et al. Nanosize Zr-metal organic framework（UiO-66）for hydrogen and carbon dioxide storage[J]. Chemical Engineering Journal，2012，187：415-420.

[19] Yu L，Cao W，Wu S，et al. Removal of tetracycline from aqueous solution by MOF/graphite oxide pellets：Preparation，characteristic，adsorption performance and mechanism[J]. Ecotoxicology and Environmental Safety，2018，164：289-296.

[20] Yang C，Wu S，Cheng J，et al. Indium-based metal-organic framework/graphite oxide composite as an efficient adsorbent in the adsorption of rhodamine B from aqueous solution[J]. Journal of Alloys and Compounds，2016，687：804-812.

[21] Eddaoudi M，Kim J，Rosi N，et al. Systematic design of pore size and functionality in isoreticular MOF and their application in methane storage[J]. Science，2002，295（5554）：469-472.

第 2 章　金属有机骨架材料去除水中难降解有机污染物概述

随着化学工业和农业的发展，环境中难降解有机污染物[1]研究越来越受到人们的关注，尤其是那些在地下水中具有生物富集性和高毒性的物质。难降解有机污染物对于全球环境和人类健康的巨大危害越来越引起各国政府、学术界、工业界和公众的广泛重视，现已成为一个备受关注的全球性环境问题。在环境中有大量的难降解有机污染物，其通过大气、水及生物等介质，实现长距离迁移和沉积，同时还会随着食物链而发生富集，最后就会对人们的身体健康造成严重不良影响。难降解有机污染物在环境中的残留时间比较长，是世界各国关注的环境焦点。由于 MOF 材料自身具有的大比表面积、高孔隙率、结构易调节等特性，已经广泛应用于难降解有机污染物的治理中。

2.1　难降解有机污染物的概述

2.1.1　难降解有机污染物的概念

难降解有机污染物是一类具有高毒性、持久性、易于在生物体内聚集和长距离迁移和沉积、对环境和人体有着严重危害的有机化学污染物质。

难降解有机污染物主要是人工合成，对于农业来说，有机氯农药难降解、高残留，在食品和环境中仍可检出残留；苯氧酸型除草剂、杀虫剂的使用，使二噁英在土壤中残留量增加。工业化学品中，如多氯联苯（polychorinated biphenyls，PCBs）广泛应用于变压器、电容器、充液高压电缆、油漆、复印纸的生产和塑料行业，工业生产排放的"三废"中也含有二噁英和呋喃等，会对环境产生严重的影响[2]。畜牧业和医药大量使用的抗生素也是产生难降解有机污染物的一个非常重要的来源，虽然现在许多发达国家已不断减少具有难降解和生物富集性化学品的使用，但许多发展中国家，尤其是热带地区的国家，还在大量使用这类农药和抗生素。

2.1.2　难降解有机污染物的危害

持久性：难降解有机污染物具有抗光解性、化学分解和生物降解性，例如，二噁英系列物质在气相中的半衰期为 8～400 d，水相中为 166 d 到 2119 a，土壤和沉积物中约 17～273 a[①]。

生物富集性：难降解有机污染物的辛醇-水分配系数大，因此难降解有机污染物从周围介质物质中富集到生物体内，并通过食物链逐级放大累积到高级动物，其生物浓缩因子（bioconcentration factor，BCF）高，进而达到中毒的浓度，引发各种疾病。

半挥发性：难降解有机污染物因具有半挥发性，能够以蒸气形式存在或者吸附在大气颗粒物上，可在大气环境中作长距离迁移，重新沉降到地球上。正是由于难降解有机污染物的这一特性，使得在全球的每一个角落，包括大陆、沙漠、海洋等都可检测出难降解有机污染物的存在。

高毒性：难降解有机污染物会对人体健康和生态系统产生毒性影响，包括对肝、肾等脏器和神经系统、内分泌系统、生殖系统等产生急性或慢性毒性及致癌、致畸、致突变等遗传毒性，并且这些危害一般都会持续一段时间。

2.2　去除难降解有机污染物的方法

为了避免含难降解有机污染物的废水污染水体，进而引发一系列水环境安全问题及生物致毒、致畸现象，该类废水必须进行严格处理后才能排放。目前，物理处理法、化学处理法（重点是高级氧化技术）、生物处理法和复合工艺氧化方法是常用的废水处理四大类方法[3]。

物理处理法是指通过物理作用，在不改变污染物化学性质的条件下对难降解有机污染物去除的方法。常用方法包括：吸附法、膜分离技术等。物理处理法的优点是成本低廉且操作简单，但缺点是对低浓度的废水去除效果通常不太理想，一般很难达到国家水质标准。

化学处理法是指通过化学反应改变污染物的化学性质，来固定废水中的难降解有机污染物或将难降解有机污染物转化为无害物质的方法。常用方法包括：化学沉淀法、氧化还原法、混凝沉淀法及高级氧化技术等。高级氧化技术的优点是操作简单且去除效果较好，受到越来越多的关注。

生物处理法是指有效利用环境微生物或水生植物的正常生长代谢的规律，将水中的难降解有机污染物转化成无毒物质或者固定在生物体内的方法。常用方法包括：活性污泥法、酶处理法和生物膜法等。生物处理法的优点是成本低廉、去除效果良好且一般不产生二次污染。但缺点是由于生物体生长周期等原因限制，一般耗时较长。

复合工艺氧化方法详见下文。接下来介绍一些常见的废水处理方法。

---

① 数据来源：王焕君，刘玉彩. 地下水中持久性有机污染物研究综述[J]. 水工业市场，2011（10）：51-54.

2.2.1　物理处理法

物理处理法是一种在不改变污染物化学性质的前提下,对废水中的污染物进行集中回收和处理的方法。目前最常见的处理抗生素废水的物理方法包括吸附法和膜分离技术等。其中,吸附法具有操作方便、成本低、效率高、吸附剂可重复利用、吸附剂种类多和来源广等优点,它被认为是最有前景且符合可持续发展要求的一种处理方法,并广泛应用于抗生素废水的处理。

1. 吸附法

吸附法是利用多孔性固态物质对废水中的污染物进行吸附净化的方法。通常把多孔性固态物质称为吸附剂,把被吸附的污染物称为吸附质。吸附作用根据机理主要分为两类,物理吸附和化学吸附。

物理吸附是由吸附剂分子和吸附质分子间力的相互作用产生的吸附。物理吸附的吸附速率快,但吸附后稳定性差,具有可逆性。分子被吸附后动能降低,故是放热过程。物理吸附可以分为单分子层吸附和多分子层吸附。由于分子力的普遍存在,一种吸附剂能吸附多种物质,所以物理吸附没有选择性。但由于吸附质的性质不同,吸附效果会有所差异。物理吸附与吸附剂的比表面积、孔径分布和温度等因素有关,金属有机骨架材料由于具有超大的比表面积和孔体积被广泛用于污染物的去除。

化学吸附是吸附剂和吸附质之间以化学键方式结合而产生的吸附。化学吸附具有吸附过程较慢且不可逆的特点,化学吸附是吸热过程,温度上升能促进吸附反应的进行。化学吸附有选择性,一般为单分子层吸附。化学吸附与吸附剂的表面化学性质及吸附质的化学性质有关。物理吸附和化学吸附有时是分别进行的,但有时二者又同时进行。许多理论模型[如朗缪尔等温线模型、膜扩散模型、颗粒内扩散模型等]都认为液膜扩散过程是整个吸附过程的控速过程[4-6]。抗生素在土壤或沉积物中的吸附一般是非线性吸附,其中弗罗因德利希(Freundlich)等温线模型参数 K_F,较适合描述此过程。线性吸附常数通常用于模拟和评估抗生素的吸附行为,因为在低吸附质浓度时吸附等温线呈线性。研究表明,难降解有机污染物吸附中的 K_F 和吸附平衡常数 K_d 都与有机碳含量呈正相关关系。难降解有机污染物的吸附行为在较大程度上受其化学结构影响,因此吸附率会受吸附剂与吸附质相互作用、吸附剂比表面积、吸附剂与吸附质比例和吸附剂粒径等因素影响。

在吸附法应用的过程中,吸附剂的选择非常重要。近年来国内外学者致力于寻求经济高效的吸附材料。用于抗生素废水去除难降解有机污染物的常见的吸附剂主要有金属有机骨架及其衍生物吸附剂（如 ZIF-8、MIL-68、MOF/石墨烯）、黏土和矿物、聚合树脂、金属氧化物（如氧化铝、氧化镁）、分子印迹聚合物、壳聚糖和凝胶。其中，MIL-68 由于其具有良好的水稳定性、大比表面积、高孔隙率且结构及功能可调等优点已成为近年来的研究热点，尤其在吸附分离领域已得到广泛应用。

2. 膜分离技术

膜分离技术是利用膜的选择透过性，使废水中的污染物转移至膜上，使其得以分离、浓缩[15]。根据膜孔径的不同，膜分离技术分为微滤膜、超滤膜和纳滤膜。根据渗透压的不同，可将其分为反渗透法和正渗透法。超滤膜和纳滤膜通常带有电性，即使在较低压力下仍能高效截留分子量在数百以上的物质。二者的区别在于膜两侧压力差不同，造成推动力的差异，导致截留分子大小的不同。反渗透法通常用于去除水中大分子和离子化合物。污染物被滞留在选择透性膜的一侧，而清洁水通过膜进入另一侧。与反渗透法相反，正渗透法是通过渗透压驱动膜两侧溶液从压力较低的一侧进入压力较高的一侧。

膜分离技术不仅可以高效地去除废水中的抗生素，而且能够实现污染物的回收，降低废水处理成本，实现资源化利用。然而，膜易受到污染，增加了运行成本，且膜浓缩液不易处理，限制了膜分离技术在处理难降解有机污染物中的应用。

2.2.2　高级氧化技术

高级氧化（advanced oxidation process，AOP）技术[8]，又被称为深度氧化技术，是一种新型的、高效的水处理技术。该技术是基于一定的条件，产生具有更强活性的物种，如羟自由基（·OH）、超氧自由基（·O_2^-）、单线态氧（$^1O_2$）等，然后通过自由基诱发一系列自由基链式反应，高效去除水中绝大多数的难降解有机污染物，使其被分解为小分子有机物和小分子酸，再通过进一步的反应被彻底矿化为二氧化碳和水，从而实现对水中难降解有机污染物的去除。AOP 由于具有反应速度快、氧化性强、无选择性、反应条件温和、矿化度高、有机污染物去除彻底等优点，逐渐成为水处理技术的热点研究内容。目前研究较为广泛的 AOP 主要有：芬顿氧化法、臭氧氧化法、过硫酸盐/过一硫酸盐氧化法、电解催化氧化法、光催化氧化法。

1. 芬顿氧化法

1894 年，法国科学家芬顿（Fenton）发现在酸性条件下 Fe^{2+} 和 H_2O_2 的混合水溶液具有极强的氧化性，能够快速氧化包括酒石酸在内的多种有机物为二氧化碳和水[9]。为了纪念这一发现，这种 Fe^{2+}/H_2O_2 联用体系被称为芬顿试剂，利用芬顿试剂氧化有机物的反应被称为芬顿反应。最初，由于芬顿反应具有氧化性太强、没有选择性等特点，难以应用于有机合成领域，因而并没有引起人们的重视；1934 年，Haber 和 Weiss[10]首次提出了芬顿反应的自由基机理；1963 年，Smith 和 Norman[11]利用芬顿反应氧化苯及其衍生物，才使其对有机物的强氧化性受到足够的重视，开始在环境化学领域有所应用。芬顿反应是指亚铁离子（Fe^{2+}）与过氧化氢（H_2O_2）反应形成活性物种氧化有机物的反应。芬顿反应的机理如下式所示

$$H_2O_2 + Fe^{2+} \rightarrow \cdot OH + OH^- + Fe^{3+} \tag{2.1}$$

$$H_2O_2 + Fe^{3+} \rightarrow Fe^{2+} + H^+ + \cdot OOH \tag{2.2}$$

$$\cdot OH + 有机物 \rightarrow 中间产物 + CO_2 + H_2O \tag{2.3}$$

Fe^{2+} 较快地被 H_2O_2 氧化，并产生·OH、OH^- 和 Fe^{3+}；随后 Fe^{3+} 缓慢地氧化 H_2O_2，生成 Fe^{2+} 和氧化能力较差的·OOH，其中一部分·OOH 继续和 Fe^{3+} 反应，得到 Fe^{2+} 和氧化能力更差的 O_2，·OH 会和有机物发生氧化反应，生成中间产物，并进一步氧化成 CO_2 和 H_2O。由此可见，Fe^{3+} 对 H_2O_2 的缓慢氧化为芬顿反应的速率控制步骤，而且会额外消耗 H_2O_2。在实际应用中一般需要将废水的 pH 调整到较低的范围，而且要大量添加 H_2O_2 和 Fe^{2+}，不仅会增加成本，而且会产生大量铁泥，造成二次污染，大大限制了该体系的实际应用。

芬顿氧化法对反应体系的酸度、H_2O_2 的浓度有较高的要求。一般情况下，芬顿反应在体系 pH 为 3 左右时效率最高。当 pH 过高时，Fe^{2+} 和 Fe^{3+} 都容易形成氢氧化物或氧化物，进而失去催化反应能力；同时，H_2O_2 的稳定性也受到影响，很快分解为氧化能力差的 O_2。反之，当 pH 低于 2 时，H_2O_2 变得稳定，主要与水中的质子结合形成不与 Fe^{2+} 反应的·OOH，不再产生·OH。由于·OH 主要是通过 H_2O_2 产生，因此 H_2O_2 的浓度也对芬顿反应有重要的影响。在一定限度内 H_2O_2 浓度的提高可以显著加快芬顿反应的速率。然而，随着 H_2O_2 浓度的进一步提升，过量的 H_2O_2 分子自身与·OH 结合，反应速率反而降低，影响了芬顿反应对有机物的降解能力。

2. 臭氧氧化法

臭氧（O_3）是氧气的同素异形体，有特殊鱼腥味的气体，分子结构如图 2.1 所示。常温常压下，O_3 在水中的溶解度约是氧气的 10 倍，在 0℃常压下，1 体积的水大约可以溶解 0.494 体积的 O_3，其溶解关系符合亨利定律[12]。O_3 在水中容易分解，根据水质的不同半衰期为几秒到几小时。在一定温度下，溶液中溶解的 O_3 量与 O_3 气体作用在液体上的分压成正比。

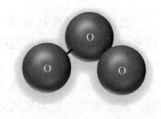

图 2.1　臭氧分子结构图

表 2.1 是一些常见氧化剂的氧化电势及相对于氯气的氧化能力。标准状态下臭氧的氧化电势为 2.07 V（vs NHE）（标准氢电极，normal hydrogen electrodle），具有很强的氧化能力。臭氧在水中分解后会产生一些具有氧化性的物质，如氧化电势为 2.80 V（vs NHE）的·OH，其氧化能力比臭氧更强，可以提高水中污染物去除效果。

表 2.1 常见氧化剂的氧化电势及相对于氯气的氧化能力

氧化剂	氧化电势/(V vs NHE)	相对于氯气的氧化能力/倍
氧气	0.40	0.29
双氧水	0.87	0.64
氯气	1.36	1.00
臭氧	2.07	1.52
原子氧	2.42	1.78
羟自由基	2.80	2.05
氟气	3.06	2.25

臭氧在水中的反应（如图 2.2 所示）途径主要包括三种：①逸出（略）；②直接反应；③间接反应。

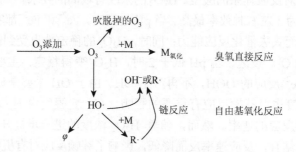

图 2.2 臭氧在水中可能发生的反应

M：溶质；R·：自由基可能发生的反应；φ：自由基淬灭产物

直接反应：臭氧可以与许多有机物发生氧化反应，从而将其分解，其氧化反应多为二级反应。臭氧直接反应具有选择性，而且速率较慢，反应速率常数往往小于 $1.0 \sim 10^3$ mol/（L·s）。臭氧直接反应主要是由于 O_3 分子具有偶极结构、亲核性与亲电性，根据克里格（Criegge）机理，其偶极结构可以令有机物不饱和键断裂，其亲电性主要是臭氧分子中具有正电荷的氧原子首先攻击电子云密度高的结构，如苯环的邻位和对位上的碳原子具有相对高的电子云密度，更加容易被具有供电子基团的芳香类化合物攻击，而亲核性恰恰相反。臭氧与不同物质的反应速率常数如表 2.2 所示，由表可以看出臭氧与不同物质的反应速率常数有较大的差异，表明了臭氧的氧化具有一定的选择性。

表 2.2 臭氧与不同物质的反应速率常数

物质名称	$k/[\mathrm{mol}/(\mathrm{L}\cdot\mathrm{s})]$	物质名称	$k/[\mathrm{mol}/(\mathrm{L}\cdot\mathrm{s})]$
H_2S	3×10^9	NH_3	~5
Cl^-	$>10^4$	$HOCN$	$<10^{-2}$
苯酚	$\sim10^3$	乙酸	$<3\times10^{-3}$
富马酸	$\sim10^5$	硝基苯	0.09

臭氧氧化有机物的反应速率往往与有机物的结构性质有一定关联，其顺序一般为：链烷烃＜醛＜醇＜多环芳烃＜酚＜胺＜链烯烃。当有机物分子结构上连有给电子基团时，可以加快臭氧氧化反应速率；连有吸电子基团时，则会降低反应速率。

间接反应：臭氧在水中分解产生氧化活性很强的自由基与水中有机物发生反应，使得目标物得以去除，在臭氧分解理论中，·OH 是臭氧间接反应的主要物种，如图 2.3 所示，其降解有机物所发生的反应主要包括加成反应、脱氢反应和电子转移三种。

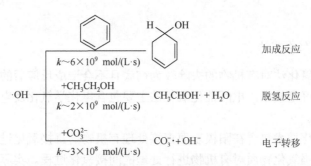

图 2.3 羟自由基的三种氧化机理

3. 过硫酸盐/过一硫酸盐氧化法

目前，高级氧化技术主要基于·OH 和硫酸根自由基 $SO_4^-\cdot$，但由于·OH 的半衰期较短，且选择性较差，需要控制比较严格的 pH 范围（一般最佳反应 pH 在 3～4.5 之间），在实际应用中存在一定的缺陷。于是，活化过硫酸盐（persulfate，PS）和过一硫酸盐（peroxymonosulfate，PMS）的类芬顿高级氧化技术由于其对污染水体的高修复效率而备受关注。相比之下，过硫酸盐氧化法绿色环保，处理成本低且降解效率快，在高级氧化技术中表现出优良的性能[13]。

过硫酸盐是一种新兴的原位氧化剂,它在环境温度下稳定,极易溶于水,并且是无害的。过硫酸盐活化是指通过紫外光、热、过渡金属等作用,使得 PS 和 PMS 内部的 O—O 键被破坏,从而产生 $SO_4^- \cdot$。具体反应为

$$HSO_5^- \rightarrow SO_4^- \cdot + \cdot OH \tag{2.4}$$

$$S_2O_8^{2-} \rightarrow 2SO_4^- \cdot \tag{2.5}$$

$SO_4^- \cdot$ 的氧化还原电势高于 $\cdot OH$,且 $SO_4^- \cdot$ 在水溶液中寿命可达 4 ns 左右,而 $\cdot OH$ 的寿命一般短于 10^{-4} s,因此 $SO_4^- \cdot$ 的氧化能力更强。过硫酸盐在水中具有较大的溶解性,且在宽 pH 范围内都有适用性,因此在实际应用中具有较大的可行性。PMS 和 PS 内部都存在 O—O 键,但是两者结构不同。PMS 为不对称结构,被活化后分解为 $SO_4^- \cdot$ 和 $\cdot OH$;PS 为对称结构,被活化后分解为 2 个 $SO_4^- \cdot$。虽然 $SO_4^- \cdot$ 的氧化能力强于 $\cdot OH$,但是也有学者认为,由于 $SO_4^- \cdot$ 和 $\cdot OH$ 的协同作用,PMS 对于一些污染物的降解能力强于 PS。

过硫酸盐常温下性质稳定,分解缓慢,因此实践中常采用一些活化技术(如热、金属离子、紫外光、超声波等)加快其分解速率。热活化是应用最早且最常用的一种活化方式。为了提供活化效率,人们还应用了一些联合活化技术。除此之外,应用较多的还有电活化、活性炭活化、过渡金属活化、碱活化等途径,其中,MOF 活化过硫酸盐具有高效快速、简单易操作等优点,在近些年备受学者们关注[14]。

4. 电解催化氧化法

电解催化氧化法对有机物的去除较为彻底且不会造成反应后的二次污染,被认定为环境友好型技术。电解催化氧化法主要包含电化学氧化及电化学阳极氧化等技术形式[15]。

电化学氧化技术包含在阳极表面直接处理有机物的直接氧化过程,以及通过电极表面产生强氧化物质对有机物进行处理的间接氧化过程。实际处理过程中的氧化方式分区并非绝对,直接氧化和间接氧化通常会同时出现并随着反应条件参数的调控优化而发生变动。

电化学阳极氧化技术中,OH^- 或 H_2O 在电极表面失去电荷从而形成 $\cdot OH$ 等强氧化物质[16]。在金属氧化物等活性电极表面,吸附态的 $\cdot OH$ 可与电极表面的活性位点结合形成高阶氧化态 MO_{x+1},MO_{x+1} 攻击电极表面附着的有机物使其发生矿化分解,如图 2.4 所示。由于反应电势较高,电极表面很容易出现竞争性的析氧反应。因此,选择具备高析氧过电位和高稳定性的阳极材料是电化学阳极氧化反应中的关键步骤。目前金属有机骨架的研究中常用阳极材料。金属有机骨架阳极表面形成的 $\cdot OH$ 多为自由态,氧化作用强,能将难降解有机污染物彻底降解。

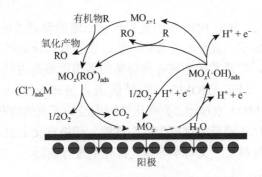

图 2.4　有机物的电化学阳极氧化示意图

综上所述，电化学阳极氧化技术具备反应简单及矿化率高等诸多优点，但目前并未在实际废水处理中实现规模化应用。主要原因有：其一，单一的电化学氧化技术对电极材料能耗大，实际运行中的相对经济成本过高，·OH 等强氧化物质对有机物的去除并不具备选择性，无法实现不同类型污染物的针对性处理。其二，电化学阳极氧化技术在有机物处理过程中容易造成二次污染，例如，单一的电化学氧化技术针对卤代有机废水会产生含卤中间有机物或小分子卤代有机酸，致使有机废水的毒性增大[17]。

实际废水中难降解有机污染物含有不同种类的污染物，单一的电化学氧化技术可能无法满足去除需求，为了增强有机物的处理效率，从而衍生出各种形式的电化学结合工艺，将阳极的直接氧化作用和阴极的间接氧化作用相结合，利用阴极氧化还原生成的 H_2O_2 在阳极 Fe^{2+} 或外加 Fe^{2+} 的催化下分解为·OH，从而实现阴阳极协同氧化的作用机制[17]。

5. 光催化氧化法

作为高级氧化技术之一，光催化氧化法基本原理主要是利用光子的能量来进行一系列复杂的化学反应。在太阳能转化成化学能的过程中，其反应核心为半导体光催化剂，所以，光催化也称为“半导体光催化”。时至今日，半导体光催化技术已有超过半个世纪研究。1967 年，藤岛昭发现了紫外光照射水中的二氧化钛（TiO_2）单晶表面时，水分子可以发生光解并生成氢气（H_2）和氧气（O_2）的现象，即“本多-藤岛效应（Honda-Fujishima effect）”，这一现象的发现开创了光催化研究的新篇章。1972 年，Fujishima 和 Honda 在实验中以紫外灯为光源，以半导体 TiO_2 作为光阳极，成功实现了水的分解并同时产生了氢气和氧气，这一开创性成果也正式拉开了多相半导体光催化研究的序幕[18]。此后，越来越多的学者也加入到 TiO_2 光催化的相关研究中，并在其基本原理的理解、如何提高光催化效率及扩大应用范围等方面取得一系列重要进展。除了传统意义上的半导体光催化剂外，金属有机骨架材料也是光催化发展的热点，其中，MIL-68(In)-NH$_2$ 是具有代表性的研究对象，它是一种含有氨基功能化基团的铟基 MOF 材料，其含有 $InO_4(OH)_2$

八面体次级结构单元，并由 BDC-NH$_2$ 连接形成三维的骨架结构。它不仅具有优异的吸附性能，而且显示出优异的光催化性能。金属有机骨架经历的反应路径与无机半导体是相似的，但通常把金属有机骨架的能带用最高占据分子轨道（highest occupied molecular orbit，HOMO）和最低未占分子轨道（lowest unoccupied molecular orbit，LUMO）来描述。光催化过程也经历了光的捕获、光生电子-空穴对的分离和表面氧化还原反应这三个核心过程。严格意义上说，金属有机骨架材料也是一种半导体材料，下文对半导体光催化剂进行简述。

1）光催化基本原理

现在使用的光催化剂，大多为 n 型半导体材料，少部分为 p 型半导体材料，它们都具有区别于金属或绝缘物质的特有的能带结构，即具有较低能量的导带（conduction band，CB；金属有机骨架称其为 LUMO）和较高能量的价带（valence band，VB；金属有机骨架称其为 HOMO），不同半导体的价带和导带位置不同，并且在它们之间还存在一个禁带，该禁带宽度即为该半导体的带隙能（E_g）。半导体的光吸收阈值（$\lambda_{\max}$）与带隙能存在以下关系：$\lambda_{\max} = 1240/E_g$。宽带隙半导体的光吸收阈值大多集中在紫外光区域。当入射光子的能量大于或等于半导体的带隙能时，半导体价带上的电子发生带间跃迁，即从价带跃迁到导带，从而产生光生载流子[电子-空穴（$e^- - h^+$）对]。半导体光催化剂的催化氧化或还原能力来自于价带上的光生空穴（h_{VB}^+）和导带上的光生电子（e_{CB}^-）。对于特定的半导体，可以赋予光生电子和光生空穴特定的还原电势和氧化电势。这些光生载流子在特定的氧化电势和还原电势下，便可以完成其对应的氧化反应和还原反应，从而实现光催化反应[19]。

如图 2.5 所示，光催化主要包括以下几个基元反应过程。

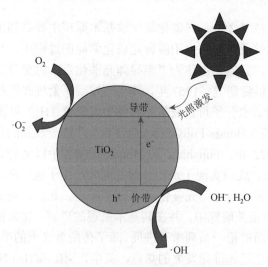

图 2.5　光催化过程机理示意图

光吸收过程：当存在光子能量大于或等于带隙能（E_g）的光辐射半导体表面时，价带上的电子吸收一个光子跃迁到导带上的过程被称为本征吸收。光催化剂产生本征吸收是发生光催化反应的前提。对光的吸收效率与其对光的散射程度和受光面积有关系。通过改变半导体光催化剂的能带结构和对其形貌的调控可以提高其对光的吸收效率。

光子激发过程：当入射光子能量大于或等于半导体的带隙能（E_g）时，可以使电子从价带激发到导带，从而在导带上产生具有还原能力的光生电子（e_{CB}^-），而在价带上留下具有氧化能力的光生空穴（h_{VB}^+）。

光生空穴和光生电子的分离、迁移及复合过程半导体吸收光子能量后，电子会由价带跃迁到导带。但是，由于库仑作用，产生的电子和空穴依然会相互束缚。为了克服电子和空穴之间的静电相互作用，可以通过调控半导体的电子结构在半导体内部构建内建电场实现光生电子-空穴对的分离。分离后的电子和空穴通过扩散作用迁移至半导体表面。然后与吸附在表面的电子受体（acceptor）/供体（donor）发生氧化还原反应。但是，被激活的电子和空穴在迁移过程中可能会在半导体内部或表面重新相遇并再次复合，其能量以辐射或非辐射的跃迁方式散发掉。

电荷界面转移过程：激发得到的光生载流子迁移到表面，直接与半导体表面的吸附物质反应或扩散到溶液中参与溶液的化学反应是实现光催化环境净化的重要步骤。因为迁移和复合过程是相互竞争的关系，复合过程会造成参与光催化反应载流子的数量降低，进而减少活性氧物种的生成数量，最终降低了光催化反应效率。当半导体表面存在合适的捕获剂、表面缺陷态或电场作用时，可有效抑制光生载流子的复合，实现电子和空穴的高效分离。比如，在多相光催化体系中，当满足氧化反应和还原反应的需求时，即半导体光催化剂的导带电势较受体电势更负，光催化剂价带电势较供体电势更正，半导体表面吸附的氧分子可以充当电子捕获剂，与电子发生还原反应生成超氧自由基（$\cdot O_2^-$）；而溶液中的氢氧根离子和水分子可以充当空穴捕获剂，它们被空穴氧化生成羟自由基（$\cdot OH$）。光催化体系中产生的 $\cdot O_2^-$ 和 $\cdot OH$ 均具有非常强的氧化能力，它们能将绝大多数的有机物分子氧化成小分子中间产物，并最终矿化成 CO_2 和 H_2O。它们甚至还能降解一些有机聚合物大分子。

随着对半导体光催化原理及相关理论的深入研究，学者们探索出了很多影响光催化活性的因素。如图 2.6 所示，影响半导体光催化活性的因素主要来源于半导体光催化剂的本征特性，例如，半导体能带结构、晶体结构和光催化剂尺寸等。此外，光催化活性还受光催化体系条件的影响，例如，光强、光催化剂的浓度和溶液中的环境等因素[19-21]。总的来说，通过优化半导体光催化剂的本征特性（电子结构和组成）并改善光催化体系中的反应条件，可以提高光催化剂对太阳光的吸收和利用及抑制光生载流子的再复合，从而可以达到提高量子效率的目的[10-11, 22]。

图 2.6　影响半导体光催化活性的主要因素

2）光催化剂性能提升策略

综合考虑半导体光催化剂活性影响因素，研究者们采用了一些提升光催化剂性能的方法，包括提高半导体对光的吸收效率，调控半导体能带带隙，提高光生 e^--h^+ 对的分离、迁移与反应效率，抑制光生 e^--h^+ 对的复合，提高光催化材料稳定性，改变产物的选择性或产率等[23-25]。

具体措施如下。

（1）形貌调控：从固体对光的吸收过程来看，提高光催化剂对光的吸收就是要提高光散射，增大受光面积，因此光催化剂呈现纳米分层结构或多孔结构可有效防止光催化剂团聚、增加对目标物质吸附、增加物质传输通道、减少光生 e^--h^+ 对扩散距离、有效抑制光生 e^--h^+ 对复合等，从而提升光催化性能。

（2）离子或原子掺杂：金属离子（Fe^{3+}，Cr^{3+}，Ce^{3+}，W^{6+}，Cu^{2+}，Ti^{4+}，Er^{3+}，Co^{2+}等）在光催化剂中的掺杂会改变导带的位置，有利于拓宽半导体的光响应范围，在半导体晶格中引入缺陷或者改变其结晶度有利于捕获导带电子、减小光生 e^--h^+ 对的复合，提升光催化性能。非金属原子（C，B，N，P，S 和卤族原子等）掺杂同样可以提升光催化剂活性，调控半导体的价带位置，拓宽光吸收范围。在某些情况下，共掺杂（两个金属离子、两个非金属原子或者一个金属离子、一个非金属原子）可以避免电荷分布不均衡的问题并获得掺杂物质之间的协同效果，从而实现光催化性能的提升。

（3）贵金属沉积：将贵金属沉积在光催化剂表面，除了能使光生电子转移至费米能级较低的金属表面（拓宽光响应吸收范围）、降低光生 e^--h^+ 对的复合效率外，还能降低还原反应的超电压（有利于质子还原或溶解氧还原），提升光催化活性并增强光催化剂的稳定性。

（4）半导体复合：两种或两种以上能带电势相匹配的半导体光催化剂通过某种形式达到的界面紧密结合称为半导体复合。复合的半导体具有互补性质，更有

利于光生 e^--h^+ 对的分离、拓宽光响应的波长范围、增强光催化材料的稳定性，促进光催化活性提升。常见的半导体复合形式有：肖特基异质结、p-n 异质结、Z 型异质结、双异质结等。

2.2.3　生物处理法

生物处理法是指利用细菌或古菌等微生物群落的代谢作用，矿化降解废水中的有机物，使其转化成为简单的无机物，从而达到净化水资源的目的[23-25]。生物处理法与物理处理法、化学处理法相比，由于微生物具有种类多、分布广、繁殖快、对环境无污染无危害且适应性强等特点，且微生物降解环境中污染物和难分离的外源性物质的成本较低，没有二次污染且经济适用，已经成为有机废水最主要的处理方法[26]。生物处理法主要包括活性污泥法、酶处理法和生物膜法。

活性污泥法是污水处理厂应用最广泛的生物处理法。此方法利用悬浮微生物的代谢氧化功能将污染物矿化降解，一般可以参与污染物降解的微生物主要是好氧微生物、霉菌及原生动物和后生动物等。

酶处理法是根据动植物或微生物体内的酶对难降解有机污染物进行催化降解，该技术自 20 世纪 80 年代开始应用于实际水处理中。游离酶因其再生可控且能够连续操作而广受推崇，但是，其本身结构不稳定，使用后不易分离。酶的固定化技术能够将酶固定在载体上，强化底物的扩散，增大接触面积，提高酶的热稳定性，有利于酶的重复使用和提高利用效率，所以酶的固定化技术是该领域研究的重点。MOF 材料是一种含金属离子和有机配体的杂化材料，其大比表面积和高孔隙率可以负载更多的酶，紧凑的 MOF 网络结构也可以严格限制酶的构象变化，使酶具有极高的稳定性。同时，MOF 材料不用改性就具有丰富多样且数量足够的官能团，表面化学成分易于调整，这方便了酶与载体之间的固定化条件，因此已成为一种理想的固定化酶材料。

生物膜法是用滤料表面作为载体，将微生物负载于滤料表面的方法。当难降解有机污染物与其接触时，表面微生物能够将其吸附并降解从而达到净化效果。生物膜法主要包括生物流化床、生物接触氧化法和生物滤池。生物膜法的主要优点是管理方式简单，成本低廉。但是，由于含氮难降解有机污染物生物降解性差，在生物处理系统中难以矿化或者矿化不完全，常规的生物处理工艺难以有效地处理含氮有机废水。含氮难降解有机污染物毒性高，大部分微生物难以将其降解。然而，由于自然界中微生物具有生物多样性，在污染物的长期驯化作用下可以培养出具有特定污染物降解功能的微生物。通过功能微生物的降解作用，能够将有毒难降解有机污染物转换成生物质或无机化合物。

2.2.4 复合工艺氧化方法

1. 光催化臭氧氧化技术[27]

研究发现，多种高级氧化技术的组合能有效地增强活性氧物种，提高矿化率。近年来，耦合光催化氧化法和臭氧氧化法成为研究者们关注的热点。在光催化臭氧氧化耦合工艺体系中，臭氧经链式反应产生的 O_2 可与光生电子结合发生还原反应产生 $\cdot O_2^-$，这些可直接氧化有机物；或反应产生 $\cdot OH$ 的中间产物，使 O_2 得到充分利用，降低了臭氧氧化的成本。$\cdot OH$ 和 $\cdot O_2^-$ 具有很强的氧化性，在多相光催化臭氧氧化技术降解有机废水时，自由基量的增加会使污染物的去除率与矿化率显著提高。

2. 电化学协同过硫酸盐氧化[28]

电化学与过硫酸盐氧化法联用就是在过硫酸盐活化技术的基础上引入电场，该体系在处理有机废水时，一方面，有机物通过电化学反应被氧化降解为小分子物质甚至被完全氧化生成 H_2O 和 CO_2 等；另一方面，有机物被体系中过硫酸盐活化产生的强氧化性活性自由基氧化而被去除。同时，有研究表明电场的存在能够活化一部分过硫酸盐并且使得过硫酸盐活化剂得以重复利用。电化学与过硫酸盐氧化法在处理难降解有机污染物时可以作为降低处理成本，增加处理效率的有效尝试之一。

3. 光电芬顿技术[29]

针对光催化材料量子效率过低，光生电子-空穴对容易复合的问题，研究人员提出了将光催化材料固定在导电基体上，同时施加外加偏压来促进光生电子-空穴对分离的方法来增强催化剂的光催化效能，即电辅助光催化技术，光电芬顿（photoelectro Fenton，PEF）技术是一种绿色高效降解污染物的高级氧化技术。该体系作为电芬顿技术的光辅助升级工艺，可以协同光源与电源的作用促进芬顿反应的发生，进一步提高活性自由基的产量，从而高效降解污染物。但目前缺乏稳定高效的双功能催化剂，限制了光电芬顿技术在工业规模上的实际应用。可以通过调控 MOF 结构和化学组成，充分挖掘 MOF 材料潜在的光电化学活性来解决这一应用问题。双金属卟啉基 MOF 材料具有高选择性、高催化活性且结构稳定的特点，在 PEF 技术中具有潜在的应用价值。

4. 电芬顿（电化学和芬顿协同）技术[30]

电芬顿技术是基于芬顿反应的电化学高级氧化技术，在水性介质中降解有毒的难降解有机污染物效果显著。空气中的氧气或降解池中通入纯氧形成的溶解氧，在阴极表面得电子，能够发生还原反应，产生 H_2O_2。

$$O_2 + 2e^- + 2H^+ \rightarrow H_2O_2 \tag{2.6}$$

电芬顿技术的主要局限性是 pH 的有效范围较窄及处理过程中有铁泥的产生。为了解决这个问题，可以使用 Fe_3O_4、Fe_2O_3、FeS_2 和 $BiFeO_3$ 等作为非均相催化剂。为了获得更好的降解效率和稳定性，纳米催化剂需要额外的支撑基质或催化后处理以进行回收和再利用。

2.3　MOF 材料在去除难降解有机污染物方面的应用

得益于 MOF 结构的诸多优点，MOF 材料及其复合材料已经广泛应用于去除难降解有机污染物的研究中，但它们之间关系的确定仍需要建立测试方法和手段进行表征。这些实验研究方法主要包括理化性能和降解性能两部分，准确和全面地分析 MOF 材料和难降解有机污染物的构效关系需要综合运用多种实验技术。目前，MOF 材料需要分析的理化性能主要包括形貌、比表面积、结构和成分，这些理化性能直接影响了 MOF 材料的吸附性能、降解性能、循环使用性能、安全性能等，其对应关系错综复杂，可能是一对多、多对一或是多对多的关系。现在就 MOF 材料在难降解有机污染物处理研究中用到的表征手段和应用进展进行介绍。

2.3.1　MOF 材料去除难降解有机污染物的表征手段

1. MOF 材料性能测试方法

1）X 射线光电子能谱测试方法

X 射线光电子能谱法（X-ray photoelectron spectroscopy，XPS）的原理是用 X 射线去辐射样品，使原子或分子的内层电子或价电子受激发射出来。被光子激发出来的电子称为光电子。XPS 可以测量光电子的能量，以光电子的动能/束缚能为横坐标，相对强度（脉冲/s）为纵坐标可做出光电子能谱，从而获得试样有关信息。XPS 主要用于 MOF 材料及其复合材料表面的 4 种测试：①元素的定性分析，可以根据能谱图中出现的特征谱线的位置鉴定除 H、He 以外的所有元素。②元素的定量分析，根据能谱图中光电子谱线强度（光电子峰的面积）反应原子的含量或相对浓度。③表面的元素状态分析，包括原子价态、表面能态分布、测定表面电子的电子云分布和能级结构等。④化合物的结构，可以对内层电子结合能的化学位移精确测量，提供化学键和电荷分布方面的信息。其能量分辨率高，且具有一定的空间分辨率（目前为微米尺度）和时间分辨率（分钟级），是表面化学分析最有效的分析方法。

2）X 射线衍射测试方法

X 射线衍射（X-ray diffraction，XRD）的测试原理中 X 射线是原子内层电子在高速运动电子的轰击下跃迁而产生的光辐射，主要有连续 X 射线和特征 X 射线两种。MOF 晶体可被用作 X 射线的光栅，这些很大数目的粒子（原子、离子或分子）所产生的相干散射将会发生光的干涉作用，从而使得散射的 X 射线的强度增强或减弱。由于大量粒子散射波的叠加，互相干涉而产生最大强度的光束称为 X 射线的衍射线。满足衍射条件，可应用布拉格方程

$$2d_{(hkl)}\sin\theta_{nh\,nk\,nl} = n\lambda \quad n = 0, \pm 1, \pm 2, \cdots \tag{2.7}$$

式中，$d_{(hkl)}$ 是米勒指数为（hkl）的晶面间距；$\theta_{nh\,nk\,nl}$ 是衍射指数为 $nh\,nk\,nl$ 的布拉格角；n 是衍射级数；λ 是入射光束波长。

入射光束使每个散射体重新辐射其强度的一小部分作为球面波。如果散射体与晶面间距 $d_{(hkl)}$ 对称地排列，则这些球面波将仅在它们的路径长度差 $2d_{(hkl)}\sin\theta_{nh\,nk\,nl}$ 等于波长 λ 的整数倍的方向上同步。在这种情况下，入射光束的一部分偏转角度 $2\theta_{nh\,nk\,nl}$，会在衍射图案中产生反射点。应用已知波长的 X 射线来测量 $\theta_{nh\,nk\,nl}$ 角，从而计算出晶面间距 $d_{(hkl)}$，这是用于 X 射线结构分析；或是应用已知 $d_{(hkl)}$ 的晶体来测量 $\theta_{nh\,nk\,nl}$ 角，从而计算出特征 X 射线的波长，进而可在已有资料查出试样中所含的元素。

目前 X 射线衍射测试方法（包括散射）已经成为研究 MOF 微观结构的有效方法。在 MOF 材料中的主要应用是物相分析，它是 X 射线衍射在 MOF 材料中用得最多的方面，分定性分析和定量分析。

3）傅里叶变换红外光谱仪测试方法

傅里叶变换红外光谱仪（Fourier transform infrared spectrometer，FTIR）的测试原理，当一束具有连续波长的红外光通过物质，物质分子中某个基团的振动频率或转动频率和红外光的频率一样时，分子将吸收能量，由原来的基态振（转）动能级跃迁到能量较高的振（转）动能级，分子吸收红外光辐射后发生振动能级和转动能级的跃迁，该处波长的光就被物质吸收。所以，傅里叶变换红外光谱仪测试方法实质上是一种根据分子内部原子间的相对振动和分子转动等信息来确定物质分子结构和鉴别化合物的分析方法。将分子吸收红外光的情况用仪器记录下来，就得到红外光谱图。红外光谱图通常用波长（λ）或波数（σ）为横坐标，表示吸收峰的位置，用透光率（$T\%$）或吸光度（A）为纵坐标，表示吸收强度。红外光一般用于分析 MOF 结构的解析，定性分析存在的官能团。

4）场发射扫描电镜测试方法

场发射扫描电镜（field emission scanning electron microscope，FESEM）的测

试原理是电子枪发射出的电子束经过聚焦后汇聚成点光源，点光源在加速电压下形成高能电子束，高能电子束经由两个电磁透镜被聚焦成直径微小的光点，在透过最后一级带有扫描线圈的电磁透镜后，电子束以光栅状扫描的方式逐点轰击到样品表面，同时激发出不同深度的电子信号。此时，电子信号会被样品上方不同信号接收器的探头接收，通过放大器同步传送到电脑显示屏，形成实时成像记录。由入射电子轰击样品表面激发出来的电子信号有：俄歇电子、二次电子、背散射电子、X 射线（特征 X 射线、连续 X 射线）、阴极荧光、吸收电子和透射电子。每种电子信号的用途因作用深度而异。场发射扫描电镜是一种大型分析仪器，它广泛应用于观察 MOF 材料的表面超微结构的形态和组成。

5）能量色散 X 射线谱分析测试方法

能量色散 X 射线谱（X-ray energy dispersive spectrum，EDS）分析的测试原理，各种元素具有自己的 X 射线特征波长，特征波长的大小则取决于能级跃迁过程中释放出的特征能量 ΔE，能谱仪就是利用不同元素 X 射线光子特征能量不同这一特点来进行成分分析的。当 X 射线光子进入能谱仪中的检测器后，在 MOF 晶体内激发出一定数目的电子-空穴对。产生一个电子-空穴对的最低平均能量 ε 是一定的（在低温下平均为 3.8 eV），而由一个 X 射线光子造成的电子-空穴对的数目为 $N = \Delta E/\varepsilon$，因此，入射 X 射线光子的能量越高，N 就越大。利用加在晶体两端的偏压收集电子-空穴对，经过前置放大器转换成电流脉冲，电流脉冲的高度取决于 N 的大小。电流脉冲经过主放大器转换成电压脉冲进入多道脉冲高度分析器，多道脉冲高度分析器按高度把脉冲分类进行计数，这样就可以描出一张 X 射线按能量大小分布的图谱。EDS 主要进行 MOF 材料表面微区成分的定性分析和定量分析，在材料表面做元素的面、线、点分布分析。

6）透射电子显微镜测试方法

透射电子显微镜（transmission electron microscope，TEM）的工作原理是由电子枪发射出来的电子束，在真空通道中沿着镜体光轴穿越聚光镜，通过聚光镜将之会聚成一束尖细、明亮而又均匀的光斑，照射在样品室内的样品上；透过样品后的电子束携带有样品内部的结构信息，样品内致密处透过的电子量少，稀疏处透过的电子量多；经过物镜的会聚调焦和初级放大后，电子束进入下级的中间透镜和第 1、第 2 投影镜进行综合放大成像，最终被放大了的电子影像投射在观察室内的荧光屏上；荧光屏将电子影像转化为可见光影像以供使用者观察。透射电子显微镜的分辨率为 0.1～0.2 nm，放大倍数为几万～几百万倍，用于观察超微结构，即小于 0.2 μm、光学显微镜下无法看清的结构（又称"亚显微结构"），可以清楚地观察 MOF 材料的内部形貌。

7）电化学工作站测试方法

电化学工作站的本质是用于控制和监测电化学池电流和电势及其他电化学参数

变化的仪器装置。电化学工作站是一款集恒电位分析仪、恒电流仪、频响分析仪为一体的模块化电化学综合测试仪，多年来已经证明了其可靠性和耐用性及灵活性。

电化学工作站主要做循环伏安法（cyclic voltammetry，CV）、交流阻抗法（alternating current impedance method）、线性扫描伏安法（linear sweep voltammetry，LSV）、交流伏安法、电流滴定、电位滴定等测量。电化学工作站可以同时进行两电极、三电极及四电极的工作方式。四电极可用于液/液界面电化学测量，对于大电流或低阻抗降解池也十分重要，可消除由于电缆和接触电阻引起的测量误差。仪器还有外部信号输入通道，可在记录电化学信号的同时记录外部输入的电压信号，例如，光谱信号、快速动力学反应信号等。这对光谱电化学、电化学动力学等实验极为方便。广泛用于研究 MOF 材料及其复合材料的电化学性能，主要用于测试其电荷传输效率和传质速率。

8）光电化学工作站测试方法

光电化学工作站是将光化学与电化学方法合并使用，以研究分子或离子的基态或激发态的氧化还原反应现象、规律及应用的仪器。光电化学工作站可用于研究光直接影响电极过程的电化学、光能与电能和化学能的转换测量、光电化学电池的光电转化测量、光电合成。利用光电化学原理可以富集稀有金属和贵金属，又可以记录和保存信息，还可用简单的方法随时消去信息。主要用于计时电流法、莫特-肖特基（Mott-Schottky）等测试，判断 MOF 材料及其复合材料电子和空穴的分离效率，是推测材料光电性能的重要手段。

9）荧光光谱测试方法

荧光光谱的测试原理是根据物质分子吸收光谱和荧光光谱能级跃迁机理，具有吸收光子能力的物质在特定波长光（如紫外光）照射下，可在瞬间发射出比激发光波长长的荧光，利用物质的荧光光谱进行定性、定量分析的方法。荧光光谱辐射峰的波长与强度包含许多有关样品物质分子结构与电子状态的信息，但外界因素对其荧光强度结果有一定的影响。当某些物质受到紫外光照射时，会发射出各种颜色和不同强度的可见光，当紫外光停止照射时，所发射的光线会随即消失，人们将这种光线称为荧光。

荧光光谱包括激发谱和发射谱两种。激发谱是荧光物质在不同波长的激发光作用下测得的某一波长处的荧光强度的变化情况，也就是不同波长的激发光的相对效率；发射谱则是在某一固定波长处的激发光作用下荧光强度在不同波长处的分布情况，也就是荧光中不同波长的光成分的相对强度。稳态荧光光谱仪是研究 MOF 材料及其复合材料的一种重要仪器，常用于判断材料的光生电子和光生空穴的复合效率。

10）紫外-可见漫反射光谱测试方法

紫外-可见漫反射光谱法（UV-vis DRS）可用于研究 MOF 材料的光吸收性能，产生紫外-可见漫反射的原理是电子跃迁。在 MOF（即过渡金属离子-配体）材料中，一方是电子供体，另一方是电子受体。在光激发下，发生电荷转移，电子吸收某能量光子从供体转移到受体，在紫外-可见光区产生吸收光谱。其中，电荷从金属离子向配体进行转移，称为金属-配体电荷转移跃迁（metal-to-ligand charge transfer，MLCT）；反之，电荷从配体向金属离子转移，称为配体-金属电荷转移跃迁（ligand-to-metal charge-transfer，LMCT）。紫外-可见漫反射光谱的测试方法是积分球法，采用积分球法可以避免光收集过程引起的漫反射的差异。得到的漫反射曲线，可以利用漫反射定律 Kubelka-Munk（K-M）方程进行转换，其描述的是一束单色光入射到一种既能吸收光，又能反射光的物体上的光学关系。利用这些信息可以推测 MOF 材料及其复合材料表面过渡金属离子及其配体的结构、氧化状态、配位状态、配位对称性等。

11）氮气等温吸附脱附测试方法

氮气（N_2）等温吸附脱附是测试 MOF 材料的比表面积和孔径分布的重要手段。气体吸附法测定比表面积（specific surface area）的原理，是根据气体在固体表面的吸附特性，在一定压力下，被测样品颗粒（吸附剂）表面在超低温下对气体分子（吸附质）具有可逆物理吸附作用，并对应一定压力存在确定的平衡吸附量。通过测定出该平衡吸附量，利用理论模型来等效求出样品的比表面积。由于实际颗粒外表面的不规则性，严格来讲，该方法测定的是吸附质分子所能到达的颗粒外表面和内部通孔总比表面积之和。

吸附等温线又可以被细分为 6 种类型，前 5 种是 BDDT（Brunauer-Deming-Deming-Teller，BDDT）分类，由此 4 人将大量等温线归为此类，第 6 种阶梯状由 Sing 增加。可以理解为相对压力为 X 轴，氮气吸附量为 Y 轴，将 X 轴相对压力粗略地分为低压（0.0～0.2）、中压（0.3～0.8）、高压（0.9～1.0）三段。吸附等温线在低压段偏 Y 轴说明材料与氮有较强的作用力（Ⅰ型，Ⅱ型，Ⅳ型）；材料存在较多微孔时，由于微孔内的吸附势强，吸附等温线起始时呈现Ⅰ型；低压段偏 X 轴则说明材料与氮气作用力弱（Ⅲ型，Ⅴ型）；Ⅵ型等温线以其吸附过程的台阶状特性而著称（这些台阶来源于均匀无孔表面的依次均匀吸附）。根据吸附等温线的形状，并配合对滞后环形状和宽度的分析，就可以获得 MOF 材料的孔结构和结构特性。

2. MOF 材料去除难降解有机污染物的测试方法

1）高效液相色谱测试方法

高效液相色谱法（high performance liquid chromatography，HPLC）的原理是流动相通过输液泵流经进样阀，与样品溶液混合，流经色谱柱，在色谱柱中进行吸附分离，每一组分分别经过检测器转变为电讯号，在色谱工作站上出现相应的样品峰。通过建立标准方法，可以用于分析样品中难降解有机污染物的含量。

2）液相色谱-质谱测试方法

1906 年 Thomson 发明了质谱技术，1989 年第一台商业化液相色谱-质谱仪问世。经过百年的发展，液相色谱-质谱法（liquid chromatography-mass spectrometry，LC-MS）越来越广泛应用于药物、食品、环境、法医、临床等各个领域，尤其是在环境领域。液相色谱-质谱中，液相色谱负责分离待测物与干扰物，质谱负责检测。样品进样后首先在流动相的携带下进入色谱柱，经过色谱柱分离后，进入质谱进行检测。质谱根据被测物的质荷比（m/z）进行检测，被测物在离子源转换成气相离子进入质谱，在三重四级杆中一级质谱扫描特定范围离子或允许特定离子进入碰撞室，在碰撞室内分子离子碰撞裂解，形成子离子进入二级质谱，二级质谱扫描特定范围离子或允许特定离子进入检测器。LC-MS 具有灵敏度高，选择性强，准确性好等特点，广泛用于降解难降解有机污染物中间产物和降解过程的分析。

3）紫外-可见分光光度测试方法

紫外-可见分光光度测试方法是根据物质的吸收光谱研究物质的成分、结构和物质间相互作用的有效手段。紫外-可见分光光度计可以在紫外-可见光区任意选择不同波长的光。物质的吸收光谱就是物质中的分子和原子吸收了入射光中的某些特征波长的光能量，相应地发生了分子振动能级跃迁和电子振动能级跃迁的结果。由于各种物质具有各自不同的分子、原子和不同的分子空间结构，其吸收光能量的情况也就不会相同，因此，每种物质就有其特有的、固定的吸收光谱曲线，可根据吸收光谱上的某些特征波长处的吸光度的高低判别或测定该物质的含量。由于其操作方便、准确度高的优势，常用于定性分析和定量分析难降解有机污染物的种类和含量，是测试材料吸附率和降解率的常用手段。

4）总有机碳分析方法

总有机碳（total organic carbon，TOC）分析仪即 TOC 分析仪。以碳的含量表示水中有机物质总量的综合指标。TOC 可以很直接地用来表示有机物的总量。因而它被作为评价水中有机物污染程度的一项重要参考指标，也是检验难降解有机污染物有无彻底降解的重要方法。TOC 分析方法基本原理是：先把水中有机物的碳氧化成二氧化碳，消除干扰因素后由二氧化碳检测器测定，通过数据处理把二氧化碳气体含量转换成水中有机物的浓度。经过不断的研究实验，TOC 分析方法从传统的复杂技术渐渐变得便捷准确。

2.3.2　MOF 材料去除难降解有机污染物的应用进展

MOF 材料具有高孔隙率、大比表面积、可改变的孔隙结构和易于调整的结构等优势。此外，中心金属、开放金属位点、改性连接物和结合的活性物种可以有效地用于增强目标分子和 MOF 结构之间的相互作用。Hasan 等首次将 MOF 材料应用于吸附去除新兴污染物，实验结果表明，采用 MIL-101(Cr)和 MIL-100(Fe)吸附萘普生和氯贝酸，两者均显示出比活性炭更大的吸附量和更快的动力学，并且证明了表面带正电荷的 MIL-101(Cr)和带负电荷的萘普生阴离子存在静电相互作用。目前多种 MOF 材料用于水中污染物的吸附去除，但对于特定的污染物未能表现出选择性吸附的性能，难以实现水中污染物的选择性分离。MOF 材料通常以纳米粉末的形式存在，吸附完成后回收循环再利用困难；同时其自身可能存在纳米毒性等潜在生物风险。

MOF 材料被认为是一种新的潜在光催化剂，可以在光照下吸收光，产生类似半导体的反应。可以用光激发的 MOF 结构产生电子和空穴，最终迁移到表面上以引发异质催化氧化还原反应。与传统的光催化剂相比，MOF 材料的优点包括理想的拓扑结构、稳定的孔-通道和大比表面积及其独特的结构。例如，MIL-101(Fe)和 NH$_2$-MIL-101(Fe)是用于降解杀虫剂吡虫啉（imidacloprid，IMC）的光催化剂，在最佳的初始光催化剂浓度、初始 IMC 浓度、H$_2$O$_2$ 浓度、pH 和反应时间的条件下，两种光催化剂对 IMC 的去除率均达到 100%。尽管 MOF 材料具有传统光催化剂无法比拟的一些优势，但材料本身也存在一些缺陷，如光响应范围窄、光吸收能力较弱及光生载流子寿命短等。

酶是一种可用的生物资源材料。由于其成本低、易于使用、可重用和环境友好性，可使用酶和其他物质复合，制备固定化酶光催化材料。MOF 材料具有生物相容性、大比表面积、高负载量的特性，可以作为酶、多肽、氨基酸等生命物质和微生物的良好载体，在微生物降解领域有着广阔的应用前景。因此，将酶等活性材料与 MOF 材料复合被认为是解决上述缺陷的可行策略之一。例如，将大肠杆菌负载到 UiO-67 的表面上，形成新型大肠杆菌@UiO-67 复合材料，可有效去除水中的双酚 A（bisphenol A，BPA）。目前，使用微生物和 MOF 材料复合去除污染物尚未得到系统研究。

参 考 文 献

[1]　臧文超，王琪. 中国难降解有机污染物环境管理[M]. 北京：化学工业出版社，2013.

[2]　王东利，张晓鸣，刘玉敏. 难降解有机污染物的环境行为及对人体健康的危害[J]. 国外医学：卫生学分册，2003，30（3）：169-173.

[3]　Kumar M，Ram B，Honda R，et al. Concurrence of antibiotic resistant bacteria（ARB），viruses，pharmaceuticals and personal care products（PPCPs）in ambient waters of Guwahati，India：Urban vulnerability and resilience perspective[J]. Science of the Total Environment，2019，693：133640.

[4]　林海龙，宋鸽，司亮，等. 抗生素废水生物处理法的研究进展[J]. 中国农学通报，2012，28（11）：258-261.

[5]　Zhang Y，Jiao Z，Hu Y，et al. Removal of tetracycline and oxytetracycline from water by magnetic Fe$_3$O$_4$@ graphene[J]. Environmental Science and Pollution Research，2017，24（3）：2987-2995.

[6]　Wang N，Xu X，Li H，et al. Preparation and application of a xanthate-modified thiourea chitosan sponge for the removal of Pb（Ⅱ）from aqueous solutions[J]. Industrial & Engineering Chemistry Research，2016，55（17）：

4960-4968.

[7]　Nawrocki J，Kasprzyk-Hordern B. The efficiency and mechanisms of catalytic ozonation[J]. Applied Catalysis B：Environmental，2010，99（1-2）：27-42.

[8]　Li Y，Zhang P，Du Q，et al. Adsorption of fluoride from aqueous solution by graphene[J]. Journal of Colloid and Interface Science，2011，363（1）：348-354.

[9]　Fenton H J H. LXXIII.—Oxidation of tartaric acid in presence of iron[J]. Journal of the Chemical Society，Transactions，1894，65：899-910.

[10]　Haber F，Weiss J. The catalytic decomposition of hydrogen peroxide by iron salts[J]. Proceedings of the Royal Society A-Mathematical and Physical Sciences，1934，147（861）：332-351.

[11]　Smith J R L，Norman R O C. Hydroxylation. Part I. The oxidation of benzene and toluene by Fenton's reagent[J]. Journal of the Chemical Society（Resumed），1963：2897-2905.

[12]　Le T X H，Charmette C，Bechelany M，et al. Facile preparation of porous carbon cathode to eliminate paracetamol in aqueous medium using electro-Fenton system[J]. Electrochimica Acta，2016，188：378-384.

[13]　Fujishima A，Honda K. Electrochemical photolysis of water at a semiconductor electrode[J]. Nature，1972，238（5358）：37-38.

[14]　Rahmani A R，Nematollahi D，Samarghandi M R，et al. A combined advanced oxidation process：Electrooxidation-ozonation for antibiotic ciprofloxacin removal from aqueous solution[J]. Journal of Electroanalytical Chemistry，2018，808：82-89.

[15]　Wang L，Jiang J，Pang S Y，et al. Further insights into the combination of permanganate and peroxymonosulfate as an advanced oxidation process for destruction of aqueous organic contaminants[J]. Chemosphere，2019，228：602-610.

[16]　Sun S，Pang S Y，Jiang J，et al. The combination of ferrate（Ⅵ）and sulfite as a novel advanced oxidation process for enhanced degradation of organic contaminants[J]. Chemical Engineering Journal，2018，333：11-19.

[17]　Glaze W H，Kang J W. Advanced oxidation processes. Test of a kinetic model for the oxidation of organic compounds with ozone and hydrogen peroxide in a semibatch reactor[J]. Industrial & Engineering Chemistry Research，1989，28（11）：1580-1587.

[18]　樊鹏，陈杰，关小红，等. 过硫酸盐强化零价铁还原去除硝基苯的实验研究[J]. 化工学报，2018，69（5）：2175-2182.

[19]　Xu X，Yang Y，Jia Y，et al. Heterogeneous catalytic degradation of 2，4-dinitrotoluene by the combined persulfate and hydrogen peroxide activated by the as-synthesized Fe-Mn binary oxides[J]. Chemical Engineering Journal，2019，374：776-786.

[20]　Canizares P，Diaz M，Dominguez J A，et al. Electrochemical oxidation of aqueous phenol wastes on synthetic diamond thin-film electrodes[J]. Industrial & Engineering Chemistry Research，2002，41（17）：4187-4194.

[21]　Awada M，Strojek J W，Swain G M. Electrodeposition of metal adlayers on boron-doped diamond thin-film electrodes[J]. Journal of the Electrochemical Society，1995，142（3）：L42.

[22]　Comninellis C. Electrocatalysis in the electrochemical conversion/combustion of organic pollutants for waste water treatment[J]. Electrochimica Acta，1994，39（11-12）：1857-1862.

[23]　Yang Y，Li F，Chen J，et al. Single Au atoms anchored on amino-group-enriched graphitic carbon nitride for photocatalytic CO_2 reduction[J]. ChemSusChem，2020，13（8）：1979-1985.

[24]　Liu G，Wang L，Yang H G，et al. Titania-based photocatalysts-crystal growth，doping and heterostructuring[J]. Journal of Materials Chemistry，2010，20（5）：831-843.

[25]　Asahi R，Morikawa T，Ohwaki T，et al. Visible-light photocatalysis in nitrogen-doped titanium oxides[J]. Science，2001，293（5528）：269-271.

[26]　Chen X，Shen S，Guo L，et al. Semiconductor-based photocatalytic hydrogen generation[J]. Chemical Reviews，2010，110（11）：6503-6570.

[27]　卢维奇，赵黎明. 纳米 TiO_2 改性可见光催化降解有机物研究进展[J]. 环境污染治理技术与设备，2006，7（5）：10-15.

[28]　曾艳，万金保，涂胜辉. 金属离子掺杂二氧化钛催化剂的表征及光催化活性的研究[J]. 江西科学，2010，28（4）：436-440.

[29]　Wang C K，Shih Y H. Facilitated ultrasonic irradiation in the degradation of diazinon insecticide[J]. Sustainable Environment Research，2016，26（3）：110-116.

[30]　Zhang X，Guo Y，Tian J，et al. Controllable growth of MoS_2 nanosheets on novel Cu_2S snowflakes with high photocatalytic activity[J]. Applied Catalysis B：Environmental，2018，232：355-364.

第 3 章　金属有机骨架材料及其复合材料吸附去除水中难降解有机污染物的研究

金属有机骨架材料已成为有前景的高效吸附剂之一，然而部分材料因其单一的孔隙结构、有限的活性位点及易团聚的粉体特性限制了其应用。因此，开发具有合适孔隙结构、高吸附活性及易分离回收性质的新型吸附剂对其实际应用有重要意义。本章以 MIL-68(Al)为例，通过对其比表面积、孔隙结构、含氧官能团和材料成型等方面进行改性研究，详细介绍了材料制备及表征，开展吸附实验，系统研究吸附过程动力学、热力学及等温线模型，深入探究复合材料对各种污染物的吸附机理。在保证优良吸附性能的同时，实现材料可回收及再生，使其在难降解有机污染物吸附控制领域更具优势。

3.1　铝基金属有机骨架复合材料吸附去除甲基橙

甲基橙（methyl orange，MO）是一种典型的阴离子染料，大量排入水体后具有染料废水普遍的特点并造成严重危害，亟待处理。吸附法因其成本低廉和操作性强，被认为是一种可以快速高效去除水中甲基橙分子的方法。MIL-68(Al)是一种具有水稳定性的优异吸附剂，然而其单体 MOF 易团聚的粉体特性难以避免。鉴于此，本节将 MIL-68(Al)与氧化石墨烯复合进行研究。氧化石墨烯是石墨烯的一类氧化物，通常是通过强酸氧化石墨，然后剥离，制得的一种性能优异的新型碳基材料。其结构中含有羟基、羧基、环氧基等各种含氧官能团[1]，在提供更多的活性位点的同时，能使材料在水及其他有机溶剂中具有更好的分散性。

本节将重点介绍铝基金属有机骨架与氧化石墨烯复合材料的制备方法，采用 XRD 分析其物相结构及结晶度，通过 FTIR 研究其化学成键情况，以 SEM 展示其形貌特征，经 N_2 吸附脱附的结果探究其比表面积和孔结构等参数。通过批量实验探究 pH、离子强度（由离子浓度表示）、温度、反应时间、染料初始浓度等影响因素对吸附过程的影响，并从吸附等温线、动力学、热力学多角度展开对吸附机制的分析，以期为金属有机骨架材料及其复合材料在废水中吸附甲基橙方面提供参考及理论依据。

3.1.1　MIL-68(Al)/GO 的制备与表征

1. MIL-68(Al)及 MIL-68(Al)/GO 复合材料的制备

1）MIL-68(Al)的制备

本节采用溶剂热法[2]制备金属有机骨架材料 MIL-68(Al)。具体过程如下：准确称量 4.88 g 六水合氯化铝（AlCl$_3$·6H$_2$O）和 5.00 g 对苯二甲酸（H$_2$BDC），加入盛有 300 ml N, N-二甲基甲酰胺（DMF）的烧瓶中，搅拌使固体充分溶解后，在 130℃的条件下搅拌并恒温保持 18 h，然后冷却至室温。过滤得到 MIL-68(Al)初产物。使用 DMF 将初产物清洗 3 次，再使用甲醇清洗 4 次，在 100℃真空干燥一夜得到纯化的 MIL-68(Al)材料。

2）GO 的制备

GO 的制备参照 Hummers 法[3]。先得到浓硫酸插层的预氧化石墨粉，再取 3 g 预氧化石墨粉加入到 100 ml 浓硫酸中，在剧烈搅拌下缓慢添加 15 g 高锰酸钾，添加期间体系温度以冷水浴的方法控制在 10℃以下。待高锰酸钾加完后升温至 50℃并使溶液反应 2 h，而后加 2 L 水及 12 ml 双氧水终止反应。冷却后以体积分数为 10%的盐酸和大量去离子水洗涤，反复离心水洗至上清液为中性，置于 50℃真空干燥得到氧化石墨烯。

3）MIL-68(Al)/GO 的制备

MIL-68(Al)/GO 的制备参照 MIL-68(Al)的制备过程，制备过程如图 3.1 所示。具体过程如下：将一定量的氧化石墨烯粉末加入到 DMF 溶液中，130℃的条件下超声波分散均匀，然后加入 4.88 g AlCl$_3$·6H$_2$O 与 5.00 g H$_2$BDC 进行反应。反应结束并冷却至室温后，使用 DMF 和甲醇多次洗涤产物并过滤，于 100℃真空干燥一夜，得到 MIL-68(Al)/GO 材料。在本节中，共制备了 4 组 GO 含量不同的复合材料，GO 的投加量占最终复合材料质量的比例（负载量）分别为 2.6%、4.8%、8.0%、14.8%，分别表示为 MIL-68(Al)/GO-n（n = 1, 2, 3, 4）。

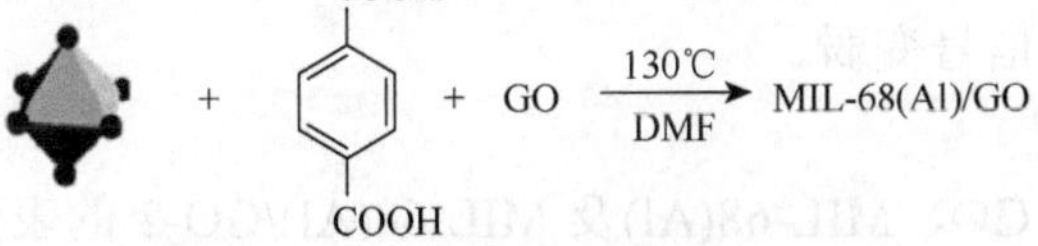

图 3.1　MIL-68(Al)/GO 的制备过程

2. MIL-68(Al)/GO 材料的表征结果

1）XRD 分析

GO、MIL-68(Al)及 MIL-68(Al)/GO-n 的 XRD 结果如图 3.2 所示。GO 的 XRD

在 10.5°出现了特征衍射峰，对应于（002）晶面。根据布拉格方程，其层间距约为 8.4 Å。此外，MIL-68(Al)/GO-n 表现出与 MIL-68(Al)相似的特征衍射峰，表明复合材料仍然保留了 MIL-68(Al)的晶形结构。但是复合材料的衍射强度明显比 MIL-68(Al)弱，这是因为 GO 对 MIL-68(Al)的结晶过程有阻碍作用。由于复合材料中 GO 的含量较低或者在超声过程中高度分散于 DMF 中，在 MIL-68(Al)/GO-n 的 XRD 光谱图中并没有观察到 GO 的特征衍射峰。

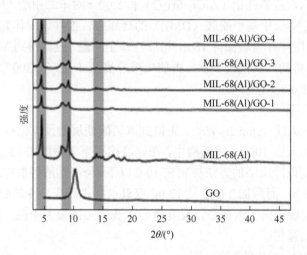

图 3.2　GO、MIL-68(Al)及 MIL-68(Al)/GO-n 的 XRD 光谱图

2）FTIR 分析

MIL-68(Al)及 MIL-68(Al)/GO-n 的 FTIR 表征结果如图 3.3 所示。MIL-68(Al)/GO, 呈现出与 MIL-68(Al)非常相似的伸缩振动峰。随着 GO 含量的增加，1700 cm^{-1} 和 1280 cm^{-1} 处残留 DMF 的 C=O 和 C—N 的振动信号在逐渐减弱，有学者认为是因为 GO 阻止了 MIL-68(Al)的相互堆叠，导致 DMF 在清洗过程中更容易被去除。与 MIL-68(Al)相比，MIL-68(Al)/GO 复合材料的 FTIR 在 3665 cm^{-1} 处的振动信号几乎消失了，这是因为复合材料的 μ_2—OH 在反应过程中与 GO 上的含氧官能团发生了反应，导致信号变弱。

3）SEM 分析

通过 SEM 对 GO、MIL-68(Al)及 MIL-68(Al)/GO-2 的表面形貌进行分析。图 3.4（a）为 GO 的 SEM 图，呈现出典型的多层结构和褶皱表面。图 3.4（b）为 MIL-68(Al)的 SEM 图，可以清晰看出，MIL-68(Al)晶体呈棒状或杆状，其表面光滑并且相互堆叠在一起；图 3.4（c）～（e）为 MIL-68(Al)/GO-2 不同视角的 SEM 图，可以看出 MIL-68(Al)晶体整齐且紧密地生长在 GO 的表面，形成一种类似"三明治"的结构。此外 MIL-68(Al)/GO-2 的元素映射分析如图 3.4（f）所示，说明

MIL-68(Al)/GO 复合材料中包含 C、Al 和 O 三种元素，并且这些元素均匀分布在复合材料中。

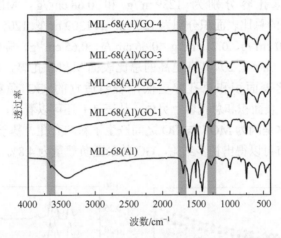

图 3.3 MIL-68(Al)/GO-n 及 MIL-68(Al)的 FTIR 光谱图

图 3.4 GO、MIL-68(Al)及 MIL-68(Al)/GO-2 的表面形貌图

（a）GO 的 SEM 图；（b）MIL-68(Al)的 SEM 图；（c）～（e）不同视角的 MIL-68(Al)/GO-2 的 SEM 图；（f）MIL-68(Al)/GO-2 的元素分布能谱图

4）N$_2$ 吸附等温线及孔径分布分析

MIL-68(Al)及 MIL-68(Al)/GO-n 的 N$_2$ 吸附等温线及孔径分布如图 3.5 所示，由图 3.5（a）可以看出，根据国际纯粹与应用化学联合会（IUPAC）的分类，两种材料的 N$_2$ 吸附等温线均为 I 型等温线，说明 MIL-68(Al)及 MIL-68(Al)/GO-n 的孔隙结构主要是微孔。由图 3.5（b）可以看出，MIL-68(Al)/GO-n 与 MIL-68(Al)的孔径分布非常相似，孔径分布范围均为 0.6～1.6 nm。但是在复合材料中，随着 GO 含量的增加，0.6 nm 处的微孔逐渐消失，这是因为 GO 上的含氧官能团和有机配体

在与金属节点配位时产生竞争配位作用，导致 MIL-68(Al)结构发生扭曲。表 3.1 给出了 MIL-68(Al)及 MIL-68(Al)/GO-n 详细的比表面积和孔结构参数，MIL-68(Al)的总比表面积和总孔容分别为 1239 m²/g 和 0.68 cm³/g，MIL-68(Al)/GO-1 ～ MIL-68(Al)/GO-4 的总比表面积分别为 1267 m²/g、1309 m²/g、1205 m²/g、1148 m²/g，总孔容分别为 0.70 cm³/g、0.71 cm³/g、0.66 cm³/g、0.65 cm³/g。与 MIL-68(Al)相比，MIL-68(Al)/GO-n（$n = 1, 2$）具有更高的总比表面积和总孔容，MIL-68(Al)/GO-n（$n = 3, 4$）的总比表面积和总孔容更低，表明适宜的 GO 负载量有利于提高 MIL-68(Al)的总比表面积和总孔容。另外，从表 3.1 还可以看出，微孔容呈现出逐渐减小的趋势，这是因为 MOF 与 GO 之间产生了新的介孔。基于以上比表面积和孔结构参数，本节可以得出初步结论，GO 的最适负载量为 4.8%。

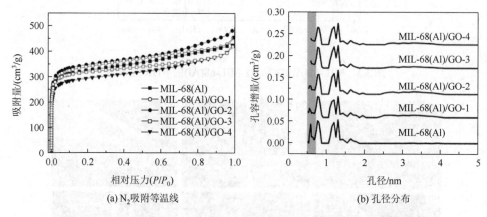

(a) N₂吸附等温线　　　　　　　(b) 孔径分布

图 3.5　MIL-68(Al)/GO-n 及 MIL-68(Al)的 N₂吸附等温线及孔径分布图

表 3.1　MIL-68(Al)及 MIL-68(Al)/GO-n 的比表面积及孔结构参数

样品	总比表面积/(m²/g)	内比表面积/(m²/g)	总孔容/(cm³/g)	微孔容/(cm³/g)
MIL-68(Al)	1239	981	0.68	0.41
MIL-68(Al)/GO-1	1267	1037	0.70	0.40
MIL-68(Al)/GO-2	1309	1048	0.71	0.39
MIL-68(Al)/GO-3	1205	966	0.66	0.37
MIL-68(Al)/GO-4	1148	909	0.65	0.35

5）XPS 分析

为了进一步证明在复合材料中 MIL-68(Al)与 GO 之间具有通过化学键结合的作用力，对 MIL-68(Al)/GO-2 进行 XPS 分析，MIL-68(Al)与 MIL-68(Al)/GO-2 的

XPS 的分析结果如图 3.6 所示。对于 MIL-68(Al)，全扫结果如图 3.6（a）所示，MOF 材料主要含有 C、Al 和 O 三种元素（119.40 eV 处的峰是测试设备上 TiCO₃ 的信号峰）。在 C 1s 的能谱中［图 3.6（b）］，两个信号峰分别出现在 284.80 eV 和 289.00 eV，分别对应于苯环上的碳和羧基上的碳；Al 2p 在 74.65 eV 处表现出一个独立能谱信号峰［图 3.6（c）］，说明 Al^{3+} 存在于 MIL-68(Al)的 $AlO_4(OH)_2$ 八面体结构单元中；O 1s 的能谱［图 3.6（d）］在 531.90 eV 和 533.43 eV 处呈现出两个信号峰，分别对应于 MIL-68(Al)结构中的羧基和羟基[4]。与 MIL-68(Al)相比，MIL-68(Al)/GO-2 的 Al 2p 的能谱信号峰移动到 74.95 eV 时，键能向高键能方向移动，说明 Al 原子周围的电子密度降低，这与 GO 上的含氧官能团和 MOF 材料的金属节点相互作用有关；相似地，MIL-68(Al)/GO-2 的 O 1s 的能谱信号峰向高键能方向移动了 0.3 eV，并且在 533.43 eV 处的能谱信号强度明显减弱了，这是因为有机配体与 GO 上的含氧官能团（如羧基和羟基等）发生了相互作用，导致有机配体上的羧基化学环境发生了改变。

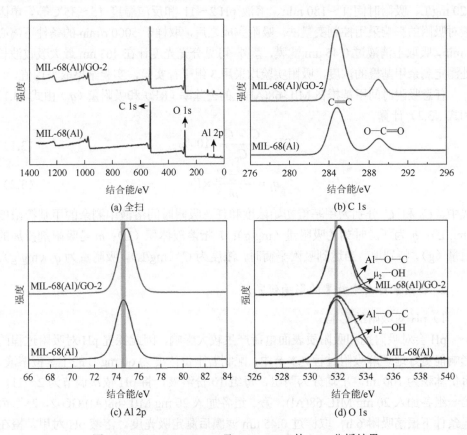

(a) 全扫　　　　　　　　(b) C 1s

(c) Al 2p　　　　　　　　(d) O 1s

图 3.6　MIL-68(Al)/GO-2 及 MIL-68(Al)的 XPS 分析结果

3.1.2 MIL-68(Al)及 MIL-68(Al)/GO 吸附去除甲基橙的性能研究

上节已成功制备了 MIL-68(Al)和 MIL-68(Al)/GO 复合材料，并从多方面进行了表征。本节以 MOF 材料为吸附剂，甲基橙为吸附质，探究 MOF 材料对甲基橙的吸附效果。具体包括吸附实验方法、各因素（pH、离子强度、初始浓度、温度和时间）对去除效果的影响研究、水稳定性及循环使用性能研究和吸附剂的对比与评价。

1. 吸附实验方法

吸附实验在可控温恒温摇床中进行。首先将吸附剂加入到盛有甲基橙溶液的锥形瓶中，然后密封并置于恒温摇床中，最后在设定条件下进行吸附：摇床转速 160 r/min、溶液体积 100 ml、MIL-68(Al)投加量 20 mg、甲基橙初始浓度 10～120 mg/L、吸附时间 1～180 min、溶液 pH 2～11 和反应温度 15～35℃等。单因素对吸附的影响采用控制变量法。吸附完成之后，取样于 5000 r/min 的条件下离心 2 min，吸取上清液过 0.45 μm 滤膜，紫外-可见分光光度计在 463 nm 最大吸收波长处测定剩余甲基橙的浓度，吸附实验均采用 3 组平行实验，实验结果取平均值。

任意吸附时间甲基橙在 MIL-68(Al)上的去除率（RE）和吸附量（q_t）由式（3.1）和式（3.2）计算

$$RE = \frac{C_0 - C_t}{C_0} \times 100\% \tag{3.1}$$

$$q_t = \frac{C_0 - C_t}{m} \times V \tag{3.2}$$

式中，C_0 和 C_t 分别为甲基橙初始浓度和任意吸附时间溶液中剩余的甲基橙浓度（mg/L）；q_t 为任意时刻的吸附量（mg/g）；V 指溶液体积（L）；m 是吸附剂投加的质量（g）。特别地，当达到吸附平衡时，浓度为 C_e（mg/L），吸附量为 q_e（mg/g）。

2. 各因素对去除效果的影响研究

1）pH 对吸附的影响

pH 会对吸附剂和吸附质表面电荷产生较大影响，因此探究 pH 对吸附过程的影响能更好地理解吸附过程。本节中，配制若干份浓度为 60 mg/L 的甲基橙溶液，每份体积为 100 ml，平均分为两组，每组 10 份溶液，将 pH 依次调节为 2～11，第一组各加入 20 mg MIL-68(Al)，第二组各加入 20 mg MIL-68(Al)/GO-2，25℃恒温条件下振荡吸附 6 h，取样过 0.45 μm 滤膜后测定吸光度。溶液 pH 对甲基橙在 MIL-68(Al)及 MIL-68(Al)/GO-2 上吸附的影响如图 3.7 所示。在 MIL-68(Al)及

MIL-68(Al)/GO-2 对甲基橙的吸附中，pH 对吸附的影响呈现相似的变化趋势。当 pH 为 4~10 时，两者的吸附量基本保持恒定；当 pH 大于 10 或者小于 4 时，吸附量迅速降低，这是因为 MIL-68(Al) 和 MIL-68(Al)/GO 在强酸（pH<4）或强碱（pH>10）条件下骨架结构遭到破坏。另外，MIL-68(Al)/GO-2 对甲基橙的吸附量要比 MIL-68(Al) 大，可以说明 GO 的引入可以强化 MIL-68(Al) 对甲基橙的吸附。这是因为 MIL-68(Al)/GO 具有更大的比表面积和总孔容，且表面有更多含氧官能团。基于 pH 对材料及吸附的影响，可以得出结论，当 pH 为 4~10，材料骨架稳定，材料对甲基橙的吸附比较稳定且吸附能力较高。因此，后续吸附实验均在 pH = 6.5 的条件下进行。

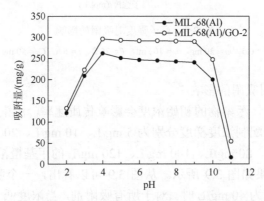

图 3.7　pH 对 MIL-68(Al)/GO-2 及 MIL-68(Al) 吸附甲基橙的影响

$C_0 = 60$ mg/L，$T = 25℃$，$t = 6$ h，$m = 20$ mg，$V = 100$ ml

2）离子强度对吸附的影响

将甲基橙溶液平均分成 2 组，一组加入氯化钠（NaCl）固体，另一组加入氯化钙（CaCl$_2$）固体，且两组溶液对应的离子强度梯度分别为 0、0.05 mol/L、0.10 mol/L、0.15 mol/L、0.20 mol/L、0.25 mol/L、0.30 mol/L，考察离子强度对吸附的影响。从图 3.8 可以看出，对于 MIL-68(Al) 和 MIL-68(Al)/GO-2 而言，增加 Na$^+$ 和 Ca^{2+} 的浓度，均能略微增加 MIL-68(Al) 对甲基橙的吸附量，并且 Ca^{2+} 对吸附的促进效果要强于 Na$^+$。一般情况下，电解质的加入会压缩吸附剂或吸附质的双电层，一方面能够削弱吸附剂与吸附质之间的静电相互作用；另一方面也能够改变吸附质分子大小。在本节中，电解质的加入会压缩双电层，从而减弱 MIL-68(Al) 与甲基橙之间的静电相互作用，导致吸附量降低。此外，增加离子强度可以减小吸附质分子的大小，吸附质分子更容易进入吸附剂的孔道内部，从而增强吸附能力。最终可以看出，离子强度对吸附的影响非常微弱，这是因为以上两种相反的作用力很弱或者是相互抵消。另外，对于相同浓度的甲基橙溶液，MIL-68(Al)/GO-2 对甲基橙的吸附量要高于 MIL-68(Al)，这是因为 MIL-68(Al)/GO-2 具有更大的比表面积和总孔容。

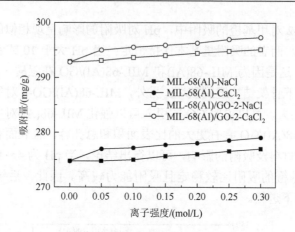

图 3.8　离子强度对吸附的影响

pH = 6.5，m = 20 mg，V = 100 ml，T = 25℃，t = 6 h，C_0 = 50 mg/L

3）初始浓度对吸附的影响

在吸附过程中，污染物的初始浓度会影响传质速率，污染物初始浓度越高，吸附驱动力越大。配制浓度梯度分别为 5 mg/L、10 mg/L、20 mg/L、30 mg/L、40 mg/L、60 mg/L、80 mg/L、100 mg/L、120 mg/L 的甲基橙溶液，置于 25℃下振荡吸附 6 h，结果如图 3.9 所示。从图 3.9 可以看出，一个明显的吸附量分界出现在甲基橙浓度为 40 mg/L 时。对于所有吸附剂，当浓度低于 40 mg/L 时，初始浓度对吸附量几乎没有影响；当初始浓度高于 40 mg/L 时，吸附量出现明显差异。同时，可以看出，MIL-68(Al)/GO-n（n = 1, 2）对甲基橙的平衡吸附量要比 MIL-68(Al)高，然而 MIL-68(Al)/GO-n（n = 3, 4）在相同条件下对甲基橙的平衡吸附量却比 MIL-68(Al)低。这是因为在甲基橙浓度较低时，5 种吸附剂均能提供足够的吸附位点去吸附甲基橙分子；当甲基橙浓度逐渐增大时，位点逐渐饱和，最终的平衡吸附量与 5 种吸附剂比表面积和总孔容有关。以上结果表明，适量的 GO 负载量可以提高 MIL-68(Al)对甲基橙的吸附量，过高的 GO 负载量反而不利于吸附。

4）温度对吸附的影响

在吸附反应中，温度会影响分子的运动速率，改变分子表面的能量，从而会影响传质速率，因此探究温度对吸附的影响对理解吸附反应的限制有十分重要的作用。从图 3.10 可以看出，对于 MIL-68(Al)和 MIL-68(Al)/GO-2 而言，温度对吸附的影响呈现相似的变化规律，当甲基橙初始浓度不超过 60 mg/L 时，温度对吸附量的影响并不明显；当初始浓度超过 60 mg/L 时，温度对吸附量的影响逐渐出现变化，温度升高使吸附量有所增加，说明升温有利于吸附反应的进行。MIL-68(Al)和 MIL-68(Al)/GO-2 对甲基橙的吸附反应均为吸热反应。

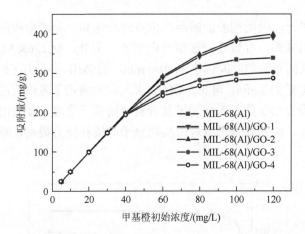

图 3.9　初始浓度对 MIL-68(Al)/GO-n 及 MIL-68(Al)吸附甲基橙的影响

pH = 8.0，m = 20 mg，T = 25℃，t = 6 h，V = 100 ml

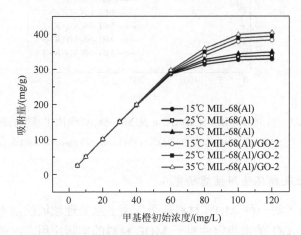

图 3.10　温度对 MIL-68(Al)及 MIL-68(Al)/GO-2 吸附甲基橙的影响

pH = 8.0，t = 6 h，m = 20 mg，V = 100 ml

5）时间对吸附的影响

配制若干份浓度均为 50 mg/L 的 100 ml 甲基橙溶液（pH = 6.5），分别加入 20 mg MIL-68(Al)及 MIL-68(Al)/GO-n（n = 1, 2, 3, 4），在 25℃恒温条件下振荡吸附，分别在 3 min、5 min、10 min、20 min、40 min、60 min、90 min、120 min、180 min、240 min、360 min 定时取样分析。从图 3.11 可以看出 MIL-68(Al)和 MIL-68(Al)/GO-n 对甲基橙的吸附量随时间先增加，然后逐渐达到平衡；吸附速率在前 20 min 很快，随后逐渐减缓直到平衡。这是因为在反应初期，吸附剂表面的活性位点充足，溶液中吸附质浓度高，吸附驱动力强，因此吸附速率较快。随着吸附反应的进行，吸附剂表面的活性位点逐渐饱和，溶液中吸附质浓度逐渐降低，吸附驱动力减弱，导致吸附逐渐趋向平衡。另外，MIL-68(Al)/GO-n 对甲基橙的吸附到达吸附平衡的时间都小于 100 min，而 MIL-68(Al)在相同条件下达到吸附平衡大约需要 250 min，可见，GO 的引入大大缩短了吸附反应达到吸附平衡的时间。这是因为 GO 的引入增加了复合材料的原子密度，使吸附剂与吸附质之间的色散力增加，因此复合材料对污染物分子的捕获能力提高，进而提高了吸附速率和效率。

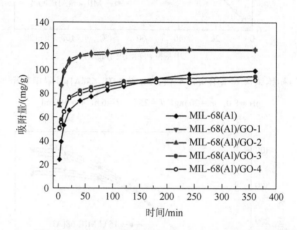

图 3.11　时间对 MIL-68(Al)/GO-n 及 MIL-68(Al)吸附甲基橙的影响

$C_0 = 50$ mg/L，pH = 6.5，$T = 25℃$，$t = 6$ h，$m = 20$ mg，$V = 100$ ml

3. 水稳定性及循环使用性能研究

水稳定性是考察一种 MOF 材料能否应用于水处理领域的基本条件，因此，探究 MIL-68(Al)/GO 的水稳定性对于 MOF 材料的实际应用非常重要。本节中，采用水溶液搅拌的方式研究 MIL-68(Al)/GO 的水稳定性。具体操作为将 MIL-68(Al)/GO-2 加入到一定量的水溶液中搅拌一定的时间，过滤干燥后，通过对其晶体结构分析来判断其稳定性。结果如图 3.12（a）所示，从图中可以看出，MIL-68(Al)/GO-2 放在水溶液中搅拌 3～24 h 后，其 XRD 图依然保持着 MIL-68(Al)完整的特征衍射峰，表明 MIL-68(Al)和 MIL-68(Al)/GO-2 具有良好的水稳定性。

在实际应用中，循环使用性能是判断一种吸附剂能否商业化的一个非常重要的参数，因此，本节考察 MIL-68(Al)/GO-2 的重复使用性。每次吸附完成后，将吸附后的材料用甲醇多次洗涤过滤，然后在 100℃的条件下干燥活化 12 h，然后将材料在甲基橙初始浓度为 120 mg/L，pH 为 6.5，温度为 25℃的条件下重复利用 3 次。从图 3.12（b）以看出，MIL-68(Al)/GO-2 在第一次重复利用后，其对甲基橙的吸附量减少了约 39%，说明在吸附过程中部分甲基橙分子进入吸附剂孔道内部未完全洗净,占据了吸附位点;而第二次和第三次重复利用后,吸附量没有明显降低,而是基本保持恒定。

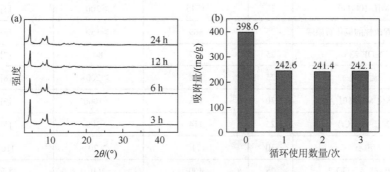

图 3.12　MIL-68(Al)/GO-2 的水稳定性及循环使用性能分析

（a）MIL-68(Al)/GO-2 在水溶液中搅拌不同时间的 XRD 图（pH = 6.5,T = 25℃,m = 20 mg）;（b）循环使用 MIL-68(Al)/GO-2 吸附甲基橙的效果

4. 吸附剂的对比与评价

一种良好的吸附剂一般具备以下特点,包括较高的吸附量、较快的吸附速率、较好的稳定性、较好的循环使用性能及较低的成本等。表 3.2 给出了不同材料吸附剂对甲基橙的最大吸附量和达到吸附平衡的时间。本节中的 MIL-68(Al)和 MIL-68(Al)/GO-2 的最大吸附量分别为 334 mg/g 和 400 mg/g,吸附达到平衡的时间分别为 240 min 和 100 min。而在同类吸附剂中,MIL-100(Fe)和 MOF-235 对甲基橙的最大吸附量分别达到 1045 mg/g 和 477 mg/g,达到吸附平衡的时间分别为大于 200 min 和 80 min。但是 MIL-100(Fe)和 MOF-235 均是 Fe 基 MOF 材料,这类 MOF 稳定性差,在水溶液中骨架容易遭到破坏,难以重复使用,同时吸附之后骨架坍塌会产生二次污染;其他同类的吸附剂,包括氨基化 MIL-101(Al)、MIL-101(Cr)等,吸附量相对较低,并且金属节点为金属离子,对环境和人体存在巨大的潜在危害。氨基化 MIL-101(Al)虽然稳定性较好,但是其吸附量较低,同时达到吸附平衡的时间很长。而在其他非同类吸附剂中,由氢氧化钾改性的氧化石墨烯对甲基橙的吸附具有很好的效果,最大吸附量达到 609 mg/g,吸附平衡时间大于 150 min;但是 GO 的成本较高,改性过程复杂,再生困难。而其他的非同类吸附剂,包括常用的活性炭、沸石、壳聚糖、粉煤灰、碳纳米管和硅藻土等对甲基橙的吸附去除效果不及 MIL-68(Al)和 MIL-68(Al)/GO-2。通过对比可以得出,本节制备的 MIL-68(Al)和 MIL-68(Al)/GO 具有良好的稳定性和循环使用性能,并且具有较高的吸附量和较快的吸附速率,为甲基橙的吸附去除提供了一种优良的吸附剂。

表 3.2 不同材料对甲基橙吸附的最大吸附量及相关参数对比

吸附剂	温度/℃	最大吸附量/(mg/g)	平衡时间/min	参考文献
MIL-100(Fe)	30	1045	>200	[5]
氢氧化钾改性的氧化石墨烯	25	609	>150	[6]
MOF-235	25	477	80	[7]
活性炭	25	238	>200	[8]
氨基化 MIL-101(Al)	30	188	>1000	[9]
MIL-101(Cr)	25	114	>300	[5]
沸石	30	71	>70	[10]
MIL-68(Al)/GO-2	25	400	100	本节
MIL-68(Al)	25	334	240	本节

3.1.3 MIL-68(Al)及MIL-68(Al)/GO吸附去除甲基橙的机理探究

上节分析了几个重要因素对吸附性能的影响，为了进一步揭示复合材料对甲基橙吸附过程涉及的机理，对实验数据进行动力学、热力学和等温线模型拟合研究是很有必要的。

1. 吸附动力学研究

根据吸附时间对吸附过程的影响结果，选取准一级动力学模型和准二级动力学模型对实验数据进行拟合。其方程式分别如式（3.3）和式（3.4）所示。

$$\ln(q_e - q_t) = \ln q_e - \frac{k_1}{2.303} \times t \tag{3.3}$$

$$\frac{t}{q_t} = \frac{1}{k_2 q_e^2} + \frac{t}{q_e} \tag{3.4}$$

式中，k_1 和 k_2 分别为准一级动力学常数（$\min^{-1}$）和准二级动力学常数[g/(mg·min)]；t 为吸附时间（min）。由图 3.13 可以看出，准二级动力学模型拟合结果具有更好的线性关系，表 3.3 显示其具有更高的决定系数 R^2，并且通过计算得到的平衡吸附量与实验得到的平衡吸附量非常接近。因此准二级动力学模型更适合描述甲基橙在 MIL-68(Al) 和 MIL-68(Al)/GO 上的吸附行为，同时表明化学吸附是吸附反应的限制步骤。此外，准二级动力学常数 k_2 的大小能够反映吸附速率的快慢，由表 3.3 可以发现复合材料对甲基橙的吸附速率均大于 MIL-68(Al)，表明 GO 的引入可以提高吸附速率。

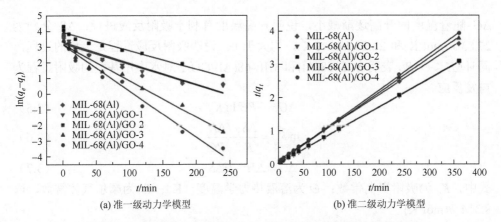

(a) 准一级动力学模型　　　　　　　(b) 准二级动力学模型

图 3.13　MIL-68(Al)及 MIL-68(Al)/GO-n 吸附甲基橙的拟合结果

$C_0 = 50$ mg/L，pH = 8.0，$T = 25℃$，$m = 20$ mg，$V = 100$ ml

表 3.3　MIL-68(Al)和 MIL-68(Al)/GO-n 对甲基橙吸附的准一级动力学模型和准二级动力学模型拟合参数

样品	吸附量实验值/(mg/g)	准一级动力学模型			准二级动力学模型		
		吸附量计算值/(mg/g)	k_1/min^{-1}	R^2	吸附量计算值/(mg/g)	k_2/[g/(mg·min)]	R^2
1	99.05	27.98	0.0136	0.9124	101.11	9.0613×10^{-4}	0.9993
2	116.49	25.62	0.0133	0.8806	117.10	4.8553×10^{-3}	1
3	117.02	52.67	0.0119	0.9596	117.65	5.9560×10^{-3}	1
4	94.34	24.52	0.0233	0.9590	95.06	2.4740×10^{-3}	0.9999
5	91.27	24.05	0.0296	0.9673	91.83	2.8034×10^{-3}	0.9999

注：样品 1 为 MIL-68(Al)；样品 2 为 MIL-68(Al)/GO-1；样品 3 为 MIL-68(Al)/GO-2；样品 4 为 MIL-68(Al)/GO-3；样品 5 为 MIL-68(Al)/GO-4。

2. 吸附热力学研究

热力学参数反映了系统能量的变化和吸附的自发性，在实际应用中，对此研究并采取合适措施可提高能量利用效率。本节中，选取 MIL-68(Al) 和 MIL-68(Al)/GO-2 为吸附剂，在不同温度下探究温度与吸附量的关系，从而得到 MIL-68(Al) 和 MIL-68(Al)/GO-2 对水中甲基橙吸附的热力学关系。热力学参数吉布斯自由能变ΔG（kJ/mol）、焓变ΔH（kJ/mol）及熵变ΔS[J/(mol·K)]通过式（3.5）～式（3.7）计算，结果如图 3.14 和表 3.4 所示。从表 3.4 中可以看出，当甲基橙初始浓度为 100 mg/L 时，MIL-68(Al) 和 MIL-68(Al)/GO-2 对甲基橙吸附的 ΔH 分别为 6.04 kJ/mol 和 5.53 kJ/mol，$\Delta H > 0$，表明吸附过程均是吸热反应。ΔG 均小于零，表明 MIL-68(Al) 和 MIL-68(Al)/GO-2 对甲基橙吸附过程均是自发反应，并且

ΔG 随着温度的升高逐渐减小，说明升高温度有利于吸附反应进行；ΔS 分别为 27.83 J/(mol·K)和 28.28 J/(mol·K)，均大于 0，说明吸附反应过程是熵增的过程，同时$\Delta H < \Theta \Delta S$，表明 MIL-68(Al)和 MIL-68(Al)/GO-2 对水中甲基橙的吸附过程为自发反应。

$$\Delta G = -R\Theta \ln K_d \tag{3.5}$$

$$\ln K_d = \frac{\Delta S}{R} - \frac{\Delta H}{R\Theta} \tag{3.6}$$

$$\Delta G = \Delta H - \Theta \Delta S \tag{3.7}$$

式中，K_d 为吸附平衡常数；Θ 为溶液热力学温度（K）；R 为摩尔气体常数，取 8.314 J/(mol·K)。

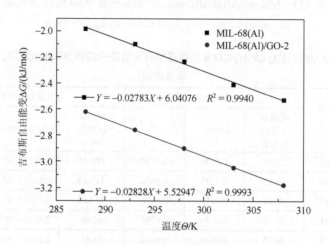

图 3.14　ΔG 与 Θ 的线性关系

pH = 6.5，C_0 = 100 mg/L，t = 6 h，m = 20 mg，V = 100 ml

表 3.4　MIL-68(Al)及 MIL-68(Al)/GO-2 吸附甲基橙的热力学参数（C_0 = 100 mg/L）

温度/K	MIL-68(Al)				MIL-68(Al)/GO-2			
	K_d	吉布斯自由能变/(kJ/mol)	焓变/(kJ/mol)	熵变/[J/(mol·K)]	K_d	吉布斯自由能变/(kJ/mol)	焓变/(kJ/mol)	熵变/[J/(mol·K)]
288	0.8295	−1.99			1.0941	−2.62		
293	0.8634	−2.10			1.1302	−2.75		
298	0.9019	−2.23	6.04	27.83	1.1692	−2.90	5.53	28.28
303	0.9563	−2.41			1.2105	−3.05		
308	0.9876	−2.53			1.2415	−3.18		

3. 吸附等温线研究

MIL-68(Al)/GO 和 MIL-68(Al)吸附甲基橙的等温线在甲基橙初始浓度为 5～120 mg/L 条件下测得。本节中，选取 Langmuir 等温线模型和 Freundlich 等温线模型对实验结果进行拟合，应用式（3.8）和式（3.9）表示如下。

$$\frac{1}{q_e} = \frac{1}{q_m} + \frac{1}{q_m K_L C_e} \tag{3.8}$$

$$\ln q_e = \frac{1}{n} \ln C_e + \ln K_F \tag{3.9}$$

式中，q_e 为达到吸附平衡时吸附剂上所吸附目标污染物的量（mg/g）；C_e 为达到吸附平衡时溶液中剩余目标污染物的浓度（mg/L）；q_m 为最大吸附量（mg/g）；K_L 是与吸附速率相关的 Langmuir 常数（L/mg）；K_F 是与吸附能力相关的 Freundlich 常数；$1/n$ 是与吸附强度相关的量纲为 1 的常数。

具体拟合参数如表 3.5 所示，可以看出，由 Freundlich 等温线模型对 MIL-68(Al) 及 MIL-68(Al)/GO-n（$n = 1, 2, 3, 4$）吸附甲基橙拟合得到的决定系数 R^2 分别为 0.8046、0.7758、0.7966、0.8164 和 0.8476。而由 Langmuir 等温线模型拟合得到的对应决定系数 R^2 分别为 0.9994、0.9989、0.9989、0.9989 和 0.9989，拟合得到的结果具有更好的线性关系和更高的决定系数。由 Langmuir 等温线模型对 MIL-68(Al)及 MIL-68(Al)/GO-n（$n = 1, 2, 3, 4$）吸附甲基橙拟合得到的最大吸附量与实验值非常接近。因此，Langmuir 等温线模型更适合用于描述甲基橙在 MIL-68(Al)及 MIL-68(Al)/GO 上的吸附过程，同时表明甲基橙在 MIL-68(Al)及 MIL-68(Al)/GO 上的吸附是一种均匀的单层吸附，并且吸附剂表面的吸附位点有限。K_L 和 K_F 的大小都可以表示吸附能力的强弱，从表 3.5 可以看出 MIL-68(Al)/GO-2 的 K_L 和 K_F 最大，说明 MIL-68(Al)/GO-2 对甲基橙的吸附能力最强。可以发现 K_L 和 K_F 的变化规律与材料的比表面积和孔容变化规律一致，说明材料的比表面积和孔容对材料的吸附能力或吸附量有重要的影响。值得一提的是，本节中，MIL-68(Al)和 MIL-68(Al)/GO-2 对甲基橙的最大吸附量（计算值）分别达到 340.14 mg/g 和 400.00 mg/g，与 MIL-68(Al)单体相比，MIL-68(Al)/GO-2 对甲基橙的最大吸附量增加了 17.6%。

4. 吸附机理探讨

对于一个特定的吸附反应，静电相互作用、氢键作用、π-π 堆积作用及疏水作用等多种反应机制可以同时发生作用。在本节中，静电相互作用、氢键作用和 π-π 堆积作用对甲基橙在 MIL-68(Al)/GO 上的吸附均有贡献，吸附的机理图如图 3.15（a）所示。一方面，甲基橙在水溶液中通常以硫酸盐的形式存在，表面带有大量的负电荷。对于 MIL-68(Al)/GO 而言，由图 3.15（b）可知，Zeta 电势在 pH 为 2～10 时其表面均带正电，因此两者在水溶液中极易发生静电相互作用；另一方面，甲基橙是二维平面分子并且含有苯环结构，而 MIL-68(Al)/GO 中含有大量的六角碳原子平面，因此两者能发生 π-π 堆积作用。另外，在 MIL-68(Al) 的 Al—O—Al 结构单元中含有 μ_2—OH，能够与甲基橙分子中的氮原子和氧原子形成氢键[11]。因此，静电相互作用、π-π 堆积作用及氢键作用使得 MIL-68(Al)/GO 对甲基橙具有较高的吸附量。与静电相互作用相比，π-π 堆积作用和氢键作用相对较弱。同时不难发现，MIL-68(Al)/GO-2 对甲基橙的吸附量随 pH 的变化趋势与 Zeta 电势随 pH 的变化趋势十分相似，说明静电相互作用在吸附反应中发挥主导作用，是吸附发生的最主要机制。

表 3.5　MIL-68(Al)/GO 及 MIL-68(Al)对甲基橙吸附的 Langmuir 等温线模型和 Freundlich 等温线模型拟合参数

样品	Langmuir 等温线模型				Freundlich 等温线模型		
	吸附量实验值/(mg/g)	吸附量计算值/(mg/g)	K_L	R^2	$1/n$	K_F	R^2
1	338.55	340.14	1.85	0.9994	0.2862	145.74	0.8046
2	391.16	392.16	2.04	0.9989	0.2955	173.07	0.7758
3	399.50	400.00	2.05	0.9989	0.3110	175.86	0.7966
4	302.19	302.11	1.51	0.9989	0.2711	129.41	0.8164
5	286.59	287.36	1.30	0.9989	0.2767	117.80	0.8476

注：样品 1 为 MIL-68(Al)；样品 2 为 MIL-68(Al)/GO-1；样品 3 为 MIL-68(Al)/GO-2；样品 4 为 MIL-68(Al)/GO-3；样品 5 为 MIL-68(Al)/GO-4。

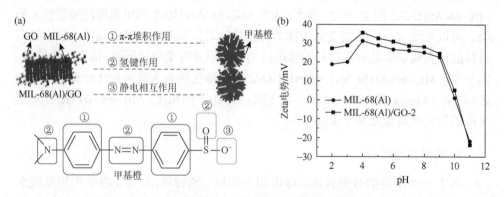

图 3.15　MIL-68(Al)及 MIL-68(Al)/GO 的吸附机理分析

（a）甲基橙在 MIL-68(Al)/GO 上吸附的机理图；（b）MIL-68(Al)/GO-2 及 MIL-68(Al)的 Zeta 电势随 pH 的变化
（$T = 25$℃，$V = 100$ ml，$m = 20$ mg）

3.2　铝基金属有机骨架微球吸附去除双酚 A 和四环素类抗生素

MOF 材料除了能去除水中染料，还能有效去除水中包括双酚 A、四环素类抗生素（tetracycline-antibiotics，TCs）在内的各种污染物。然而，MOF 材料通常以粉末颗粒的形式存在，具有难以从水溶液中分离固有的局限性。有研究将颗粒包埋固定成凝胶球，虽能提高其分离性能，但由于成球后的比表面积明显减小，能利用的有效吸附位点减少，导致吸附量降低。因此开发既能从水中快速分离，又能在固定后保持原始吸附量基本不下降的吸附剂变得尤为重要。

Luo 等[12]用 MIL-68(Al)作为母体材料，从制备具有良好分离性能及较高吸附量的铝基金属有机骨架壳聚糖微球出发，以吸附去除水中的双酚 A 为应用目标，研究铝基金属有机骨架壳聚糖微球的制备方法和技术，合成兼具优异分离性能、良好吸附性能的微球吸附剂。同时在系统表征微球吸附剂的基础上，对比考察了壳聚糖加入前后材料性质结构等的变化，揭示其高效吸附去除双酚 A 的机制。

Yu 等[13]以铝基金属有机骨架/石墨烯粉末和铝基金属有机骨架/石墨烯微球为吸附剂，以四环素类抗生素[四环素（TC）、土霉素（OTC）及金霉素（CTC）]为吸附质，对比探究铝基金属有机骨架/石墨烯粉末及微球对 TCs 的吸附效果。具体研究内容包括影响因素研究、吸附特性研究、吸附模型研究和吸附机理探析。

3.2.1　MIL-68(Al)/SA-CS 微球吸附去除双酚 A

1. MIL-68(Al)/SA-CS 微球材料的制备

1）MIL-68(Al)材料的制备

见 3.1.1 节所述。

2）MIL-68(Al)/SA 微球的制备

MIL-68(Al)/SA 微球是以 MIL-68(Al)粉末为基础、添加海藻酸钠（sodium alginate，SA）作为成型剂来制备的。具体步骤为：将 5.00 g MIL-68(Al)粉末分散在 100 ml 去离子水中，搅拌均匀后加热至 60℃，再缓慢加入 0.8 g SA，待完全溶解后冷却至室温，即得到 MIL-68(Al)/SA 混合液。配制 200 ml 质量分数为 2% 的 CaCl$_2$ 溶液并置于烧杯中，用 10 ml 的注射器将 MIL-68(Al)/SA 混合液逐滴加入到 CaCl$_2$ 溶液中，混合液迅速成球。交联 30 min 后，将得到的微球过滤并用去离子水多次洗涤以去除残留的 Ca^{2+}，最后冷冻干燥 24 h 就可得纯化的 MIL-68(Al)/SA 微球。

3）MIL-68(Al)/SA-CS 微球的制备

MIL-68(Al)/SA-CS 微球是以 MIL-68(Al)/SA 混合液为基础，将其滴加进壳聚糖（chitosan，CS）和 $CaCl_2$ 的混合溶液中来制备。具体步骤为：将一定量的 CS 溶解在 100 ml 质量分数为 2%的乙酸溶液中，充分溶解后缓慢加入 100 ml 质量分数为 4%的 $CaCl_2$ 溶液并继续搅拌均匀，制得 CS-$CaCl_2$ 混合液，用 10 ml 的注射器将 MIL-68(Al)/SA 混合液逐滴加入到 CS-$CaCl_2$ 混合液中，MIL-68(Al)/SA 混合液迅速成球。交联 30 min 后，将得到的微球过滤并用去离子水多次洗涤以去除残留的 Ca^{2+} 和 CS，最后冷冻干燥 24 h 就可得到纯化的 MIL-68(Al)/SA-CS 微球。根据所添加 CS 含量的不同，共制得 4 种不同的微球，最终产品标记为 MIL-68(Al)/SA-CS-n（$n=1,2,3,4$），其中 CS 与 MIL-68(Al)的质量比分别为 0.2、0.4、0.6 和 0.8。

2. MIL-68(Al)/SA-CS 微球材料的表征

1）XRD 分析

图 3.16 显示的是 MIL-68(Al)粉末、CS、MIL-68(Al)/SA 微球和 MIL-68(Al)/SA-CS 微球的 XRD 结果。由图可以看出，MIL-68(Al)粉末的特征衍射峰与 3.1.1 节描述的结果相吻合，说明 MIL-68(Al)粉末成功合成。此外，MIL-68(Al)/SA 微球的特征衍射峰与 MIL-68(Al)粉末的相似，说明在微球的制备过程中 MIL-68(Al)的晶体结构没有发生改变；但特征衍射峰强度有所降低，有学者认为这是因为微球中 MIL-68(Al)的相对含量降低，也与 MIL-68(Al)被成型剂包裹或遮挡有关。由图 3.16 可知，MIL-68(Al)/SA-CS 微球的衍射谱与 MIL-68(Al)/SA 微球的几乎一致，说明 CS 的加入对 MOF 的晶体结构没有影响。

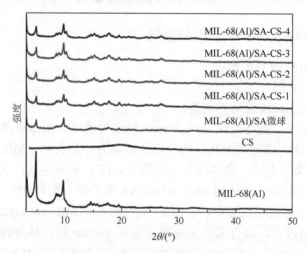

图 3.16　MIL-68(Al)、CS、MIL-68(Al)/SA 微球和 MIL-68(Al)/SA-CS-n（$n=1,2,3,4$）的 XRD 结果

2）SEM 分析

制备的 MIL-68(Al)/SA 微球及 MIL-68(Al)/SA-CS-3 的 SEM 图如图 3.17 所示。从图 3.17（a）中可以观察到微球呈现出良好的球形，直径大约为 1.3 mm，表面粗糙。由 3.1.1 节可知，MIL-68(Al)晶体呈棒状或杆状，从图 3.17（b）和（e）中可以观察到 MIL-68(Al) 晶体被包裹固定在 MIL-68(Al)/SA-CS-3 和 MIL-68(Al)/SA 微球中。但是当 MIL-68(Al)/SA 微球表面涂覆有 CS 后，得到的微球变得更光滑，能观察到的未被包裹起来的纳米颗粒更少。有学者认为这与微球形成过程中的离子型外部凝胶相互作用有关。另外，从微球的内部结构来看，在 MIL-68(Al)/SA 微球[图 3.17（f）]中大量棒状晶体无序地堆积在一起，相比之下 MIL-68(Al)/SA-CS-3[图 3.17（c）和（d）]中的棒状晶体团聚成块状以至于能清晰观察到的棒状结构很少，这是由于 CS 和 SA 之间的相互作用导致形成的微球更致密。此外，在 MIL-68(Al)/SA-CS-3[图 3.17（c）]中能观察到少量薄片。有学者认为这是聚阳离子 CS 和聚阴离子 SA 之间通过静电相互作用所形成的聚电解质复合物。

图 3.17　制备的 MIL-68(Al)/SA 微球及 MIL-68(Al)/SA-CS-3 的 SEM 图

（a）、（b）为 MIL-68(Al)/SA-CS-3 表面；（c）、（d）为 MIL-68(Al)/SA-CS-3 内部；（e）MIL-68(Al)/SA 微球表面；（f）MIL-68(Al)/SA 微球内部

3）N$_2$ 吸附等温线分析

MIL-68(Al)/SA 微球及 MIL-68(Al)/SA-CS-n 的 N$_2$ 吸附等温线与孔径分布如图 3.18 所示。从图 3.18（a）可以看出，MIL-68(Al)/SA 微球的吸附等温线属于 II 型等温线，说明其孔隙结构主要以介孔和大孔为主。而对于 MIL-68(Al)/SA-CS-n，由于微孔的增加，所有的吸附等温线都符合 I 型等温线。从图 3.18（b）可以看出，不同 CS 含量的 MIL-68(Al)/SA-CS 的孔径分布基本相同，但与 MIL-68(Al)/SA 微球的孔径分布存在较大差异。首先，MIL-68(Al)/SA-CS-n 的微孔在 7 Å 和 14 Å 附

近急剧增加。而对于介孔，MIL-68(Al)/SA-CS-n 在一定程度上分布均匀，MIL-68(Al)/SA 微球则主要分布在 85 Å，100 Å 和 130 Å。就孔径分布而言，较大比例的微孔结构有助于改善吸附性能，双酚 A 的分子大小为 1.057 nm×0.433 nm×0.650 nm，MIL-68(Al)/SA-CS-n 的孔径大小约为 7 Å 和 14 Å，因此双酚 A 分子有机会进入到 MIL-68(Al)/SA-CS-n 的孔道内。

　　由 N$_2$ 吸附等温线计算出的各种微球样品的比表面积和孔结构参数列于表 3.6 中，由表可知，与未加入 CS 的 MIL-68(Al)/SA 微球相比，所有的 MIL-68(Al)/SA-CS-n 都具有更大的比表面积和孔容。此外，MIL-68(Al)/SA-CS-n 的比表面积和孔容首先随着 CS 含量的增加而逐渐增加，但当 CS 含量进一步增加（＞1.5%）时显著降低。MIL-68(Al)/SA-CS-3 具有最大的比表面积（687.54 m^2/g）和总孔容（0.61 cm^3/g），以及较大的微孔容（0.19 cm^3/g）。由此可知，CS 的引入对所制备微球的孔隙率，尤其是对新微孔的产生具有重要影响。同时，MIL-68(Al)/SA-CS-3 样品的大比表面积和微孔容将有利于吸附水溶液中的双酚 A。

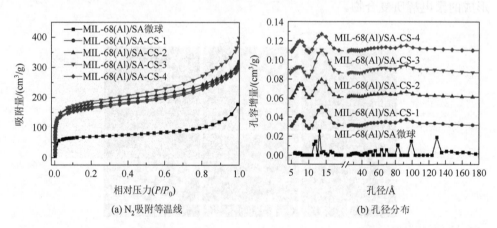

(a) N$_2$吸附等温线　　　　　　　　　(b) 孔径分布

图 3.18　MIL-68(Al)/SA 微球和 MIL-68(Al)/SA-CS-n（n = 1, 2, 3, 4）的 N$_2$ 吸附等温线及孔径分布图

表 3.6　MIL-68(Al)/SA 微球和 MIL-68(Al)/SA-CS-n（n = 1, 2, 3, 4）的比表面积及孔结构参数

样品	比表面积/（m^2/g）	总孔容/（cm^3/g）	微孔容/（cm^3/g）
MIL-68(Al)/SA 微球	248.85	0.27	0.07
MIL-68(Al)/SA-CS-1	622.55	0.49	0.18
MIL-68(Al)/SA-CS-2	661.22	0.49	0.20
MIL-68(Al)/SA-CS-3	687.54	0.61	0.19
MIL-68(Al)/SA-CS-4	608.59	0.47	0.14

4）XPS 分析

为了探究 CS 与 MIL-68(Al)/SA 微球之间是否以化学键的形式结合，选取 MIL-68(Al)/SA-CS-3 样品与 MIL-68(Al)/SA 微球针对所含的 Al、O、C 和 N 元素进行 XPS 对比分析，结果如图 3.19 所示。图 3.19（a）中 Al 2p 能谱在 74.62 eV 处显示出一个独立的峰，这归因于 MIL-68(Al)骨架中 $AlO_4(OH)_2$ 的存在。从图 3.19（b）的 O 1s 能谱中可以观察到两个分别位于 532.18 eV 和 533.13 eV 处的信号峰，它们分别对应于 MIL-68(Al)结构中的—COO^-和—OH。从图 3.19（c）中可以看出，C 1s 能谱可以分解为位于 284.80 eV（C=C）、286.20 eV（C—N）和 289.00 eV（O—C=O）处的三个峰。从图 3.19（d）的 N 1s 能谱中可以发现，MIL-68(Al)/SA 微球的 N 1s 能谱只在 399.80 eV 处显示出一个峰，而 MIL-68(Al)/SA-CS-3 样品的 N 1s 能谱则可以分解成 C—N/N—H（约 399.80 eV）和 NH_3^+（约 401.10 eV）的两个峰。加入 CS 后 N 1s 能谱中 NH_3^+ 的峰的出现说明微球中成功引入了 CS，而观察微球中的其他元素，发现 MIL-68(Al)/SA 微球和 MIL-68(Al)/SA-CS-3 的 Al 2p、O 1s 及 C 1s 能谱图中均显示出相似的能谱线，且峰位一致，未发生任何偏移，说明 CS 与 MIL-68(Al)/SA 微球之间不是以化学键的形式结合的。

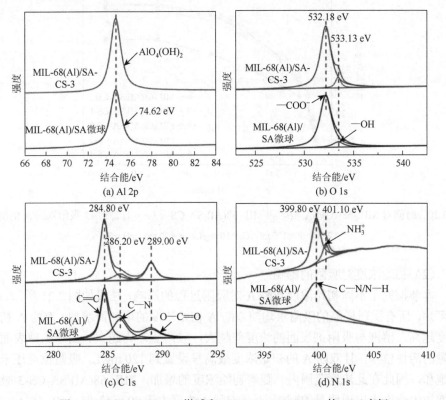

图 3.19　MIL-68(Al)/SA 微球和 MIL-68(Al)/SA-CS-3 的 XPS 表征

3. MIL-68(Al)/SA-CS 微球对双酚 A 的吸附性能研究

1）MIL-68(Al)/SA-CS 微球吸附双酚 A 的影响因素研究

（1）吸附时间对吸附的影响

本节研究了吸附时间对微球吸附双酚 A 的影响，结果如图 3.20 所示，由图可以看出，对于所有微球样品，其对双酚 A 的吸附量均随时间的推移而增加，且在 60 min 内吸附速率很快，随后减缓，最终在 18 h 达到吸附平衡。因此，吸附实验的时间均设定为 18 h。吸附反应初期，各微球表面的活性位点充足且此时溶液中的污染物浓度最高，因此吸附驱动力大，吸附速率较快；而随着吸附反应的进行，微球表面的活性位点逐渐被使用且溶液中污染物浓度逐渐降低，吸附驱动力减弱，吸附速率减慢最终达到吸附平衡。同时，可以观察到所有的 MIL-68(Al)/SA-CS 微球对双酚 A 的吸附能力均明显高于 MIL-68(Al)/SA 微球，由此可见，CS 的引入能够有效提高微球的吸附能力，弥补 MIL-68(Al)粉末成型后吸附性能降低的缺陷。

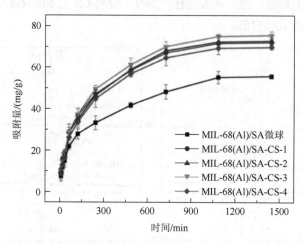

图 3.20　时间对 MIL-68(Al)/SA 微球和 MIL-68(Al)/SA-CS-n（n = 1, 2, 3, 4）吸附双酚 A 的影响
T = 25℃，V = 100 ml，C_0 = 50 mg/L，m = 20 mg，pH = 7.0

（2）初始浓度对吸附的影响

本节探究了不同初始浓度双酚 A 对吸附过程的影响，结果如图 3.21 所示，由图可知，所有微球样品的吸附量均随双酚 A 初始浓度的增加而增加，双酚 A 初始浓度越高，溶液与吸附剂表面的浓度差越大，吸附驱动力越大。由于微球表面有大量的活性位点，且双酚 A 的初始浓度最高只设置到 120 mg/L，吸附位点还未完全饱和，因此在此浓度范围内，随着初始浓度的增加，MIL-68(Al)/SA-CS-3 吸附量增加的速度未出现明显的减缓。而当双酚 A 浓度大于 80 mg/L 时，MIL-68(Al)/SA

微球吸附量增加的速度出现减缓趋势,这与其更低的比表面积及总孔容有关。同时,在所有微球样品中,MIL-68(Al)/SA 微球的吸附性能最差,MIL-68(Al)/SA-CS-3 的吸附性能最好,这与 MIL-68(Al)/SA-CS-3 具有的高比表面积和总孔容有关。特别是当初始浓度增加到 120 mg/L 时,MIL-68(Al)/SA-CS-3 的吸附量达到 136.9 mg/g,明显高于 MIL-68(Al)/SA 微球(100.8 mg/g)。此外,为了更全面地评价 MIL-68(Al)/SA-CS-3 的吸附性能,将其吸附双酚 A 的最大吸附量与其他文献发表过的一些吸附剂进行了比较(表 3.7),从表中可以发现,MIL-68(Al)/SA-CS-3 的吸附性能优于大多数已发表的吸附剂。

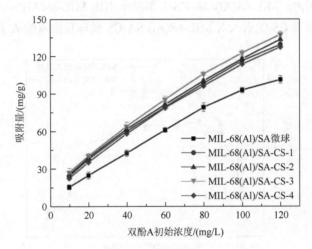

图 3.21　初始浓度对 MIL-68(Al)/SA 微球和 MIL-68(Al)/SA-CS-n(n = 1, 2, 3, 4)吸附双酚 A 的影响
T = 25℃,V = 100 ml,m = 20 mg,t = 18 h,pH = 7.0

表 3.7　不同吸附剂对双酚 A 的最大吸附量对比

吸附剂	最大初始浓度/(mg/L)	pH	温度/℃	时间/h	最大吸附量/(mg/g)	参考文献
MIL-53(Al)	400	6.5	25	4	472.7	[14]
CNTs/Fe$_3$O$_4$	400	6.2	25	2	45.3	[15]
MAP-GBM	150	7	20	48	324.0	[16]
rGO-MNPs-3	180	6	25	6	98.4	[17]
氧化石墨烯	500	3	25	12	94.1	[18]
MWCNTs	50	9	25	1	111.1	[19]
MIL-68(Al)/SA 微球	120	7.0	25	18	100.8	本节
MIL-68(Al)/SA-CS-3	120	7.0	25	18	136.9	本节

（3）溶液 pH 对吸附的影响

由于溶液的 pH 对吸附剂和吸附质的电荷状态都有着重要影响，因此探究了溶液 pH 在 2～11 时吸附剂吸附性能的变化，结果如图 3.22 所示。可以看出，在 MIL-68(Al)/SA 微球和 MIL-68(Al)/SA-CS-3 吸附双酚 A 的过程中，pH 对两者吸附量的影响规律相似。当 pH<4 时，吸附量随着 pH 的增大而增加且在 pH=4 时达到最大；当 pH=4～9 时，吸附量基本维持恒定；当 pH>9 时，随 pH 的增大吸附量显著下降。有学者认为这是由于在强酸或强碱的环境下，MIL-68(Al) 的部分骨架被破坏。因此，本节吸附实验均在 pH=7.0(±0.1) 的条件下进行。同时，由图 3.22 可知，在整个 pH 范围内，MIL-68(Al)/SA-CS-3 都显示出比 MIL-68(Al)/SA 微球更强的吸附能力，这意味着 CS 的引入对 MIL-68(Al)/SA-CS 微球吸附双酚 A 具有重要作用。

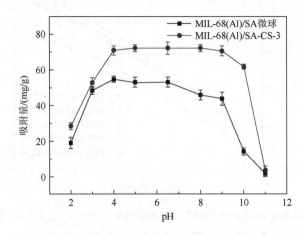

图 3.22　pH 对 MIL-68(Al)/SA 微球和 MIL-68(Al)/SA-CS-3 吸附双酚 A 的影响

$T=25℃$，$V=100$ ml，$C_0=50$ mg/L，$m=20$ mg，$t=18$ h

（4）离子强度对吸附的影响

工业废水中往往存在多种离子，因此考察了不同离子强度对吸附量的影响，其中溶液的离子强度通过加入 NaCl 来调节，结果如图 3.23 所示。由图可以看出，随着 Na^+ 浓度的增加，MIL-68(Al)/SA 微球和 MIL-68(Al)/SA-CS-3 对双酚 A 的吸附量均减少，有学者认为这是由于三种原因导致的：一是由于 Na^+ 会与双酚 A 通过供体–受体相互作用竞争吸附剂表面的活性位点；二是添加 NaCl 电解质会削弱吸附剂与双酚 A 之间的静电相互作用；三是与吸附剂孔道的压缩有关，从而阻止吸附质进入孔隙。综上所述，Na^+ 的存在不利于吸附剂对双酚 A 的吸附，但在实验各种不同 Na^+ 浓度的条件下，MIL-68(Al)/SA-CS 微球对双酚 A 的吸附能力均强于 MIL-68(Al)/SA 微球，进一步说明了 CS 引入的重要性。

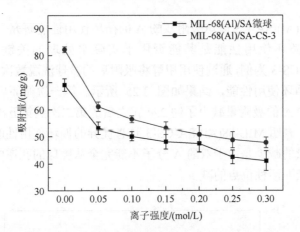

图 3.23　离子强度对 MIL-68(Al)/SA 微球和 MIL-68(Al)/SA-CS-3 吸附双酚 A 的影响

$T = 25℃$，$V = 100 \, ml$，$C_0 = 50 \, mg/L$，$m = 20 \, mg$，$t = 18 \, h$，pH = 7.0

（5）温度对吸附的影响

本节探究了温度对吸附过程的影响，结果如图 3.24 所示。由图可知，随着温度的升高，MIL-68(Al)/SA 微球和 MIL-68(Al)/SA-CS-3 对双酚 A 的吸附量均增加，说明升温有利于吸附反应的进行，同时也表明其为吸热反应。此外，在同一设定温度（15℃、25℃和35℃）的不同双酚 A 浓度下，MIL-68(Al)/SA-CS-3 对双酚 A 的吸附量均高于 MIL-68(Al)/SA 微球，这与 MIL-68(Al)/SA-CS-3 具有更大的比表面积和总孔容有关。

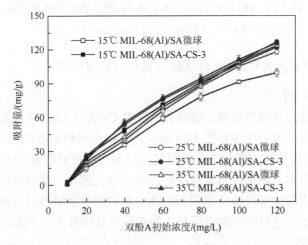

图 3.24　温度对 MIL-68(Al)/SA 微球和 MIL-68(Al)/SA-CS-3 吸附双酚 A 的影响

$V = 100 \, ml$，$m = 20 \, mg$，$t = 18 \, h$，pH = 7.0

2）MIL-68(Al)/SA-CS 微球吸附双酚 A 的循环使用性能研究

吸附剂的循环使用性能是其能否用于实际水处理的关键参数之一。以 MIL-68(Al)/SA-CS-3 为例，通过使用甲醇将吸附后的微球洗脱数次，冷冻干燥 24 h 后研究微球的循环使用性能，结果如图 3.25 所示。第一次循环后，MIL-68(Al)/SA-CS-3 对双酚 A 的吸附量减少了约 2.4%，之后的第二次到第五次循环中吸附量几乎保持不变，表明 MIL-68(Al)/SA-CS-3 具有优异的循环使用性能。其中，第一次循环后吸附量的减少是由于双酚 A 分子不能完全从微球的孔道中洗脱出来，从而导致了微球表面活性位点的减少。

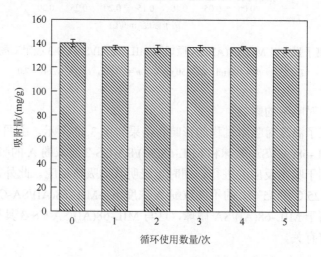

图 3.25　MIL-68(Al)/SA-CS-3 吸附双酚 A 的循环使用性能

$V = 100$ ml，$C_0 = 120$ mg/L，$m = 20$ mg，$t = 18$ h，pH = 7.0

4. MIL-68(Al)/SA-CS 微球对双酚 A 的吸附机理探究

1）吸附动力学研究

用准一级动力学模型和准二级动力学模型（详见 3.1.3 节）分别对所得到的吸附数据进行拟合，拟合曲线如图 3.26 所示，将拟合得到的参数列于表 3.8 中。由拟合结果可知，由于准二级动力学模型具有更高的决定系数 R^2 且由此计算出的理论平衡吸附量与实际平衡吸附量更接近，因此准二级动力学模型比准一级动力学模型更适合描述微球对双酚 A 的吸附行为，这表明化学吸附是该吸附过程中的主要速率控制步骤，这与吸附剂表面存在的多种官能团有关。此结论从前面的 XPS 分析中也可以看出。

2）吸附等温线研究

分别采用 Langmuir 等温线模型和 Freundlich 等温线模型（详见 3.1.3 节）对

吸附数据进行拟合，拟合结果如图 3.27 所示，相应的拟合参数列于表 3.9 中。由拟合结果可知，Freundlich 等温线模型比 Langmuir 等温线模型具有更高的决定系数 R^2，因此更适合用来描述微球对双酚 A 的吸附行为，这表明吸附是发生在异质性表面的一个多层吸附过程。从表 3.9 中还能发现，所有拟合得到的 $1/n$ 均小于 1，表明双酚 A 在微球上的吸附容易进行且吸附效果较好，同时低浓度双酚 A 对微球吸附效果的影响较小。此外，K_F 的人小能够反映出吸附能力的强弱，从表中可以发现，MIL-68(Al)/SA-CS-3 具有最高的 K_F，说明它吸附双酚 A 的能力最强。

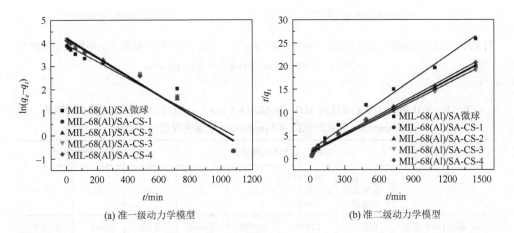

(a) 准一级动力学模型　　　　　　　　　(b) 准二级动力学模型

图 3.26　MIL-68(Al)/SA 微球和 MIL-68(Al)/SA-CS-n（$n = 1, 2, 3, 4$）吸附双酚 A 的动力学模型

$T = 25\text{℃}$，$V = 100$ ml，$C_0 = 50$ mg/L，$m = 20$ mg，pH = 7.0

表 3.8　MIL-68(Al)/SA 微球和 MIL-68(Al)/SA-CS-n（$n = 1, 2, 3, 4$）吸附双酚 A 的
准一级动力学模型及准二级动力学模型拟合参数

样品	吸附量实验值/(mg/g)	准一级动力学模型			准二级动力学模型		
		吸附量计算值/(mg/g)	k_1/min^{-1}	R^2	吸附量计算值/(mg/g)	$k_2/[\text{g/(mg·min)}]$	R^2
MIL-68(Al)/SA 微球	55.60	50.96	0.00366	0.9128	58.62	1.54×10^{-4}	0.9869
MIL-68(Al)/SA-CS-1	71.97	64.30	0.00409	0.9665	76.22	1.36×10^{-4}	0.9938
MIL-68(Al)/SA-CS-2	72.64	67.08	0.00415	0.9706	77.58	1.22×10^{-4}	0.9932
MIL-68(Al)/SA-CS-3	75.31	69.07	0.00414	0.9654	80.19	1.21×10^{-4}	0.9940
MIL-68(Al)/SA-CS-4	69.63	64.52	0.0041	0.9693	74.52	1.23×10^{-4}	0.9939

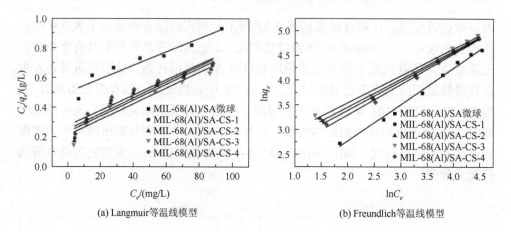

(a) Langmuir等温线模型　　　　　　　　　　(b) Freundlich等温线模型

图 3.27　MIL-68(Al)/SA 微球和 MIL-68(Al)/SA-CS-n（n = 1, 2, 3, 4）吸附双酚 A 的吸附等温线研究

T = 25℃，V = 100 ml，m = 20 mg，t = 18 h，pH = 7.0

表 3.9　MIL-68(Al)/SA 微球和 MIL-68(Al)/SA-CS-n（n = 1, 2, 3, 4）对双酚 A 吸附的 Langmuir 等温线模型和 Freundlich 等温线模型拟合参数

样品	Langmuir 等温线模型				Freundlich 等温线模型		
	吸附量 实验值/ (mg/g)	吸附量 计算值/ (mg/g)	K_L	R^2	$1/n$	K_F	R^2
MIL-68(Al)/SA 微球	100.84	220.26	0.0091	0.9043	0.74	3.67	0.9922
MIL-68(Al)/SA-CS-1	128.89	186.57	0.0216	0.9072	0.58	9.24	0.9944
MIL-68(Al)/SA-CS-2	132.91	186.57	0.0231	0.9001	0.57	10.24	0.9921
MIL-68(Al)/SA-CS-3	136.91	189.04	0.0251	0.8999	0.55	11.64	0.9862
MIL-68(Al)/SA-CS-4	126.89	193.80	0.0188	0.9098	0.62	7.88	0.9949

3）吸附热力学研究

用热力学模型（详见 3.1.3 节）对系统的能量变化进行分析得到结果如下，从图 3.28 和表 3.10 可以看出，当双酚 A 的初始浓度均为 120 mg/L 时，MIL-68(Al)/SA 微球和 MIL-68(Al)/SA-CS-3 吸附双酚 A 的 ΔH 分别为 19.48 kJ/mol 和 7.03 kJ/mol，ΔH > 0，说明吸附反应均为吸热反应，升温有利于吸附反应的进行。此外，在不同温度下双酚 A 吸附在两种材料上的 ΔG 均小于 0，说明此吸附反应自发进行，从热力学的角度来看，易于发生且不用从外界获取能量。ΔS > 0，表明为熵增反应，是一个反应时固-液界面混乱度增加的过程。

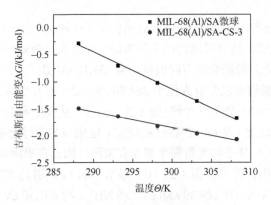

图 3.28　ΔG 与 Θ 的线性关系

$V = 100$ ml，$C_0 = 120$ mg/L，$m = 20$ mg，$t = 18$ h，pH = 7.0

表 3.10　MIL-68(Al)/SA 微球和 MIL-68(Al)/SA-CS-3 吸附双酚 A 的热力学参数

温度/K	MIL-68(Al)/SA 微球				MIL-68(Al)/SA-CS-3			
	K_d	吉布斯自由能变/(kJ/mol)	焓变/(kJ/mol)	熵变/[J/(mol·K)]	K_d	吉布斯自由能变/(kJ/mol)	焓变/(kJ/mol)	熵变/[J/(mol·K)]
288	1.1266	−0.29			1.8627	−1.49		
293	1.3322	−0.70			1.9538	−1.63		
298	1.5121	−1.03	19.48	0.07	2.0815	−1.82	7.03	0.03
303	1.7141	−1.36			2.1743	−1.96		
308	1.9219	−1.67			2.2413	−2.07		

4）MIL-68(Al)/SA-CS 微球吸附机理分析

为了能更有效地去除目标污染物，探究各吸附反应过程中的吸附机理是非常有必要的。通常，在某一特定的吸附反应中往往多种吸附机制同时发生，如静电相互作用、氢键作用、π-π 堆积作用、疏水作用及孔道选择性吸附作用等。吸附剂的比表面积和孔隙率是提高吸附剂吸附能力的重要因素。从前面的 N_2 吸附等温线分析和吸附实验结果可以推断出，在 MIL-68(Al)/SA-CS 微球吸附双酚 A 的过程中，比表面积和微孔容的增加有着重要作用。为了进一步研究双酚 A 在 MIL-68(Al)/SA-CS 微球上的吸附机理，分别对吸附前后的 MIL-68(Al)/SA-CS-3 样品进行了 XPS 分析，结果如图 3.29 所示。从图 3.29（a）中可以看出，Al 2p 能谱在 74.62 eV 处显示出一个独立的峰，这归因于 MIL-68(Al) 的骨架中 $AlO_4(OH)_2$ 的存在。从图 3.29（b）吸附前的 O 1s 能谱中，我们观察到两个信号峰分别位于 532.18 eV 和 533.43 eV 处，它们分别对应于 MIL-68(Al) 结构中的—COO^- 和—OH。而吸附双酚 A 后，—OH 的峰强度明显增强，这应该与双酚 A 被吸附到微球上有关。相反，吸附后—COO^- 的比例从 92.29% 降至 85.65%，有学者认为是因为—COO^- 中的氧原子和双酚 A 所含的—OH

之间形成了氢键。或者,是因为Al—O—Al结构单元中的μ₂—OH和双酚A中的—OH之间也可以形成氢键,这可以通过以下事实进一步证实:吸附后—OH 的峰的能谱信号从 533.43 eV 处向低结合能方向偏移,至 533.13 eV 处。

样品的 C 1s 能谱可以分解为位于 284.80 eV(C═C)、286.20 eV(C—N)和 289.00 eV(O—C═O)处的三个峰[图 3.29(c)]。从图中我们可以观察到吸附后 C═C 的比例有所增加(从 64.52%到 69.42%),这应该与微球上吸附的双酚A分子有关,考虑到双酚 A 分子和吸附剂中都含有苯环,因此在吸附双酚 A 的过程中也会发生 π-π 堆积作用。此外,图 3.29(d)显示了 N 1s 轨道的 XPS 表征,吸附前,它可以分解成C—N/N—H(约 399.80 eV)和 NH₃⁺(约 401.10 eV)的两个峰。NH₃⁺的峰的存在验证了 CS 在微球中的成功引入。吸附后 C—N/N—H 更高的结合能和更低的峰面积百分比表明氮原子会与双酚 A 中的—OH 形成氢键。而 NH₃⁺的峰在吸附后向高结合能方向偏移表明质子化氨基与富含 π 电子的芳香结构之间存在阳离子-π 相互作用。综上所述,双酚 A 在 MIL-68(Al)/SA-CS 微球上的吸附机理主要包括 π-π 堆积作用、氢键作用和阳离子-π 相互作用,其吸附机理示意图如图 3.30 所示。

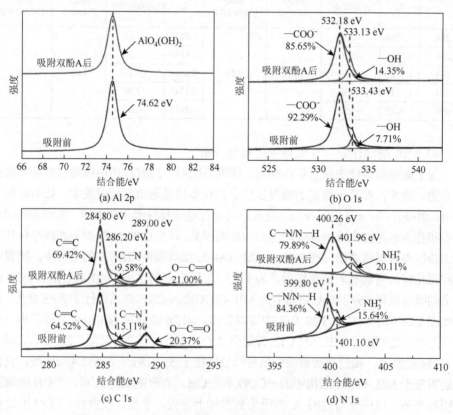

图 3.29 MIL-68(Al)/SA-CS-3 吸附双酚 A 前后的 XPS 表征

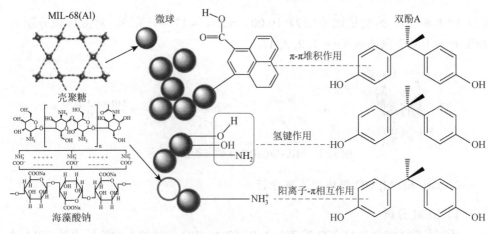

图 3.30　双酚 A 在 MIL-68(Al)/SA-CS 微球上的吸附机理示意图

在 MIL-68(Al)/SA 微球的基础上引入 CS 使得 MIL-68(Al)/SA-CS 微球对双酚 A 的吸附能力显著提升。从吸附机理的角度来看，微球比表面积和孔隙率的增加可以为污染物提供更多的吸附位点，同时 CS 中所含的氮原子与双酚 A 中的—OH 形成的氢键（N—H···O 和 N···H—O）也会促进双酚 A 的去除。更重要的是，MIL-68(Al)/SA 微球与 CS 复合后还会发生阳离子-π 相互作用，从而提高 MIL-68(Al)/SA-CS 微球对双酚 A 的吸附能力。

3.2.2　MIL-68(Al)/GO 微球吸附去除四环素类抗生素

1. MIL-68(Al)/GO 微球材料制备

1）MIL-68(Al)/GO 粉末的制备

见 3.1.1 节所述。

2）MIL-68(Al)/GO 微球的制备

MIL-68(Al)/GO 微球是基于 MIL-68(Al)/GO 粉末，以 SA 为成型剂制备，制备过程如图 3.31 所示，具体实验过程如下：将 5.00 g MIL-68(Al)/GO 粉末加入到 100 ml 去离子水中超声处理，使其均匀分散。将混合液在磁力搅拌下加热至 95℃，缓慢加入 SA，并在 95℃恒温条件下保持 1 h，然后冷却至室温，得到 MIL-68(Al)/GO-SA 混合液。配制 200 ml 质量分数为 4%的 CaCl$_2$ 溶液并置于烧杯中，将 MIL-68(Al)/GO-SA 混合液以 10 ml 注射器逐滴注入烧杯中，得到灰黑色 MIL-68(Al)/GO 微球初产物。接下来，用去离子水反复洗涤微球初产物，去除残留的 CaCl$_2$ 及其他客体分子，将产物冷冻干燥 12 h 后，得到纯化的 MIL-68(Al)/GO 微球。共制备了 4 组 SA 含量不同的复合微球，其中 MIL-68(Al)/

GO 粉末和 SA 的质量比分别为 10.00、6.25、4.17 和 3.33，对应标识分别为 MIL-68(Al)/GO 微球-n（n = 1, 2, 3, 4）。

图 3.31　MIL-68(Al)/GO 微球的制备过程

2. MIL-68(Al)/GO 微球的表征分析

1）SEM 分析

所制备的 MIL-68(Al)/GO 粉末与 MIL-68(Al)/GO 微球的表面特征通过 SEM 进行分析，结果如图 3.32 所示。图 3.32（a）为 MIL-68(Al)/GO 粉末的 SEM 图像，详细介绍见 3.1.1 节。从图 3.32（b）～（e）可以看到，随着 SA 的引入，MIL-68(Al) 晶体仍保持明显的棒状结构，堆叠无序，具有相对光滑的表面，晶体之间有丝状的 SA 牵连固定，尤其在图 3.32（d）中有明显的网状结构生成。当 SA 的引入量质量分数达到 23% 时，MIL-68(Al)晶体呈块状堆积，表面被 SA 大面积覆盖，裸露面减少［图 3.32（e）］，主要原因是 SA 的比例超过一定的限度，MIL-68(Al)晶体会被缠绕、覆盖。此外，MIL-68(Al)/GO 微球-2 的元素分布能谱［图 3.32（f）］结果表明，复合 MIL-68(Al)/GO 微球中包含 C、O、Al 和 Na 四种元素，并且这些元素分布均匀。所制备的 MIL-68(Al)/GO 微球照片如图 3.33 所示。MIL-68(Al)/GO 微球的颜色呈灰黑色，橄榄状；随着 SA 引入量的增加，颗粒表面变光滑，形状变得更规则，渐渐接近球形；仔细观察可以发现图 3.33（a）中有粉末存在，这是因为当 SA 引入量质量分数≤9.0% 时，MIL-68(Al)/GO 微球-1 强度不够，易破碎。此外，还可以看出 MIL-68(Al)/GO 微球直径为 1～2 mm，表明微球容易从水溶液中分离出来。

图 3.32　MIL-68(Al)/GO 粉末和 MIL-68(Al)/GO 微球的 SEM 图像

（a）MIL-68(Al)/GO 粉末的 SEM 图像；（b）～（e）MIL-68(Al)/GO 微球-n（n = 1, 2, 3, 4）的 SEM 图像；
（f）MIL-68(Al)/GO 微球-2 的元素分布能谱图

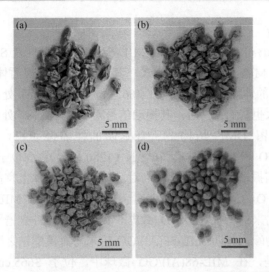

图 3.33　MIL-68(Al)/GO 微球-n（n = 1, 2, 3, 4）样品的光学照片

2）XRD 分析

所制备的 MIL-68(Al)/GO 粉末及 MIL-68(Al)/GO 微球的 XRD 光谱图如图 3.34 所示。由图分析可知，MIL-68(Al)/GO 粉末的特征衍射峰与 3.1.1 节研究的结果相吻合，表明成功制备出 MIL-68(Al)/GO 粉末，而且其尖锐的特征衍射峰峰形也说明了样品具有较高的结晶度。此外，由图 3.34 可知 MIL-68(Al)/GO 微球表现出与 MIL-68(Al)/GO 粉末相似的特征衍射峰，表明 MIL-68(Al)/GO 粉末成型为微球后仍然保留了 MIL-68(Al)/GO 完整的晶形结构，但是微球的衍射强度与粉末相比有轻微的降低，有学者认为这是因为随着海藻酸钠的引入，MIL-68(Al)/GO 晶体的相对含量有所降低；也有研究表示这是由于部分的 MIL-68(Al)/GO 晶体被 SA 包覆或遮挡所导致的。

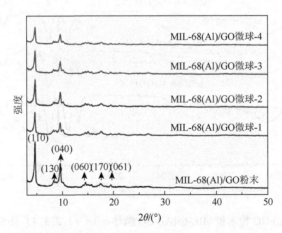

图 3.34　MIL-68(Al)/GO 粉末和 MIL-68(Al)/GO 微球-n（n = 1, 2, 3, 4）的 XRD 光谱图

3）FTIR 分析

图 3.35 是 MIL-68(Al)/GO 粉末和 MIL-68(Al)/GO 微球及 SA 的 FTIR 光谱。由图可知，对于 MIL-68(Al)/GO 粉末，其 AlO₄(OH)₂ 八面体结构单元中含有 μ_2—OH，其 O—H 的伸缩振动峰出现在 3665 cm^{-1} 和 996 cm^{-1} 处；同时，MIL-68(Al) 晶体表面的自由水也含有 O—H，其振动信号对应 3446 cm^{-1} 处的大宽峰；此外，我们还观察到残留 DMF 结构中所含基团的伸缩振动峰，分别对应 C═O（1650 cm^{-1}）、C—O（1390 cm^{-1}）和 C—N（1280 cm^{-1}）；而位于 1300～1700 cm^{-1} 之间的不对称伸缩振动峰，有学者认为对应的是有机配体上官能团的振动信号，包括羧基中的 C—O、C═O 和苯环中 C═C 的振动。对于 MIL-68(Al)/GO 微球，其整体上所表现出来的特征与 XRD 数据一致，即其红外光谱图呈现出与粉末基本相同的伸缩振动峰，说明 MIL-68(Al)/GO 粉末与海藻酸钠之间并未发生化学反应。需要说明的是，在 MIL-68(Al)/GO 微球中，位于 3665 cm^{-1}、1700 cm^{-1} 和 1280 cm^{-1} 处的振动信号均有所减弱，这是因为 SA 包覆或遮挡了部分的 MIL-68(Al)/GO 晶体。另外，由图 3.35 可以看到 SA 的 C—OH 的伸缩振动峰（3440 cm^{-1}）、O—C═O 的伸缩振动峰（1610 cm^{-1}）及 C—O—C 的伸缩振动峰（1089 cm^{-1}）。

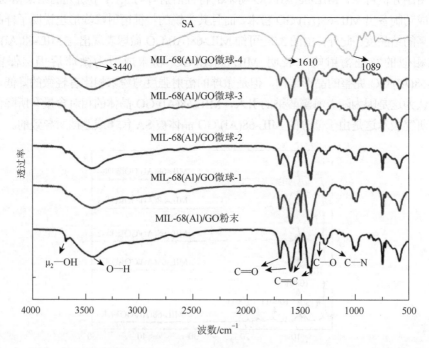

图 3.35　MIL-68(Al)/GO 粉末和 MIL-68(Al)/GO 微球-n（n = 1, 2, 3, 4）及 SA 的 FTIR 光谱图

4）N_2 吸附等温线分析

如图 3.36 所示，是 MIL-68(Al)/GO 粉末及 MIL-68(Al)/GO 微球的 N_2 吸附等温线与孔径分布图。从图 3.36（a）可以看出，粉末的 N_2 吸附等温线符合典型的Ⅰ型等温线，说明 MIL-68(Al)/GO 粉末的孔隙结构主要是微孔；而对于不同 SA 引入量的微球来说，其 N_2 吸附等温线基本重合，均符合Ⅱ型等温线，表明 MIL-68(Al)/GO 微球的孔隙结构以介孔和大孔为主。图 3.36（b）为孔径分布，MIL-68(Al)/GO

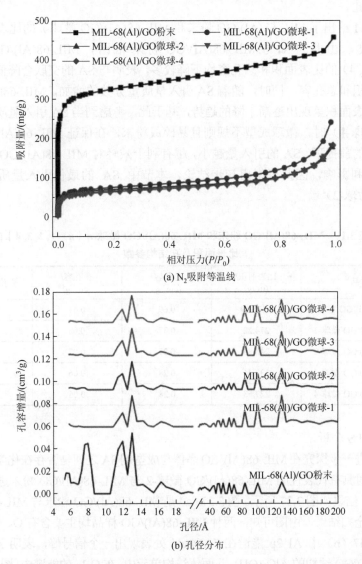

(a) N_2 吸附等温线

(b) 孔径分布

图 3.36　MIL-68(Al)/GO 粉末和 MIL-68(Al)/GO 微球-n（$n = 1, 2, 3, 4$）的 N_2 吸附等温线与孔径分布图

粉末的孔径分布范围主要在 7～14 Å（微孔），但是 MIL-68(Al)/GO 微球的孔径在小于 20 Å 的微孔孔径分布范围内急剧缩小，在 6～8 Å 区间甚至消失。此外，MIL-68(Al)/GO 微球-n 在 80～150 Å 的介孔孔径分布范围区，孔容增量相比于粉末有较大的增加，有研究表明这是因为材料的微孔主要由 MIL-68(Al)/GO 粉末提供，在以海藻酸钠为成型剂的成型过程中，形成了新的介孔，MIL-68(Al)/GO 粉末被包裹，或嵌入、或黏附堆积，微孔数量大大减少，同时交联过程中也产生一些新的介孔。

　　表 3.11 给出了 MIL-68(Al)/GO 粉末和 MIL-68(Al)/GO 微球-n 的比表面积及孔结构参数，由此可知与 MIL-68(Al)/GO 粉末相比，MIL-68(Al)/GO 微球-n（n =1, 2, 3, 4）的比表面积和总孔容均下降较多，表明与 SA 的交联会降低复合材料的比表面积和总孔容。同时，随着 SA 引入量质量分数的增加，MIL-68(Al)/GO 微球-n 的比表面积呈现出逐渐下降的趋势，基于此，考虑到当 SA 引入量质量分数≤9.0%（微球-1）时，微球成型不规则且易碎成粉末，在保证 MIL-68(Al)/GO 微球成功制备的前提下，SA 的引入量越小，越有利于减轻对 MIL-68(Al)/GO 微球比表面积的不利影响，因此可得出初步结论，本节中 SA 的最佳引入量质量分数为13.8%（微球-2）。

表 3.11　MIL-68(Al)/GO 粉末和 MIL-68(Al)/GO 微球-n（n = 1, 2, 3, 4）的
比表面积及孔结构参数

样品	比表面积/(m^2/g)	总孔容/(cm^3/g)	微孔容/(cm^3/g)	介孔容/总孔容
MIL-68(Al)/GO 粉末	1276.69	0.69	0.41	0.41
MIL-68(Al)/GO 微球-1	274.22	0.37	0.08	0.78
MIL-68(Al)/GO 微球-2	248.85	0.27	0.07	0.74
MIL-68(Al)/GO 微球-3	237.46	0.28	0.06	0.79
MIL-68(Al)/GO 微球-4	227.63	0.28	0.05	0.82

5）XPS 分析

　　为了进一步探究在 MIL-68(Al)/GO 晶体与成型剂 SA 之间是否存在化学键结合的作用力，对具有代表性的 MIL-68(Al)/GO 微球-2 与 MIL-68(Al)/GO 粉末进行了 XPS对比分析，结果如图 3.37 所示。图 3.37（a）是 MIL-68(Al)/GO 粉末与 MIL-68(Al)/GO微球-2 的全扫结果，由图可知，两种 MIL-68(Al)/GO 样品均主要含有 O、C 和 Al 元素。图 3.37（b）中 Al 2p 能谱在 74.64 eV 处表现出一个信号峰，表明 Al^{3+}存在于 MIL-68(Al)/GO 结构的 $AlO_4(OH)_2$ 八面体结构单元中；在 O 1s 的能谱中[图 3.37（c）]，两处信号峰出现在 532.20 eV 和 533.60 eV 处，分别与 MIL-68(Al)/GO 结构中的

—COO⁻和—OH 对应；C 1s 的能谱[图 3.37（d）]在 284.80 eV 和 289.00 eV 处呈现出两处信号峰，分别对应于苯环上的碳和羧基上的碳。观察图 3.37（b）～（d），可以发现，MIL-68(Al)/GO 微球-2 与 MIL-68(Al)/GO 粉末对比，Al 2p、O 1s 及 C 1s 均具有相似的能谱线，并且其峰位未发生偏移，基于以上分析结果，说明 MIL-68(Al)/GO 微球-2 在成型过程中 MIL-68(Al)/GO 粉末与 SA 之间是通过物理作用结合的。

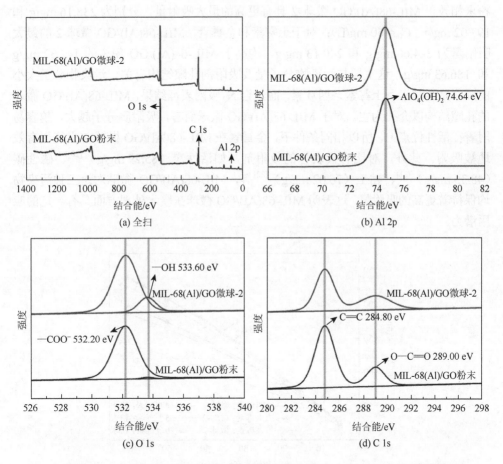

图 3.37　MIL-68(Al)/GO 粉末及 MIL-68(Al)/GO 微球-2 的 XPS 对比分析图

3. MIL-68(Al)/GO 粉末及 MIL-68(Al)/GO 微球对水中四环素类抗生素的吸附性能研究

1）MIL-68(Al)/GO 粉末及 MIL-68(Al)/GO 微球对水中四环素类抗生素吸附的影响因素研究

（1）初始浓度对吸附的影响

四环素、土霉素和金霉素分别各配制 2 组，其浓度梯度均为 5 mg/L、10 mg/L、

15 mg/L、20 mg/L、30 mg/L、40 mg/L、50 mg/L 和 60 mg/L，每组溶液分别加入 20 mg MIL-68(Al)/GO 粉末和 20 mg MIL-68(Al)/GO 微球-2，然后在 25℃条件下于恒温摇床中振荡吸附 12 h，结果如图 3.38 所示。由图 3.38 可知，随着初始浓度的升高，吸附剂对污染物的吸附量均在升高，这是因为污染物的初始浓度会影响其传质速率，污染物的初始浓度越高，其吸附驱动力越大。对四环素吸附来说，MIL-68(Al)/GO 粉末相较于 MIL-68(Al)/GO 微球-2 具有更高的最大吸附量，分别为 238.16 mg/g 和 197.02 mg/g（$C_0 = 60$ mg/L）；对于土霉素和金霉素，MIL-68(Al)/GO 微球-2 的最大吸附量为 224.60 mg/g 和 240.13 mg/g，均高于 MIL-68(Al)/GO 粉末的 142.32 mg/g 和 186.63 mg/g，这主要与污染物分子量及吸附剂孔隙结构有关，污染物分子大小的顺序是金霉素＞土霉素＞四环素，而结合 N_2 吸附表征结果，MIL-68(Al)/GO 微球的孔隙结构以介孔为主。对于 MIL-68(Al)/GO 微球而言，吸附质分子越大，越容易附着在活性位点上，所以相同条件下，金霉素在 MIL-68(Al)/GO 微球-2 上能更有效地被吸附。此外，对比有代表性的吸附剂，如活性炭（85.29 mg/g）[20]、磁性碳（48.35 mg/g）[21]、黏土（76.02 mg/g）[22]等，MIL-68(Al)/GO 微球对这三种污染物均保持着更高的吸附量，这表明 MIL-68(Al)/GO 微球在废水处理方面具有一定的应用潜力。

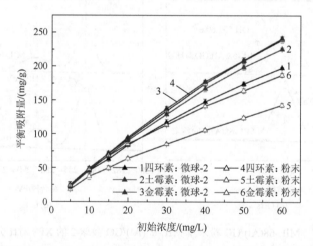

图 3.38　初始浓度对 MIL-68(Al)/GO 粉末及 MIL-68(Al)/GO 微球-2 吸附四环素、土霉素和金霉素的影响

pH = 8.0，$m = 20$ mg，$t = 12$ h，$T = 25℃$，$V = 100$ ml

（2）吸附时间对吸附的影响

分别配制 3 组浓度均为 50 mg/L 的四环素、土霉素和金霉素溶液（pH = 8.0），每组各 24 份，每份溶液体积均为 100 ml，3 组溶液分别加入 MIL-68(Al)/GO 粉末

（12 份）及 MIL-68(Al)/GO 微球-2（12 份），每份加入的样品量均为 20 mg，将溶液置于 25℃恒温摇床中振荡吸附，分别在设定时取样，结果如图 3.39 所示。由图 3.39 可以观察到 MIL-68(Al)/GO 粉末对四环素、土霉素、金霉素的吸附量前 30 min 的吸附速率很快，而后逐渐达到吸附平衡，原因在于 MIL-68(Al)/GO 粉末在反应初期表面的活性位点充足，且由于初期溶液中污染物浓度较高，具有较大的吸附驱动力，因而吸附速率较快；但随着反应持续进行，MIL-68(Al)/GO 粉末表面的活性位点逐渐被占据，溶液中污染物的吸附驱动力也随之减弱，最终趋向吸附平衡。MIL-68(Al)/GO 微球-2 对四环素、土霉素、金霉素的吸附量均随着时间的增加逐渐达到吸附平衡，但其吸附速率随时间的增加较均匀地减缓，其吸附平衡时间比 MIL-68(Al)/GO 粉末的更长，在反应 720 min 左右达到吸附平衡，这是因为 MIL-68(Al)/GO 粉末具有更大的比表面积和孔容，在吸附初期暴露出更多的不饱和金属位点。因此，在本节中吸附实验时间均设定为 12 h。

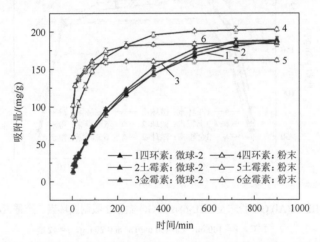

图 3.39　时间对 MIL-68(Al)/GO 粉末及 MIL-68(Al)/GO 微球-2 吸附四环素、土霉素和金霉素的影响

pH = 8.0，$T = 25℃$，$V = 100$ ml，$C_0 = 50$ mg/L，$m = 20$ mg

（3）溶液 pH 对吸附的影响

pH 是吸附剂和吸附质的官能团质子化状态发生的重要影响因素。将四环素、土霉素及金霉素溶液的 pH 分别调节在 2～11，分别配制若干浓度为 50 mg/L 的四环素、土霉素及金霉素溶液，将其平均分为两组，编号为 1 和 2，每组各 9 份溶液，每份体积均为 100 ml，第 1 组各加入 20 mg MIL-68(Al)/GO 粉末，第 2 组各加入 20 mg MIL-68(Al)/GO 微球-2。在 25℃恒温摇床的条件下振荡吸附 12 h，取样分析，结果如图 3.40 所示。由图 3.40 可知，在 MIL-68(Al)/GO 粉末及 MIL-68(Al)/GO 微球-2 对四环素、土霉素及金霉素的吸附过程中，pH 对吸附过程的影响规律相似。当 pH

小于 4 时，其吸附量随 pH 的增大而增加；在 pH＝4～10 时，MIL-68(Al)/GO 粉末及 MIL-68(Al)/GO 微球-2 的吸附量基本保持恒定，并且在 pH＝4 时吸附量出现峰值；当 pH 大于 10 时，吸附量急剧下降。这一现象的主要原因有以下两方面：一方面，强酸（pH＜4）或强碱（pH＞10）会破坏 MIL-68(Al)/GO 粉末及 MIL-68(Al)/GO 微球自身的骨架结构，导致其吸附能力减弱；另一方面，对 MIL-68(Al)/GO 吸附剂来说，羧基（—COOH）和羟基（—OH）是其主要的两种官能团，在酸性条件下，其羧基的离子化状态会受到抑制，桥联作用从而会减弱。基于此，可知，MIL-68(Al)/GO 材料在宽域 pH 范围（4～10）内，能保持骨架的稳定性。因此，在本节中吸附实验均在 pH＝8.0(±0.1)条件下进行。

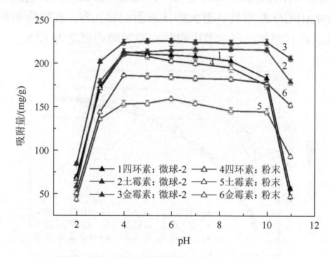

图 3.40　pH 对 MIL-68(Al)/GO 粉末及 MIL-68(Al)/GO 微球-2 吸附四环素、土霉素和金霉素的影响

$T=25℃$，$V=100\text{ ml}$，$C_0=50\text{ mg/L}$，$m=20\text{ mg}$，$t=12\text{ h}$

（4）离子强度对吸附的影响

实际应用中，许多工业废水都具有高盐组分，因此有必要探究不同离子强度对吸附的影响。分别配制若干份浓度为 50 mg/L、体积为 100 ml 的四环素、土霉素及金霉素溶液，每种溶液分为 2 组，编号为 1 和 2，每组溶液分别加入 NaCl 固体，溶液中 Na^+ 的浓度梯度为 0～0.25 mol/L。每种溶液第 1 组各加入 20 mg MIL-68(Al)/GO 粉末，第 2 组各加入同等有效质量的 MIL-68(Al)/GO 微球-2。将所有溶液置于 25℃恒温振荡摇床中吸附 12 h，取样分析，结果如图 3.41 所示。对于四环素类抗生素在 MIL-68(Al)/GO 粉末及 MIL-68(Al)/GO 微球-2 上的吸附，增加 Na^+ 的浓度，均会略微抑制吸附剂的吸附能力，但随着离子强度继续升高至 0.15 mol/L，MIL-68(Al)/GO 粉末对四环素类抗生素的吸附量基本保持不变，而

MIL-68(Al)/GO 微球-2 的吸附量出现轻微下降趋势。通常电解质的加入会导致双电层压缩，不仅可以改变吸附剂和吸附质的分子大小，还能削弱吸附剂与吸附质之间的静电相互作用。有学者认为，MIL-68(Al)/GO 的 Al^{3+} 金属节点与四环素类抗生素中的氨基之间存在静电相互作用，Na^+ 浓度的增加会压缩双电层，导致静电相互作用减弱。此外，增加 Na^+ 浓度会压缩带正电的吸附剂孔隙，导致部分吸附质不能进入孔隙，吸附剂表面的活性位点减少，对于以海藻酸钠为成型剂的微球而言，这种孔道压缩作用会更明显。同时，Na^+ 还能与四环素类抗生素分子通过供体–受体相互作用竞争吸附剂的活性位点，导致四环素类抗生素的吸附量降低。

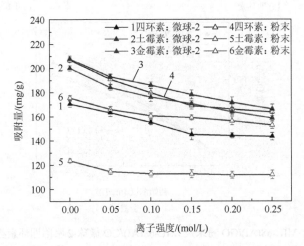

图 3.41　离子强度对 MIL-68(Al)/GO 粉末及 MIL-68(Al)/GO 微球-2 吸附四环素、土霉素和
金霉素的影响

$T = 25℃$，$V = 100$ ml，$C_0 = 50$ mg/L，$m = 20$ mg，$t = 12$ h，pH = 8.0

（5）温度对吸附的影响

温度会影响吸附反应中分子的运动速率及分子表面的能量，从而改变传质速率，因此探究温度对吸附反应的影响具有重要意义。按设定值分别配制若干份浓度梯度的四环素、土霉素和金霉素溶液，每份溶液体积均为 100 ml。向每种溶液的前 3 组中各加入 20 mg MIL-68(Al)/GO 粉末，后 3 组各加入同等有效质量的 MIL-68(Al)/GO 微球-2。分别在 15℃、25℃和 35℃条件下恒温摇床中振荡 12 h，取样分析，结果如图 3.42 所示。从图 3.42 可以看出，对于 MIL-68(Al)/GO 粉末及 MIL-68(Al)/GO 微球-2 而言，温度对 3 种污染物的吸附呈现相似的影响变化规律，即随温度升高，同种吸附剂对相同吸附质的吸附量增大，这说明升高温度有利于吸附反应的进行，同时表明 MIL-68(Al)/GO 粉末及 MIL-68(Al)/GO 微球-2 对四环素、土霉素和金霉素的吸附反应均为吸热反应。

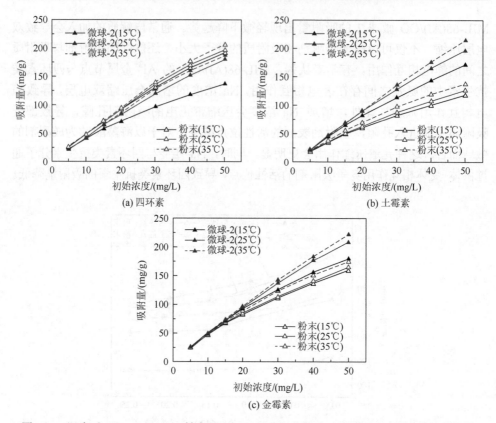

图 3.42 温度对 MIL-68(Al)/GO 粉末及 MIL-68(Al)/GO 微球-2 吸附四环素类抗生素的影响

$V = 100$ ml，$C_0 = 50$ mg/L，$m = 20$ mg，$t = 12$ h，pH = 8.0

2）MIL-68(Al)/GO 微球的水稳定性研究

MOF 材料的水稳定性是其能否成功应用于水处理领域的重要条件，因此，有必要探究 MIL-68(Al)/GO 粉末及 MIL-68(Al)/GO 微球的水稳定性。MIL-68(Al)/GO 粉末已被证明具有良好的水稳定性，通过将 MIL-68(Al)/GO 微球加入到一定量的水溶液中磁力搅拌，搅拌时间设置为 3 h、6 h、12 h、24 h 及 48 h，浸泡完成后将样品过滤干燥，并采用 XRD 对其晶体结构进行表征，从而判断材料的水稳定性。XRD 结果如图 3.43 所示，可以看出，MIL-68(Al)/GO 微球放在水溶液中浸泡搅拌 48 h 后，仍然可以保持与 MIL-68(Al)/GO 粉末相似的完整的特征衍射峰，表明 MIL-68(Al)/GO 微球同 MIL-68(Al)/GO 粉末一样也具有良好的水稳定性。仔细观察可以发现，经水浸泡搅拌处理后，主要的特征衍射峰峰位不变，但 $2\theta = 5°$ 处的峰强度减弱，同时在 2θ 约为 9°、15°、18°和 27°处的峰强度略微增强，甚至在 2θ 约为 21°及 42°处有微弱的新特征衍射峰出现，有学者认为这是因为 MIL-68(Al)/GO 微球的骨架结构受到水分子的攻击后，晶体结构发生部分轻微水解。

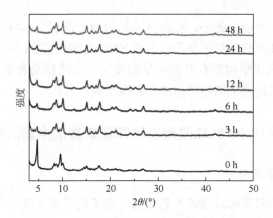

图 3.43　MIL-68(Al)/GO 微球在水溶液中搅拌不同时间的 XRD 光谱图

$T = 25℃$，$pH = 8.0$，$m = 20 \, mg$

3）MIL-68(Al)/GO 微球的循环使用性能研究

在实际应用中，吸附剂的循环使用性能是其能否商业化的一个重要参数，也是提高吸附剂使用率从而降低运行成本的关键。为了探明 MIL-68(Al)/GO 微球-2 的循环使用性能，通过简单的 DMF 溶剂洗脱的方法使其进行解吸，然后将材料在温度为 25℃、pH 为 8.0、四环素类抗生素初始浓度均为 50 mg/L 的条件下重复 3 次循环吸附-解吸（脱附）实验，结果如图 3.44（a）所示。由图可以观察到，经过 3 次连续的 DMF 吸附-解吸实验后，MIL-68(Al)/GO 微球-2 对四环素、土霉素及金霉素三种污染物的吸附量均稍有下降，每次循环减少的吸附量为 2%～5%，3 次循环后仍保持在初次最大吸附量的 85%左右，这表明 MIL-68(Al)/GO 微球具

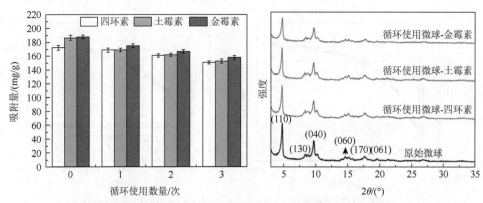

(a) MIL-68(Al)/GO微球吸附四环素类抗生素的循环使用性能　　(b) MIL-68(Al)/GO微球循环使用的XRD光谱图

图 3.44　MIL-68(Al)/GO 微球的循环使用性能分析

$V = 100 \, ml$，$C_0 = 50 \, mg/L$，$m = 20 \, mg$，$t = 12 \, h$，$pH = 8.0$，$T = 25℃$

备良好的循环使用性能。此外，吸附剂的结构稳定性也是其能否循环使用的关键参数，通过对比吸附前后循环使用样品的 XRD 光谱图［图 3.44（b）］，可以发现吸附前后微球的晶体结构没有发生明显的变化。上述结果表明，MIL-68(Al)/GO 微球是一种结构稳定且可循环使用的良好吸附剂。

3.2.3　MIL-68(Al)/GO 微球吸附去除四环素类抗生素的机理探究

1. 吸附动力学研究

基于吸附时间对吸附过程的影响结果，本节选用准一级动力学模型和准二级动力学模型对吸附数据进行拟合，其公式见 3.1.3 节。

采用平均相对误差（ARE）来确定吸附动力学的模型参数，表达式如下

$$ARE = \left| (q_{m,\text{exp}} - q_{m,\text{cal}}) / q_{m,\text{exp}} \right| \times 100\% \tag{3.10}$$

式中，"exp"和"cal"分别代表实验值和理论计算值。

准一级动力学模型和准二级动力学模型拟合曲线如图 3.45 所示，相应的拟合结果见表 3.12。由拟合结果可知，对于四环素、土霉素及金霉素在 MIL-68(Al)/GO 粉末上的吸附行为来说，准二级动力学模型相比于准一级动力学模型具有更高的决定系数 R^2 和较小的平均相对误差，其理论最大吸附量（$q_{m,\text{cal}}$）和实际最大吸附量（$q_{m,\text{exp}}$）的数值非常相近，这表明准二级动力学模型更适合描述四环素、土霉素及金霉素在 MIL-68(Al)/GO 粉末上的吸附行为，同时表明化学吸附是此吸附过程中的主要限制步骤。但对于四环素、土霉素及金霉素在 MIL-68(Al)/GO 微球-2 上的吸附行为来说，其拟合结果相反，准一级动力学模型

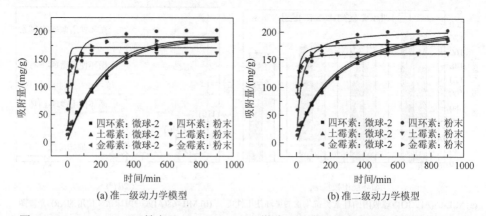

(a) 准一级动力学模型　　　　　　　　(b) 准二级动力学模型

图 3.45　MIL-68(Al)/GO 粉末及 MIL-68(Al)/GO 微球-2 吸附四环素类抗生素的动力学研究

$V = 100$ ml，$C_0 = 50$ mg/L，$T = 25℃$，$m = 20$ mg，$t = 12$ h，pH = 8.0

与准二级动力学模型的决定系数 R^2 相差不大,但是其平均相对误差分别为 0.01%、0.38% 和 0.65%,远小于准二级动力学模型的 ARE(0.24%、25.83% 和 25.72%),即准一级动力学拟合得到的理论最大吸附量和实际最大吸附量的数值非常吻合,这表明与准二级动力学模型拟合结果相比,准一级动力学模型更适合描述四环素、土霉素及金霉素在 MIL-68(Al)/GO 微球-2 上的吸附行为;这也表明此吸附过程是一个不同速率的双相界面反应过程,这与 MIL-68(Al)/GO 微球-2 中新介孔的形成有关,四环素类抗生素在微球上可以优先据占孔道外的活性位点。

表 3.12　MIL-68(Al)/GO 粉末及 MIL-68(Al)/GO 微球-2 吸附四环素类抗生素的准一级动力学模型及准二级动力学模型拟合参数

吸附质	吸附剂	吸附量实验值/(mg/g)	准一级动力学模型				准二级动力学模型			
			吸附量计算值/(mg/g)	k_1/min^{-1}	R^2	平均相对误差/%	吸附量计算值/(mg/g)	k_2/[g/(mg·min)]	R^2	平均相对误差/%
四环素	MIL-68(Al)/GO 微球-2	187.31	185.12	0.00458	0.9863	0.01	232.93	1.95×10^{-5}	0.9941	0.24
	MIL-68(Al)/GO 粉末	202.66	190.00	0.02358	0.8454	0.06	204.50	1.80×10^{-4}	0.9455	0.01
土霉素	MIL-68(Al)/GO 微球-2	187.23	187.94	0.00462	0.9737	0.38	235.59	1.96×10^{-5}	0.9817	25.83
	MIL-68(Al)/GO 粉末	161.44	155.48	0.14176	0.8511	3.69	161.49	1.45×10^{-3}	0.9859	0.03
金霉素	MIL-68(Al)/GO 微球-2	188.13	189.35	0.00488	0.9897	0.65	236.51	2.07×10^{-5}	0.9941	25.72
	MIL-68(Al)/GO 粉末	184.13	170.92	0.12461	0.5898	7.17	179.37	1.03×10^{-3}	0.8716	2.59

2. 吸附等温线研究

在一定的温度条件下,吸附剂的平衡吸附量与吸附质的平衡浓度之间的关系可以用吸附等温线来描述。采用 3.1.3 节的 Langmuir 等温线模型和 Freundlich 等温线模型进行拟合,等温线拟合结果如图 3.46 所示,具体拟合参数如表 3.13 所示。可以看出,由 Langmuir 等温线模型对 MIL-68(Al)/GO 微球-2 及 MIL-68(Al)/GO 粉末吸附四环素、土霉素及金霉素拟合对应得到的决定系数 R^2 分别为 0.9572、0.9538、0.9685、0.9554、0.9585 和 0.9330;而由 Freundlich 等温线模型拟合得到的决定系数 R^2 分别为 0.9994、0.9909、0.9851、0.9929、0.9862 和 0.9925。显然,Freundlich 等温线模型拟合得到的结果具有更高的决定系数,因此,Freundlich 等温线模型更适合用于描述四环素类抗生素在 MIL-68(Al)/GO 粉末及

MIL-68(Al)/GO 微球-2 上的吸附过程，表明四环素类抗生素在 MIL-68(Al)/GO 粉末及 MIL-68(Al)/GO 微球-2 上的吸附存在着活性位点能量不均一分布的现象。Freundlich 等温线模型的 $1/n$ 代表了吸附强度，一般 $1/n$ 代表着优先吸附过程，本节拟合结果的 $1/n$ 均小于 1，表明四环素类抗生素在 MIL-68(Al)/GO 粉末及 MIL-68(Al)/GO 微球-2 上的吸附很容易进行，吸附效果较好，低平衡浓度对其吸附能力的影响较小。此外，本节的模型参数 K_F 较大，高于大部分已报道过的吸附剂，其大小顺序为：土霉素粉末（19.46）＜四环素微球（33.06）＜土霉素微球（42.92）＜金霉素粉末（47.26）＜金霉素微球（61.62）＜四环素粉末（75.60），这意味着 MIL-68(Al)/GO 粉末及微球吸附剂表面存在着不同的活性位点，对四环素类抗生素均有着较强的吸附能力；同时可以看到 MIL-68(Al)/GO 微球相比粉末对土霉素和金霉素表现出更强的吸附能力，但对于四环素的吸附则结论相反，这与污染物的分子大小有关。

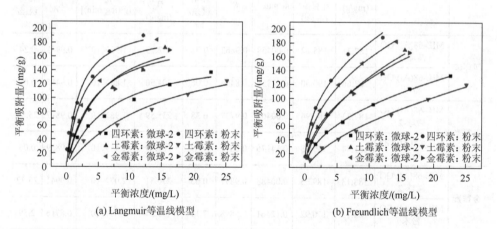

(a) Langmuir等温线模型　　　　　　　　　(b) Freundlich等温线模型

图 3.46　MIL-68(Al)/GO 粉末及 MIL-68(Al)/GO 微球-2 吸附四环素类抗生素的等温线拟合结果

$V = 100$ ml，$C_0 = 50$ mg/L，$T = 15\,°C$，$m = 20$ mg，$t = 12$ h，pH = 8.0

表 3.13　MIL-68(Al)/GO 粉末及 MIL-68(Al)/GO 微球-2 对四环素类抗生素吸附的 Langmuir 等温线模型和 Freundlich 等温线模型拟合参数

吸附质	吸附剂	Langmuir 等温线模型				Freundlich 等温线模型		
		吸附量实验值/(mg/g)	吸附量计算值/(mg/g)	K_L	R^2	$1/n$	K_F	R^2
四环素	MIL-68(Al)/GO 微球-2	137.08	167.90	0.15	0.9572	0.4564	33.06	0.9994
	MIL-68(Al)/GO 粉末	189.84	213.09	0.51	0.9538	0.3844	75.60	0.9909

续表

吸附质	吸附剂	Langmuir 等温线模型				Freundlich 等温线模型		
		吸附量 实验值/ (mg/g)	吸附量 计算值/ (mg/g)	K_L	R^2	$1/n$	K_F	R^2
土霉素	MIL-68(Al)/GO 微球-2	172.67	209.81	0.20	0.9685	0.4980	42.92	0.9851
	MIL-68(Al)/GO 粉末	124.77	194.26	0.06	0.9554	0.5707	19.46	0.9929
金霉素	MIL-68(Al)/GO 微球-2	179.13	201.53	0.41	0.9585	0.4177	61.62	0.9862
	MIL-68(Al)/GO 粉末	169.13	193.58	0.25	0.9330	0.4473	47.26	0.9925

3. 吸附热力学研究

热力学参数反映了系统能量的变化和吸附的自发性，在实际应用中，对此研究并采取合适措施可提高系统能量利用效率。从图 3.47 和表 3.14 可以看出，当四环素类抗生素初始浓度均为 50 mg/L 时，MIL-68(Al)/GO 粉末对四环素、土霉素

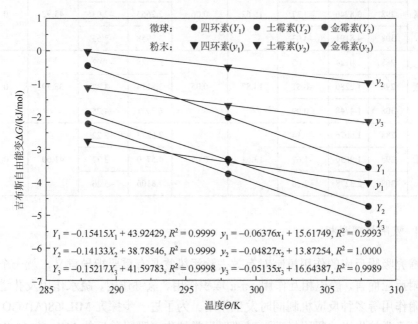

$Y_1 = -0.15415X_1 + 43.92429$, $R^2 = 0.9999$　$y_1 = -0.06376x_1 + 15.61749$, $R^2 = 0.9993$
$Y_2 = -0.14133X_2 + 38.78546$, $R^2 = 0.9999$　$y_2 = -0.04827x_2 + 13.87254$, $R^2 = 1.0000$
$Y_3 = -0.15217X_3 + 41.59783$, $R^2 = 0.9998$　$y_3 = -0.05135x_3 + 16.64387$, $R^2 = 0.9989$

图 3.47　ΔG 与 Θ 的线性关系

$V = 100$ ml，$C_0 = 50$ mg/L，$m = 20$ mg，$t = 12$ h，pH = 8.0

及金霉素吸附的 ΔH 分别为 15.62 kJ/mol、13.87 kJ/mol 和 13.64 kJ/mol，吸附过程均是吸热反应，是物理吸附；而 MIL-68(Al)/GO 微球-2 对四环素、土霉素及金霉素吸附的 ΔH 分别为 43.92 kJ/mol、38.79 kJ/mol 和 41.60 kJ/mol，此吸附行为是吸热反应，此过程也涉及到一定的化学吸附。四环素类抗生素在 MIL-68(Al)/GO 粉末和 MIL-68(Al)/GO 微球-2 上吸附的 $\Delta G<0$，表明涉及的吸附过程均是自发反应，在热力学上利于吸附发生。此外，吸附反应的 ΔS 均为正值，表明 MIL-68(Al)/GO 粉末和 MIL-68(Al)/GO 微球-2 对四环素类抗生素的吸附过程是熵增的过程，反应时固–液界面的混乱度增加。同时 $\Delta H<\Theta\Delta S$，即 $\Delta G<0$，判断熵驱动，由表 3.14 可知，$\Delta H>0$、$\Delta S>0$，而 ΔG 仍能小于 0，因此为自发反应。

表 3.14　MIL-68(Al)/GO 粉末及 MIL-68(Al)/GO 微球-2 吸附四环素类抗生素的热力学参数

吸附质	温度/K	MIL-68(Al)/GO 粉末				MIL-68(Al)/GO 微球-2			
		K_d	吉布斯自由能变/(kJ/mol)	焓变/(kJ/mol)	熵变/[J/(mol·K)]	K_d	吉布斯自由能变/(kJ/mol)	焓变/(kJ/mol)	熵变/[J/(mol·K)]
四环素	288	3.1558	−2.75	15.62	0.06	1.2139	−0.46	43.92	0.15
	298	3.8946	−3.37			2.2663	−2.03		
	308	4.8191	−4.03			3.9958	−3.55		
土霉素	288	1.0124	−0.03	13.87	0.05	2.2328	−1.92	38.79	0.14
	298	1.2280	−0.51			3.8174	−3.32		
	308	1.4748	−0.99			6.3911	−4.75		
金霉素	288	1.6076	−1.14	13.64	0.05	2.5273	−2.22	41.60	0.15
	298	1.9630	−1.67			4.5710	−3.77		
	308	2.3278	−2.16			7.8106	−5.26		

4. 吸附机理分析

探究吸附反应的作用机制对有效去除污染物具有重要指导意义，就一个特定的吸附反应而言，静电相互作用、π-π 堆积作用、氢键作用、疏水作用及孔道选择性吸附作用等多种反应机制同时发生作用。为了进一步探究 MIL-68(Al)/GO 微球对四环素类抗生素的吸附机理，对四环素类抗生素吸附前后的 MIL-68(Al)/GO 微球吸附剂进行 XPS 分析，结果如图 3.48 所示。

　　如图 3.48（a）所示，MIL-68(Al)/GO 微球对土霉素和金霉素的吸附前及吸附后，Al 2p 的信号峰均出现在 74.67 eV 处；然而 MIL-68(Al)/GO 微球在吸附四环素后，峰位则向低结合能方向偏移了 0.23 eV，有研究报道这与 MIL-68(Al)/GO 微球吸附四环素的过程中 MIL-68(Al)/GO 结构中的 Al^{3+} 金属节点和四环素结合有关。图 3.48（b）中 O 1s 能谱在 532.20 eV 和 533.60 eV 两处呈现出信号峰，MIL-68(Al)/GO 微球对土霉素与金霉素吸附后两个峰的位置和强度均与吸附前保持一致，但是吸附四环素后微球的 O 1s 两个峰的强度明显增强，有学者认为这是由于四环素中含有大量的羧基和羟基，当四环素被吸附到 MIL-68(Al)/GO 微球上时，$—COO^-$ 和 —OH 的相对含量增多。此外由于 O 1s 的峰位未偏移，表明 MIL-68(Al)/GO 微球对四环素类抗生素的吸附过程中，含氧官能团均未参与化学键反应。在 C 1s 的能谱中［图 3.48（c）］，吸附前的 MIL-68(Al)/GO 微球苯环上的碳和羧基上的碳对应的信号峰分别出现在 284.80 eV 和 289.00 eV 处，而苯环上的碳吸附四环素后的微球能谱信号峰向高结合能方向偏移至 285.50 eV 处，说明 C 原子周围的电子密度降低，苯环上 C 的化学环境发生了改变。同时，可以发现对于吸附土霉素与金霉素后的 MIL-68(Al)/GO 微球，其 C 1s 能谱信号峰均向低键能方向移动了 0.20 eV，有研究表明这是由苯环间的 π-π 堆积作用导致，或是土霉素和金霉素中的易质子化的氨基与 MIL-68(Al)/GO 微球、或土霉素、或金霉素提供的 π 电子结合形成的。图 3.48（d）是 MIL-68(Al)/GO 微球对四环素类抗生素吸附前后的 N 1s 轨道的 XPS 表征，由图可知，吸附前的 MIL-68(Al)/GO 微球 N 1s 的能谱在 400.10 eV 和 403.00 eV 两处呈现出信号峰，分别对应于微球中的 $—NH/C—N$ 和 N^+。此外，可以看到，吸附四环素、土霉素和金霉素后，403.00 eV 处信号峰的位置和强度均发生了变化，强度均增强，键能均向低键能方向移动，分别偏移了 0.70 eV、0.90 eV 和 0.90 eV，上述现象的发生表明吸附后 N 元素的相对含量升高，四环素、土霉素和金霉素均成功被吸附到了 MIL-68(Al)/GO 微球上，四环素类抗生素中的 $—NH_2$ 与 MIL-68(Al)/GO 微球之间发生了化学反应。结合 Al 2p 的分析结果可推断，对四环素吸附来说，是 Al^{3+} 金属节点与四环素的 $—NH_2$ 形成了 Al—N 共价键，而对于吸附土霉素和金霉素，则是吸附剂与吸附质之间易质子化的 $—NH_2$ 和 π 电子偶联，形成了阳离子-π 键。

　　另外，四环素、土霉素和金霉素均属于二维平面分子，且含有苯环结构，而 MIL-68(Al)/GO 微球则含有大量的六角碳原子平面，因此两者之间会存在 π-π 堆积作用。同时 MIL-68(Al) 的 Al—O—Al 结构单元中含有 $\mu_2—OH$，可以与四环素类抗生素分子中的氮原子和氧原子形成氢键。因此，在本节中，Al—N 共价键、π-π 堆积作用及氢键作用是四环素吸附的主要作用机制；阳离子-π 相互作用、π-π 堆积作用及氢键作用是土霉素和金霉素吸附的主要作用机制，其吸附机理示意图如图 3.49 所示。

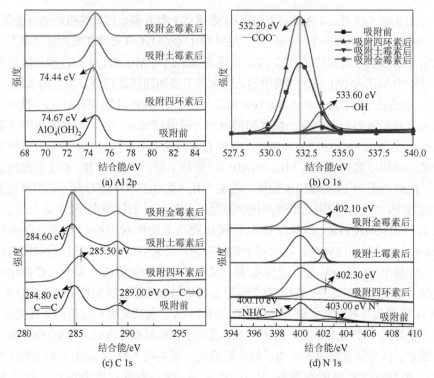

图 3.48　MIL-68(Al)/GO 微球吸附四环素、土霉素和金霉素前后的 XPS 表征

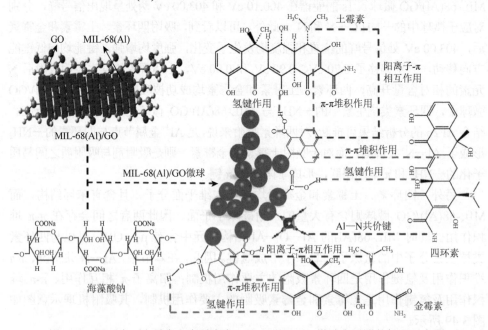

图 3.49　四环素、土霉素和金霉素在 MIL-68(Al)/GO 微球上吸附的机理示意图

3.3　磁性铝基金属有机骨架吸附去除抗生素

为了提升 MOF 材料的回收性能，还可以构建磁性 MOF 材料，不仅可以保持其优异的多孔性，还可以在吸附污染物后，通过外部磁铁轻松地与水溶液分离。因此，磁性 MOF 材料具有应用于处理水环境中的抗生素污染物的巨大潜力。

本节选择具有优异水稳定性和高孔隙率的 MIL-68(Al)，以及具有良好生物相容性和超顺磁性的 Fe_3O_4 纳米颗粒，利用简便的嵌入法复合。制备 Fe_3O_4@MIL-68(Al)的理论基础是在 Fe_3O_4 纳米颗粒表面上修饰羧基官能团，形成 Fe_3O_4—COOH，然后将其加入至母体 MIL-68(Al)中，在整个结晶过程中参与竞争配位作用。通过将 Fe_3O_4—COOH 引入 MIL-68(Al)的晶体骨架中，改善棒状结构的 MIL-68(Al) 的堆叠，使其分散性加强，生成新的介孔结构，最重要的是让 MIL-68(Al)赋磁，提高分离和循环使用性能[23]。通过系统地考察 MIL-68(Al)和 Fe_3O_4@MIL-68(Al)对水中四环素和米诺环素（MC）的去除效果，阐明其结构组成，吸附性能和吸附机理的内在关系，并探索抗生素在吸附剂上的去除机理，为磁性 MOF 材料吸附剂的构建和对水中四环素和米诺环素的去除提供科学依据。

3.3.1　Fe_3O_4@MIL-68(Al)的制备与表征

Fe_3O_4@MIL-68(Al)的制备过程：首先使用溶剂热法合成 MIL-68(Al)；然后采用柠檬酸对 Fe_3O_4 纳米颗粒进行表面修饰改性，使其表面修饰上羧基官能团；最后参照 MIL-68(Al)的合成过程，采用嵌入法将不同比例的羧基官能化的 Fe_3O_4 纳米颗粒植入 MIL-68(Al)的晶体骨架中，制备成 Fe_3O_4@MIL-68(Al)。采用嵌入法合成磁性 MOF 材料，方法简便。金属离子采用的是较为常见的 Al 离子，具有合成方法简单，成本较低的优点。

1. Fe_3O_4@MIL-68(Al)的材料制备

1）Fe_3O_4—COOH 的制备

Fe_3O_4—COOH 的制备过程如图 3.50 所示。首先，将 500 mg Fe_3O_4 纳米颗粒分散在 100 ml 柠檬酸一水合物乙醇溶液中超声处理 15 min。其次，将混合物在室温下机械搅拌处理 24 h。再次，利用外部磁铁分离和收集材料，并用乙醇溶液和去离子水多次洗涤材料。最后，将材料在 50℃下真空干燥 4 h，得到纯化的最终产物 Fe_3O_4—COOH。

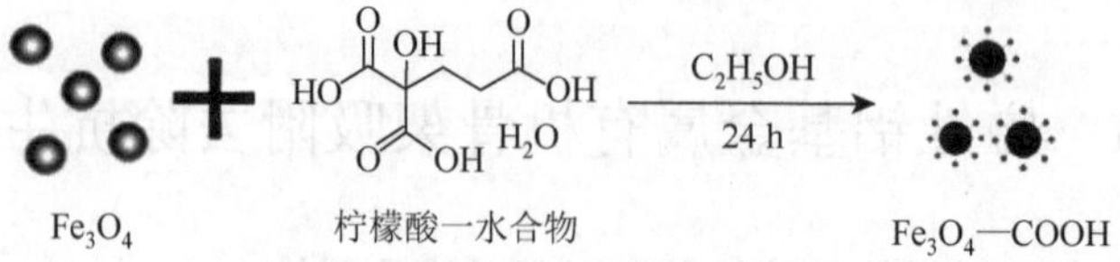

图 3.50　Fe₃O₄—COOH 的制备过程

2）Fe₃O₄@MIL-68(Al)的制备

Fe₃O₄@MIL-68(Al)磁性复合材料合成方法参照 MIL-68(Al)的合成过程，制备过程如图 3.51 所示，具体实验操作步骤如下：首先，将 5 g H₂BDC 溶解在 100 ml DMF 溶液中，然后将其转移到 500 ml 圆底烧瓶中。在搅拌下将已经超声波分散于 50 ml DMF 溶液中的 Fe₃O₄—COOH 纳米微球加入圆底烧瓶中，搅拌均匀。其次，在搅拌下将 4.88 g AlCl₃·6H₂O 和 3.3 g 羧酸钙指示剂加入上述混合物中，并将反应物在 130℃下回流反应 18 h。反应完成后，将样品逐渐冷却至室温，用外部磁铁收集材料，分别用 DMF 和甲醇各洗涤材料三次以去除残留的反应物。最后，将该材料在 100℃下真空干燥过夜，获得纯化的磁性复合材料产物 Fe₃O₄@MIL-68(Al)。在本节中，分别制备了三组不同 Fe₃O₄—COOH 含量的磁性复合材料，Fe₃O₄—COOH 占 Fe₃O₄@MIL-68(Al)的质量分数分别为 3%、5%、8%，分别对应命名为 Fe₃O₄@MIL-68(Al)-n（$n=1, 2, 3$）。

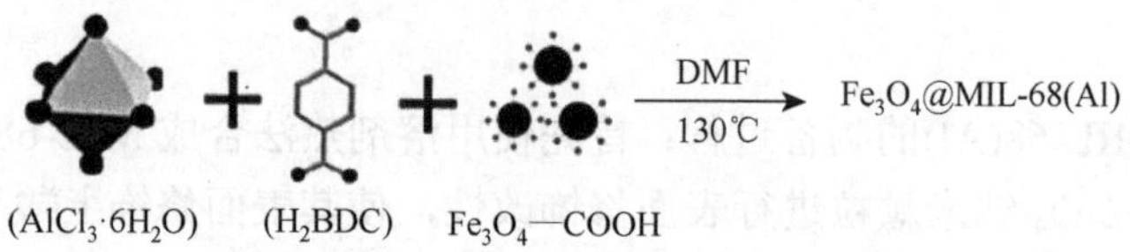

图 3.51　Fe₃O₄@MIL-68(Al)的制备过程

2. Fe₃O₄@MIL-68(Al)的材料表征

1）XRD 分析

MIL-68 系列的 MOF 材料拓扑结构有三处特征衍射峰，分别位于 $2\theta=5°$、$10°$ 和 $15°$ 附近，其中位于 $4°<2\theta<6°$ 处的峰值是铝盐金属离子和有机配体对苯二甲酸形成的 MOF 材料多孔结构的主要标志特征衍射峰[24]。图 3.52 显示了 Fe₃O₄、MIL-68(Al)和 Fe₃O₄@MIL-68(Al)的 XRD 光谱图。Fe₃O₄ 在 $2\theta=30.4°$、$35.5°$、$43°$、$56.7°$、$62.7°$ 处具有特征衍射峰，对应于（220）、（311）、（400）、（511）、（440）晶面。对于制备的 MIL-68(Al)，特征衍射峰在 $2\theta=4.8°$、$8.8°$、$9.7°$、$14.5°$、$17.5°$、$19.5°$ 处，对应于（110）、（130）、（040）、（060）、（170）、（061）晶面，表明成功合成了 MIL-68(Al)。对于合成的 Fe₃O₄@MIL-68(Al)磁性复合材料，它的 XRD 光

谱图类似于 MIL-68(Al)，从图 3.52 可以发现，在 Fe_3O_4@MIL-68(Al)-1 中没有观察到明显的 Fe_3O_4 特征衍射峰，这是由于 Fe_3O_4 含量低。然而，在 Fe_3O_4@MIL-68(Al)-2 和 Fe_3O_4@MIL-68(Al)-3 的 XRD 光谱图中有明显的 Fe_3O_4 特征衍射峰，这意味着 Fe_3O_4 成功地引入到了 Fe_3O_4@MIL-68(Al)磁性复合材料中。

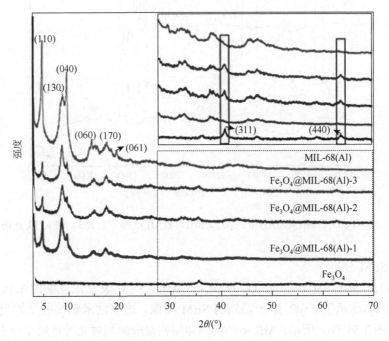

图 3.52　Fe_3O_4、MIL-68(Al)和 Fe_3O_4@ MIL-68(Al)-n（n = 1, 2, 3）的 XRD 光谱图

2）FTIR 分析

Fe_3O_4、MIL-68(Al)和 Fe_3O_4@MIL-68(Al)的 FTIR 光谱如图 3.53 所示。对于 Fe_3O_4，560 cm^{-1} 处的峰对应于 Fe—O 的伸缩振动，在 700 cm^{-1} 附近没有明显的伸缩振动峰，表明没有夹杂 Fe_2O_3，是纯化的 Fe_3O_4 纳米颗粒。对于 MIL-68(Al)，在 3706 cm^{-1} 和 989 cm^{-1} 处的峰对应于 $AlO_4(OH)_2$ 的 μ_2—OH 上 O—H 的伸缩振动；MIL-68(Al)晶体表面的自由水中的 O—H，其振动信号对应 3402 cm^{-1} 处的伸缩振动峰；1300 cm^{-1}～1700 cm^{-1} 之间的不对称伸缩振动，是有机配体上官能团的振动信号，包括羧基中的 C═O，C—O 和苯环中的 C═C 的振动信号[25]。对于 Fe_3O_4@MIL-68(Al)，显示出与 MIL-68(Al)类似的特征衍射峰，这与 XRD 的表征结果相同，但与 MIL-68(Al)相比，3706 cm^{-1} 处的振动信号几乎消失，这是因为 μ_2—OH 与 Fe_3O_4—COOH 上的含氧官能团发生了反应，导致 μ_2—OH 的振动信号减弱。

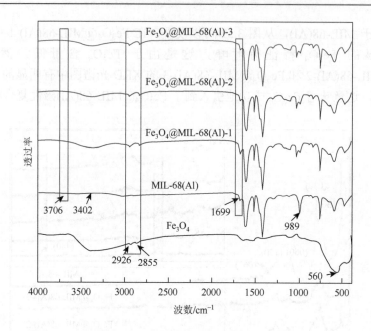

图 3.53　Fe$_3$O$_4$、MIL-68(Al)和 Fe$_3$O$_4$@ MIL-68(Al)-n（n = 1, 2, 3）的 FTIR 光谱图

3）SEM 分析

Fe$_3$O$_4$、MIL-68(Al)和 Fe$_3$O$_4$@MIL-68(Al)的 SEM 表征图像如图 3.54 所示。图 3.54（a）显示了 Fe$_3$O$_4$ 纳米颗粒的 SEM 图像，这些纳米颗粒的平均尺寸约为 20 nm。图 3.54（b）所示，MIL-68(Al)晶体结构是表面相对光滑且尺寸分布较宽的棒状晶体，这些晶体以无序的方式堆叠在一起形成无序团簇。Fe$_3$O$_4$@MIL-68(Al)-n 的 SEM 图像如图 3.54（c）～（e）所示，与 MIL-68(Al)相比，Fe$_3$O$_4$@MIL-68(Al)-n 的平均粒径随着 Fe$_3$O$_4$ 含量的增加而减小。由于添加了羧基官能化的 Fe$_3$O$_4$ 纳米颗粒，以其具有的羧基官能团作为封端剂，调节了金属离子与有机配体之间的配位作用，从而减小了复合材料的粒径。图 3.54（f）是 Fe$_3$O$_4$@MIL-68(Al)-2 的 EDS 元素分析结果，可以看出，O、Al 和 Fe 元素分布在 Fe$_3$O$_4$@MIL-68(Al)-2 中且均匀存在。图 3.54（g）和图 3.54（h）是 Fe$_3$O$_4$ 和 Fe$_3$O$_4$@MIL-68(Al)-2 的 TEM 表征图，结果显示，Fe$_3$O$_4$ 纳米颗粒嵌入了 MIL-68(Al)晶体内部，表明成功合成了 Fe$_3$O$_4$@MIL-68(Al)磁性复合材料。

4）N$_2$ 吸附脱附等温线分析

MIL-68(Al)和 Fe$_3$O$_4$@MIL-68(Al)-n（n = 1, 2, 3）的 N$_2$ 吸附脱附等温线及孔径分布图如图 3.55 所示。两类材料的吸附脱附等温线均为 I 型等温线，说明 MIL-68(Al)和 Fe$_3$O$_4$@MIL-68(Al)的孔隙结构均主要是微孔。由图 3.55 可以看出，Fe$_3$O$_4$@MIL-68(Al)-n（n = 1, 2, 3）和 MIL-68(Al)的孔径分布图相似，孔径分布范

围在 6~16 Å。但是与 MIL-68(Al)相比，Fe$_3$O$_4$@MIL-68(Al)磁性复合材料生成了
新介孔（孔径 2~15 nm）。米诺环素的孔径约为 1.2~1.3 nm，对于分子量相对较
大的四环素和米诺环素来说，大孔更有利于吸附的进行。表 3.15 给出了样品的比
表面积和孔结构参数详细数据。MIL-68(Al) 的比表面积和总孔容分别为
1666.25 m^2/g 和 0.81 cm^3/g，Fe$_3$O$_4$@MIL-68(Al)-n（n = 1, 2, 3）的比表面积和总孔
容分别为 1278.37 m^2/g、1260.23 m^2/g、1209.72 m^2/g 和 0.73 cm^3/g、0.66 cm^3/g、
0.63 cm^3/g。与 MIL-68(Al)相比，Fe$_3$O$_4$@MIL-68(Al)-n（n = 1, 2, 3）的比表面积和
总孔容有所降低，且随着 Fe$_3$O$_4$ 的含量升高而降低得越多。这可以解释为较重且
无孔的 Fe$_3$O$_4$ 填充了母体 MIL-68(Al) 的孔道。但与 MIL-68(Al) 相比，
Fe$_3$O$_4$@MIL-68(Al)-n（n = 1, 2, 3）的介孔容/总孔容的比例高于 MIL-68(Al)。考虑
到随着 Fe$_3$O$_4$ 纳米颗粒的引入，样品的比表面积和总孔容都有所下降，因此，在
保证材料具有磁性的前提下，Fe$_3$O$_4$ 的添加量越小越好，所以，我们可以初步得出
适当的 Fe$_3$O$_4$ 负载量为 5%的结论。

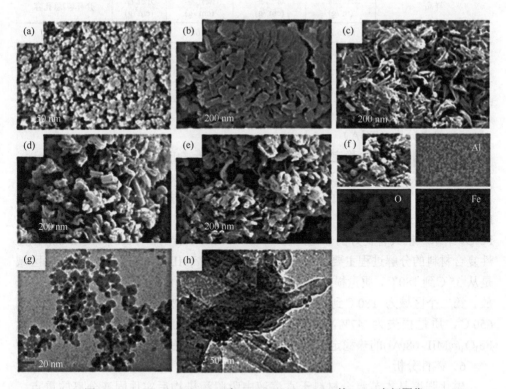

图 3.54　Fe$_3$O$_4$、MIL-68(Al)和 Fe$_3$O$_4$@MIL-68(Al)的 SEM 表征图像

（a）Fe$_3$O$_4$ 的 SEM 图；（b）MIL-68(Al)的 SEM 图；（c）~（e）Fe$_3$O$_4$@MIL-68(Al)-n（n = 1, 2, 3）的 SEM 图；
（f）Fe$_3$O$_4$@MIL-68(Al)-2 的 EDS 元素分析；（g）Fe$_3$O$_4$ 的 TEM 表征图；
（h）Fe$_3$O$_4$@MIL-68(Al)-2 的 TEM 表征图

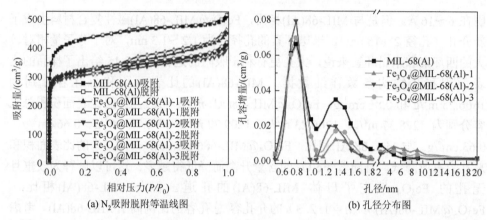

(a) N₂吸附脱附等温线图　　　　　　　(b) 孔径分布图

图 3.55　MIL-68(Al)和 Fe₃O₄@MIL-68(Al)-n（n = 1, 2, 3）的 N₂吸附脱附等温线和孔径分布

表 3.15　MIL-68(Al)和 Fe₃O₄@MIL-68(Al)-n（n = 1, 2, 3）的比表面积和孔结构参数

样品	比表面积/ (m²/g)	总孔容/ (cm³/g)	微孔容/ (cm³/g)	介孔容/ (cm³/g)	介孔容/总孔容
MIL-68(Al)	1666.25	0.81	0.68	0.13	0.16
Fe₃O₄@MIL-68(Al)-1	1278.37	0.73	0.44	0.29	0.40
Fe₃O₄@MIL-68(Al)-2	1260.23	0.66	0.46	0.20	0.30
Fe₃O₄@MIL-68(Al)-3	1209.72	0.63	0.45	0.18	0.29

5）热重分析（TGA）

为了检测材料的热稳定性，我们通过热重分析（thermogravimetric analysis，TGA）仪测试了 Fe₃O₄、MIL-68(Al)和 Fe₃O₄@MIL-68(Al)的质量失重曲线。初始温度为 35℃，以 10℃/min 的升温速率升到 700℃进行热重分析。如图 3.56 所示，Fe₃O₄ 在整个升温过程中，除去样品中水分子的蒸发，质量基本保持不变，表明 Fe₃O₄ 纳米颗粒具有良好的热稳定性。此外，MIL-68(Al)和 Fe₃O₄@MIL-68(Al)磁性复合材料的分解过程主要分为三个区域。Fe₃O₄@MIL-68(Al)的第一个分解区域是从 35℃到 180℃，质量损失为 4.62%，可归结为结晶水的蒸发和剩余 DMF 的释放。第二个区域为 180℃到 420℃，质量损失为 6.23%。第三个区域为 420℃到 650℃，质量损失为 47%，这归结为有机配体的分解，导致晶体崩溃。因此 Fe₃O₄@MIL-68(Al)的热稳定性温度可推算为 180℃左右。

6）磁性分析

磁化强度是本节复合材料于水溶液中吸附污染物后实现固液分离的重点。Fe₃O₄@MIL-68(Al)的磁滞曲线如图 3.57 所示，曲线呈 S 形，随着磁化强度呈周期性的变化，显示出复合材料具有超顺磁性特性。Fe₃O₄@MIL-68(Al)的饱和磁化强度为 15.825 emu/g，施加外磁场足以把复合材料从水溶液中分离。此外，我们还

测试了解吸后 Fe_3O_4@MIL-68(Al)的磁滞曲线。结果表明，复合材料仍保持足够的磁性。在后续的吸附应用中，磁性复合材料能够在外部磁场的磁力下从四环素和米诺环素溶液中分离出来，从而节约经济成本，避免造成二次污染。

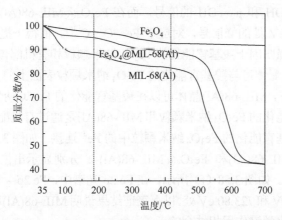

图 3.56　Fe_3O_4、MIL-68(Al)和 Fe_3O_4@ MIL-68(Al)的质量失重曲线

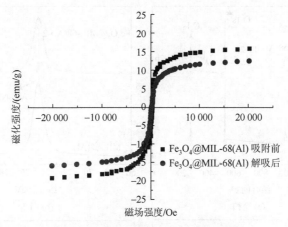

图 3.57　Fe_3O_4@MIL-68(Al)的磁滞曲线

1 Oe = 79.5775 A/m，1 emu/g = 1 Am^2/kg

7) XPS 分析

为了确定磁性复合材料中 MIL-68(Al)和 Fe_3O_4—COOH 是通过化学键作用进行结合的，本节对 MIL-68(Al)和 Fe_3O_4@MIL-68(Al)-2 进行 XPS 分析。图 3.58（a）是 MIL-68(Al)和 Fe_3O_4@MIL-68(Al)-2 的全扫结果，结果显示，两者皆含有 Al、O 和 C 元素。此外，在 Fe_3O_4@MIL-68(Al)-2 中，也检测到了 Fe 元素。图 3.58（b）所示，Al 2p 光谱在 74.65 eV 处显示出一个峰，揭示了 MIL-68(Al)的 $AlO_4(OH)_2$ 八面体结构单元中 Al^{3+} 的存在。在 C 1s 光谱[图 3.58（c）]中，MIL-68(Al)和

Fe_3O_4@MIL-68(Al)-2 在 284.80 eV 和 289.00 eV 处分别显示出一个峰。位于 284.80 eV 的峰值对应于样品中 $C=C$，而 289.00 eV 处对应于 $O-C=O$。图 3.58（d）所示，样品 MIL-68(Al) 的 O 1s 光谱有位于 532.30 eV 和 533.60 eV 处的两个单独的组分峰，分别对应于 Al—OH 和 μ_2—OH 的信号。而在 Fe_3O_4@MIL-68(Al)-2 中，产生了一个新的在 532.10 eV 处的峰信号，对应于 Fe—O—C[26]。值得一提的是，532.10 eV 处 Fe—O—C 的峰归因于羧基官能化的 Fe_3O_4 纳米颗粒和有机配体之间存在的一些共价键作用。有机配体可与羧基官能化的 Fe_3O_4 纳米颗粒表面上的 Fe(III) 位点配位。随后，在热驱动下，MIL-68(Al) 晶体可以在羧基官能化的 Fe_3O_4 纳米颗粒周围生长。这证实了羧基官能化的 Fe_3O_4 纳米颗粒和 MIL-68(Al) 是通过有机配体的羧酸盐基团中的氧原子和羧基官能化的 Fe_3O_4 纳米颗粒中的 Fe^{3+} 连接。如图 3.58（e）所示，在 N 1s 光谱中，MIL-68(Al) 和 Fe_3O_4@MIL-68(Al)-2 分别显示出位于 400.58 eV 和 400.37 eV 处的峰。如图 3.58（f）所示，在 Fe 2p 光谱中，Fe $2p_{3/2}$ 和 Fe $2p_{1/2}$ 的峰值分别位于 711.00 eV 和 723.80 eV 处。以上表征结果说明 MIL-68(Al) 和 Fe_3O_4—COOH 纳米颗粒是通过化学键作用相结合的。

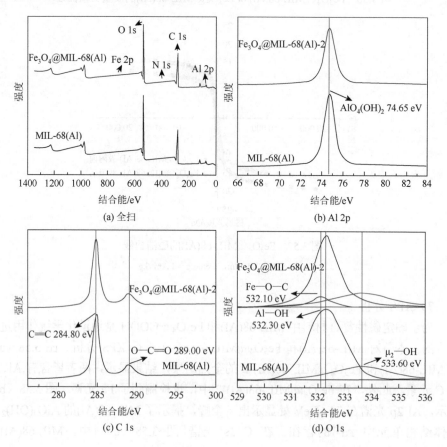

(a) 全扫　　　(b) Al 2p

(c) C 1s　　　(d) O 1s

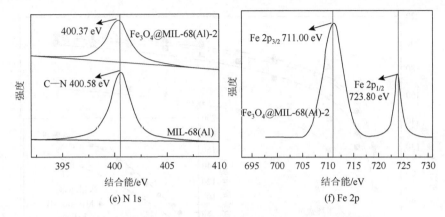

图 3.58　MIL-68(Al)和 Fe₃O₄@MIL-68(Al)-2 的 XPS 表征结果

3.3.2　Fe₃O₄@MIL-68(Al)吸附去除抗生素的性能研究

本节以 MIL-68(Al)和 Fe₃O₄@MIL-68(Al)为吸附剂,四环素和米诺环素为吸附质,对比探究 MIL-68(Al)和 Fe₃O₄@MIL-68(Al)从水中吸附去除四环素和米诺环素的效果。具体探究影响因素包括接触时间、初始四环素和米诺环素浓度、pH 条件、温度和离子强度等。

1. 时间对吸附的影响

吸附影响结果如图 3.59 所示,磁性复合材料和单体材料的吸附时间对吸附量的影响有很大差异。对于 MIL-68(Al),接触时间对吸附量的影响如图 3.59 中插图所示。对于 Fe₃O₄@MIL-68(Al),接触时间对吸附量的影响如图 3.59 所示,MIL-68(Al)和 Fe₃O₄@MIL-68(Al)对四环素和米诺环素的吸附量都是随着吸附时间增加的,之后逐渐达到平衡。在刚开始的 30 min 内,吸附量增加得很快,这是因为反应初期,水溶液中吸附质浓度高,材料表面活性位点充足,吸附驱动力强,所以吸附速率较快;而之后吸附量逐渐达到平衡,活性位点减少,且吸附质浓度降低,吸附驱动力变弱,所以吸附速率降低,并且最终达到吸附平衡。此外,MIL-68(Al)需要 1320 min 左右才能达到吸附平衡,而 Fe₃O₄@MIL-68(Al)在 160 min 以内就能达到吸附平衡,且吸附量高于 MIL-68(Al)。可见,羧基官能化的 Fe₃O₄ 纳米颗粒的引入,增加了磁性复合材料的分散性和表面活性位点,使得吸附速率加快和吸附量增加。在本节中,针对 MIL-68(Al)对四环素和米诺环素的吸附平衡时间设定为 22 h,Fe₃O₄@MIL-68(Al)对四环素和米诺环素的吸附平衡时间设定为 3 h。

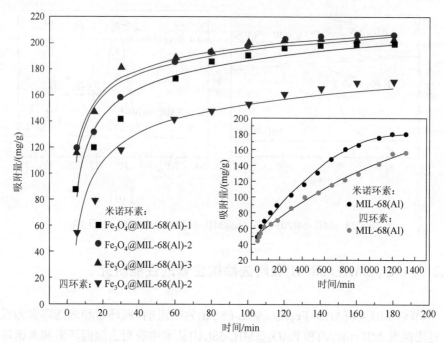

图 3.59　时间对四环素和米诺环素在 MIL-68(Al) 和 Fe₃O₄@MIL-68(Al) 上吸附的影响

$C_0 = 50$ mg/L，pH = 6.0，$T = 25$℃，$t = 3$ h 和 22 h，$m = 20$ mg，$V = 100$ ml

2. 初始浓度对吸附的影响

初始浓度对吸附影响结果如图 3.60 所示，在吸附过程中，污染物的初始浓度影响污染物的传质速率，污染物浓度越高，吸附驱动力越大，吸附量也随之增加。由图中可以看出，与 MIL-68(Al) 相比，磁性复合材料都表现出了更大的吸附量，并且大大缩短吸附平衡的时间。这是因为吸附量与吸附剂表面的活性位点和孔隙相关，结合之前的 N₂ 吸附脱附表征结果，可知 Fe₃O₄@MIL-68(Al) 相比于 MIL-68(Al) 生出了介孔，对于分子量大的四环素和米诺环素分子来说，更适合吸附的进行。此外，对于米诺环素的吸附来说，磁性复合材料中，Fe₃O₄@MIL-68(Al)-2 显示出最大的吸附量，达到 248.05 mg/g（$C_0 = 60$ mg/L），大于 MIL-68(Al) 对米诺环素的吸附量 [225.61 mg/g（$C_0 = 60$ mg/L）]，对于四环素的吸附来说，Fe₃O₄@MIL-68(Al) 的吸附量 [179.02 mg/g（$C_0 = 60$ mg/L）] 也大于 MIL-68(Al) 的吸附量 [133.06 mg/g（$C_0 = 60$ mg/L）]。对比发现，磁性复合材料对于米诺环素的吸附量大于四环素，这与污染物分子量及吸附剂孔隙结构有关，米诺环素污染物分子量大于四环素。此外，适当的 Fe₃O₄ 负载量，不仅可以使材料吸附污染物后快速分离，而且可以增加吸附量和大大缩短反应时间，而过量的负载量会使吸附量减少。因此，基于实验和表征结果，在本实验中，最佳的 Fe₃O₄ 负载量是 5%，即 Fe₃O₄@MIL-68(Al)-2。对比先前报道的吸附剂，例如，活性炭（85.29 mg/g，TC）、CeO_2（4.89 mg/g，MC）、$Fe-SiO_2$（19.00 mg/g，MC）、$\gamma-Fe_2O_3$（83.80 mg/g，MC）等，Fe_3O_4@MIL-68(Al)具有更高的吸附量，且其具有磁性，易于液相分离，对于将其应用于水环境领域吸附四环素类抗生素具有很大的潜力。

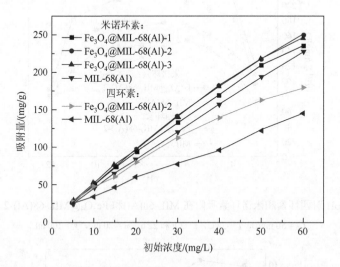

图 3.60　初始浓度对四环素和米诺环素吸附在 MIL-68(Al)和 Fe_3O_4@MIL-68(Al)上的影响

pH = 6.0，T = 25℃，t = 3 h 和 22 h，m = 20 mg，V = 100 ml

3. pH 对吸附的影响

pH 对吸附剂表面的化学性质和四环素、米诺环素在溶液中的存在形式影响很大，因此研究 pH 对吸附的影响可以更好地解释吸附过程中的吸附行为和吸附机理。溶液 pH 对四环素和米诺环素吸附在 MIL-68(Al)和 Fe_3O_4@MIL-68(Al)-2 上的影响结果如图 3.61 所示。从图中可以观察到 pH 对两者的影响具有相同的趋势，在 pH = 4～10 之间吸附量是基本保持恒定的。MIL-68(Al)和 Fe_3O_4@MIL-68(Al)-2 对米诺环素的最大吸附量发生在 pH = 6 处，分别为 200.92 mg/g 和 227.47 mg/g；同样对四环素的最大吸附量也是发生在 pH = 6 处。但是，当 pH<4（极酸）和 pH>10（极碱）时，吸附量急剧下降，这与 MIL-68(Al)和 Fe_3O_4@MIL-68(Al)-2 的自身骨架在极酸和极碱溶液中被破坏的原因有关。为了说明 Fe_3O_4@MIL-68(Al)-2 在水溶液中的等电点，通过 Zeta 电位计在 25℃下测试了它的 Zeta 电势变化，如图 3.62 所示。磁性吸附剂的等电点约为 7.5，即当 pH<7.5 时，Fe_3O_4@MIL-68(Al)-2 的表面电荷呈正电荷。此外，四环素和米诺环素在不同的 pH 条件下以不同类型的离子形式存在，并且当 pH 介于 5.5～9 时，四环素和米诺环素分子的表面电荷显示带负电。因此，四环素和米诺环素吸附到 Fe_3O_4@MIL-68(Al)-2 的过程中发生静电相互作用。基于

以上分析，磁性复合材料在宽pH（4～10）范围内，材料骨架结构稳定和吸附量保持恒定，因此，在本节实验中，所有溶液pH均设定为pH＝6（±1）。

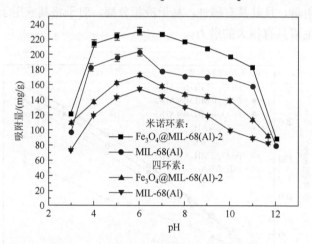

图 3.61　pH 对四环素和米诺环素吸附在 MIL-68(Al) 和 Fe₃O₄@MIL-68(Al)-2 上的影响

$C_0 = 50\,\text{mg/L}$，$T = 25\,\text{℃}$，$t = 3\,\text{h}$ 和 $22\,\text{h}$，$m = 20\,\text{mg}$，$V = 100\,\text{ml}$

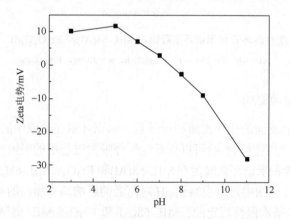

图 3.62　Fe₃O₄@MIL-68(Al)-2 的 Zeta 电势

$T = 25\,\text{℃}$，$V = 100\,\text{ml}$，$C_0 = 10\,\text{mg/L}$

4. 离子强度对吸附的影响

离子强度也是需要去探究的影响参数，因为在实际应用中，各种工业废水中均含有高盐度的污染物。实验结果如图 3.63 所示，加入 0.05 mol/L 的 NaCl 时，每种吸附剂的吸附量都有所减少，但后续继续加大浓度，吸附量基本保持恒定，且吸附量保持在较高水平，表明在较高的离子强度下，材料仍保持了对四环素和米诺环素的吸附能力。在加入 NaCl 后，吸附量略微减少的原因有以下几点：首先，由于溶液的密度和黏度将随着盐含量的增加而增加，因此发生了传质过程的抑制。其次，一般情况下，加入电解质，会压缩吸附剂和吸附质的双电层。一方面，这会导致吸附剂与吸附质之间的静电相互作用减弱；另一方面也会导致吸附质分子大小的改变。最后，是吸附位点被与 NaCl 解离的相反电荷包围，研究表明四环素和米诺环素的氨基和吸附剂的金属位点之间存在静电相互作用，添加电解质会在一定程度上减少可用吸附位点的数量[27]。这也表明静电吸附机制参与了 MIL-68(Al) 和 Fe$_3$O$_4$@MIL-68(Al)-2 对四环素和米诺环素的吸附过程。

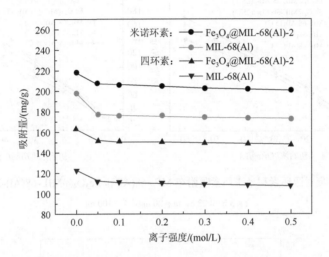

图 3.63　离子强度对四环素和米诺环素吸附在 MIL-68(Al) 和 Fe$_3$O$_4$@MIL-68(Al)-2 上的影响

$C_0 = 50$ mg/L，pH = 6.0，$T = 25℃$，$t = 3$ h 和 22 h，$m = 20$ mg，$V = 100$ ml

5. 温度对吸附的影响

溶液的温度会影响溶液中分子的运动速率和分子表面的能量，进而影响吸附过程中的传质速率，所以在研究中探讨温度对于吸附过程的影响有着重要的意义。温度影响吸附实验结果如图 3.64 所示。从图中可知温度对于 MIL-68(Al) 和 Fe$_3$O$_4$@MIL-68(Al)-2 吸附米诺环素和四环素的影响趋势是一致的，都是随着温度的升高，吸附量增加，表明升高温度有利于吸附的进行，同时 MIL-68(Al) 和 Fe$_3$O$_4$@MIL-68(Al)-2 对米诺环素和四环素的吸附过程是吸热反应。

6. 水稳定性分析

材料的水稳定性是其能否运用于水环境中的重要参数，在本节中，探索 Fe$_3$O$_4$@MIL-68(Al) 磁性复合材料的水稳定性，将材料浸没于水溶液中，在搅拌一段时间后，将材料干燥，测其 XRD 的特征衍射峰，与原样对比，以此判断材料的水稳定性。结果如图 3.65 所示，可以看出，Fe$_3$O$_4$@MIL-68(Al)在经过 0～24 h 的浸泡搅拌后，仍然保持有原样的特征衍射峰，表明其具有良好的水稳定性。此外，通过仔细观察发现，Fe$_3$O$_4$@MIL-68(Al)在经过 24 h 的浸泡搅拌后，位于 $2\theta = 5°$ 处的特征衍射峰强度有所减弱，这是由于较长时间的浸泡，使 Fe$_3$O$_4$@MIL-68(Al) 骨架结构不断遭受到水分子的攻击，产生了轻微的水解。

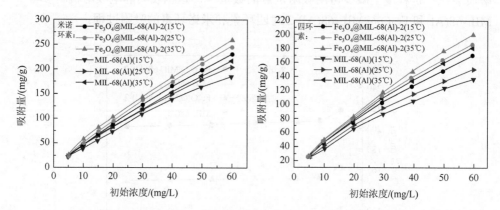

图 3.64　温度对四环素和米诺环素吸附在 MIL-68(Al)和 Fe$_3$O$_4$@MIL-68(Al)-2 上的影响

$t = 3$ h 和 22 h，$m = 20$ mg，$V = 100$ ml

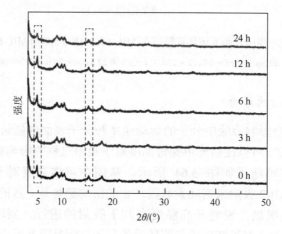

图 3.65　Fe$_3$O$_4$@MIL-68(Al)在水溶液中搅拌不同时间的 XRD 光谱图

$T = 25℃$，pH = 6.0，$m = 20$ mg

7. 循环使用性能分析

在此分析中，分别将吸附四环素和米诺环素后的 Fe$_3$O$_4$@MIL-68(Al)-2，用无水乙醇进行多次洗涤，将材料干燥活化后，在 pH = 6.0、四环素和米诺环素的初始浓度为 50 mg/L 和温度为 25℃的条件下进行 3 次循环吸附-解吸实验，结果如图 3.66（a）所示。从图中可以看出，在每个循环后都有一定程度的吸附量减少，由于不可逆的四环素和米诺环素分子占据 Fe_3O_4@MIL-68(Al)-2 中的孔隙结构，导致吸附位点的减少。然而，Fe_3O_4@MIL-68(Al)-2 在经过 3 次循环后，仍然保持有第一次吸附量的 85%以上，说明材料具有良好的稳定性和循环使用性能。此外，还进行了解吸后的 Fe_3O_4@MIL-68(Al)-2 的 XRD 的特征衍射峰表征，如图 3.66（b）所示，解吸后的 Fe_3O_4@MIL-68(Al)-2 的 XRD 光谱图，特征衍射峰与原始材料的相比，基本保持不变，表明其是具有良好水稳定性的吸附剂。

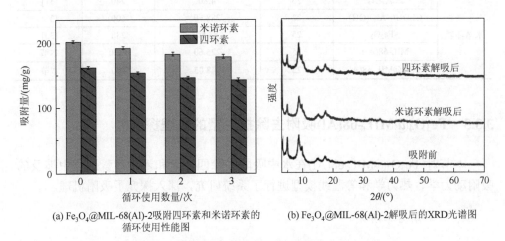

(a) Fe_3O_4@MIL-68(Al)-2吸附四环素和米诺环素的　　　(b) Fe_3O_4@MIL-68(Al)-2解吸后的XRD光谱图
　　　循环使用性能图

图 3.66　Fe_3O_4@MIL-68(Al)-2 的循环使用性能分析

pH = 6.0，V = 100 ml，C_0 = 50 mg/L，m = 20 mg，t = 3 h，T = 25℃

8. 对比与评价

表 3.16 列出了不同吸附剂对四环素和米诺环素的最大吸附量和达到吸附平衡的时间的对比，可以看出，本节中的吸附材料 Fe_3O_4@MIL-68(Al)对于四环素和米诺环素达到吸附平衡的时间为 160 min，最大吸附量分别为 179.02 mg/g 和 248.05 mg/g（C_0 = 60 mg/L）。对于四环素的吸附，在同类的吸附剂中，MIL-101(Cr) 的最大吸附量很低，且达到吸附平衡时间也较长。在不同类的吸附剂中，达到吸附平衡时间虽然缩短，但是也存在吸附量减少的问题。对于米诺环素的吸附，本节中制备的材料，最大吸附量大且吸附时间较短。通过对比可以得出，本节制备的 MIL-68(Al) 和 Fe_3O_4@MIL-68(Al)具有良好的稳定性，金属节点相对安全，并且具有较大的吸附量和较快的吸附速率，在吸附去除四环素和米诺环素方面，是性能比较全面的吸附剂。

表 3.16　不同吸附剂对四环素和米诺环素的最大吸附量和吸附平衡时间对比

吸附质	吸附剂	温度/℃	最大吸附量/(mg/g)	时间/min	参考文献
四环素	MIL-68(Al)/GO 粉末	25	189.80	240	[13]
	MIL-68(Al)/GO 微球	25	137.10	540	[13]
	MIL-101(Cr)	25	24.80	720	[28]
	CuCo/MIL-101(Cr)	35	106.80	1440	[28]
	黏土复合物	25	76.00	180	[29]
	颗粒活性炭	25	85.29	180	[30]
	MIL-68(Al)	25	133.10	1320	本节
	Fe$_3$O$_4$@MIL-68(Al)	25	179.02	160	本节
米诺环素	二氧化铈	25	4.80	240	[31]
	CLDH/γ-AlO(OH)	22	288.60	600	[32]
	γ-Fe$_2$O$_3$	25	83.80	288	[33]
	MIL-68(Al)	25	225.60	1320	本节
	Fe$_3$O$_4$@MIL-68(Al)	25	248.05	160	本节

3.3.3　Fe$_3$O$_4$@MIL-68(Al)吸附去除抗生素的机理探究

本节对 Fe$_3$O$_4$@MIL-68(Al)在水中吸附去除四环素和米诺环素过程中涉及的吸附动力学、热力学和等温线模型进行了系统研究，深入探究了吸附机理。

1. 吸附动力学研究

基于以上吸附时间对于吸附的影响实验得到的数据，本节采用准一级动力学模型和准二级动力学模型对实验数据拟合进行吸附动力学研究，其表达式见式（3.3）和式（3.4），并使用相对偏差 Δq_e（%）来评估不同动力学模型的适用性，其表达式如下

$$\Delta q_e = \left[\left(q_{e,\mathrm{exp}} - q_{e,\mathrm{cal}} \right) / q_{e,\mathrm{exp}} \right] \times 100\% \qquad (3.11)$$

式中，"exp"和"cal"代表实际实验值和理论计算值。

拟合曲线如图 3.67 所示，相应的拟合数据如表 3.17 和表 3.18 所示，准一级动力学模型对 MIL-68(Al)及 Fe$_3$O$_4$@MIL-68(Al)-n（n = 1, 2, 3）吸附米诺环素的拟合参数中，决定系数 R^2 分别为 0.8975、0.9879、0.9825 和 0.9541，相对偏差 Δq_e 分别为 2.30%、1.21%、0.86%和 1.58%，理论计算吸附量分别为 173.78 mg/g、195.42 mg/g、201.44 mg/g 和 197.44 mg/g；MIL-68(Al)及 Fe$_3$O$_4$@MIL-68(Al)-2 吸附四环素的拟合参数中，决定系数 R^2 分别为 0.7186 和 0.9747，相对偏差 Δq_e 分别为 4.11%和 3.23%。准二级动力学模型对 MIL-68(Al)及 Fe$_3$O$_4$@MIL-68(Al)-n（n = 1, 2, 3）吸附米诺环素的拟合参数中，决定系数 R^2 分别为 0.9579、0.9963、0.9985

和 0.9989，相对偏差 Δq_e 分别为 1.80%、0.85%、0.29% 和 0.93%，理论计算吸附量分别为 174.67 mg/g、196.13 mg/g、202.59 mg/g 和 198.76 mg/g；MIL-68(Al) 及 Fe$_3$O$_4$@MIL-68(Al)-2 吸附四环素的拟合参数中，决定系数 R^2 分别为 0.9279 和 0.9840，相对偏差 Δq_e 分别为 2.11% 和 1.73%。与准一级动力学模型拟合参数相比，准二级动力学模型拟合参数中的决定系数 R^2 更高和相对偏差 Δq_e 更低，准二级动力学模型拟合的理论计算吸附量与实际实验所得的吸附量更接近。表明，准二级动力学模型更加适合描述四环素和米诺环素在 MIL-68(Al) 和 Fe$_3$O$_4$@MIL-68(Al) 上的吸附行为，化学吸附是吸附反应中的限制步骤，这是因为吸附剂表面存在的功能化基团[比如羧基（—COOH）、羧酸基（—COO$^-$）、羟基（—OH）和角共享八面体中的 μ_2—OH][34]。

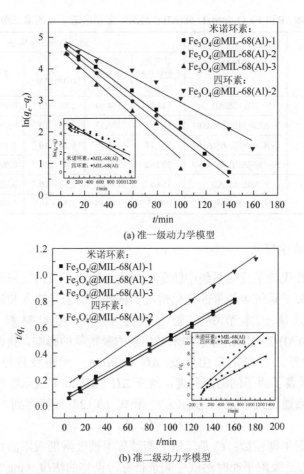

图 3.67　MIL-68(Al) 和 Fe$_3$O$_4$@MIL-68(Al) 吸附四环素和米诺环素的吸附动力学研究

$C_0 = 50$ mg/L，pH = 6.0，$t = 3$ h 和 22 h，$m = 20$ mg，$V = 100$ ml

表 3.17　MIL-68(Al)和 Fe₃O₄@MIL-68(Al)吸附四环素和米诺环素的准一级动力学拟合参数

| 吸附质 | 吸附剂 | 准一级动力学模型 | | | | |
		吸附量实验值/(mg/g)	吸附量计算值/(mg/g)	k_1/min⁻¹	R^2	相对偏差/%
米诺环素	MIL-68(Al)	177.88	173.78	3.09×10^{-4}	0.8975	2.30
	Fe₃O₄@MIL-68(Al)-1	197.81	195.42	0.00121	0.9879	1.21
	Fe₃O₄@MIL-68(Al)-2	203.18	201.44	0.00151	0.9825	0.86
	Fe₃O₄@MIL-68(Al)-3	200.62	197.44	0.00339	0.9541	1.58
四环素	MIL-68(Al)	154.57	148.21	4.03×10^{-4}	0.7186	4.11
	Fe₃O₄@MIL-68(Al)-2	168.5	163.06	0.00116	0.9747	3.23

表 3.18　MIL-68(Al)和 Fe₃O₄@MIL-68(Al)吸附四环素和米诺环素的准二级动力学拟合参数

| 吸附质 | 吸附剂 | 准二级动力学模型 | | | | |
		吸附量实验值/(mg/g)	吸附量计算值/(mg/g)	k_2/[g/(mg·min)]	R^2	相对偏差/%
米诺环素	MIL-68(Al)	177.88	174.67	2.88×10^{-4}	0.9579	1.80
	Fe₃O₄@MIL-68(Al)-1	197.81	196.13	3.01×10^{-4}	0.9963	0.85
	Fe₃O₄@MIL-68(Al)-2	203.18	202.59	6.24×10^{-4}	0.9985	0.29
	Fe₃O₄@MIL-68(Al)-3	200.62	198.76	6.47×10^{-4}	0.9989	0.93
四环素	MIL-68(Al)	154.57	151.31	1.10×10^{-4}	0.9279	2.11
	Fe₃O₄@MIL-68(Al)-2	168.5	165.59	5.34×10^{-4}	0.9840	1.73

2. 吸附热力学研究

热力学参数代表了反应系统中能量的变化，表达了吸附反应的自发性和随机性，而且可以根据系统中能量的变化情况实施精准的能量输入和输出，提高系统能量的利用效率。本节中，通过研究不同温度对材料 MIL-68(Al) 和 Fe₃O₄@MIL-68(Al)-2 吸附四环素和米诺环素的吸附量的影响，获得吸附热力学研究相关实验数据。吉布斯自由能变 ΔG（kJ/mol）判断反应进行方向，熵变 ΔS[J/(mol·K)]代表了原子间的混乱度，焓变 ΔH（kJ/mol）表示吸收和释放能量的情况，三者关系通过式（3.5）、式（3.7）和式（3.12）计算得到

$$K_d = C_s / C_e \tag{3.12}$$

式中，K_d 是吸附平衡常数；C_s 是吸附平衡过程中被吸附剂吸附的目标污染物的浓度（mg/L）；C_e 是吸附平衡时溶液中剩余目标污染物的浓度（mg/L）。

结果如图 3.68 和表 3.19 所示。从表 3.19 中拟合参数中来看，当溶液初始浓度为 50 mg/L 时，MIL-68(Al)和 Fe₃O₄@MIL-68(Al)-2 对米诺环素吸附的 ΔH 分别

为 25.71 kJ/mol 和 26.86 kJ/mol；对四环素吸附的 ΔH 分别为 21.03 kJ/mol 和 23.92 kJ/mol，显然 4 个数值都大于 0，说明吸附过程中涉及到了一定的化学吸附，且吸附过程均是吸热反应。MIL-68(Al)和 Fe$_3$O$_4$@MIL-68(Al)对米诺环素和四环素吸附的 ΔG 都小于 0，说明吸附反应均为自发反应，且随着温度的升高而减小，表明升高温度有助于反应的进行。此外，MIL-68(Al)和 Fe$_3$O$_4$@MIL-68(Al)对米诺环素和四环素吸附的 ΔS 都大于 0，且 $\Delta H < \Theta\Delta S$，表明吸附过程中是熵增的过程；同时 $\Delta S > 0$，表示吸附过程中固-液界面的混乱度增加。

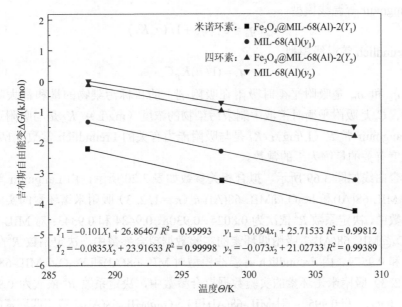

$$Y_1 = -0.101X_1 + 26.86467 \quad R^2 = 0.99993 \qquad y_1 = -0.094x_1 + 25.71533 \quad R^2 = 0.99812$$
$$Y_2 = -0.0835X_2 + 23.91633 \quad R^2 = 0.99998 \qquad y_2 = -0.073x_2 + 21.02733 \quad R^2 = 0.99389$$

图 3.68　ΔG 与 Θ 的线性关系

$C_0 = 50$ mg/L，pH = 6.0，$t = 3$ h 和 22 h，$m = 20$ mg，$V = 100$ ml

表 3.19　MIL-68(Al)和 Fe$_3$O$_4$@MIL-68(Al)-2 吸附四环素和米诺环素的热力学参数

吸附质	温度/K	MIL-68(Al)				Fe$_3$O$_4$@MIL-68(Al)-2			
		K_d	吉布斯自由能变/(kJ/mol)	焓变/(kJ/mol)	熵变/[J/(mol·K)]	K_d	吉布斯自由能变/(kJ/mol)	焓变/(kJ/mol)	熵变/[J/(mol·K)]
米诺环素	288	1.7497	-1.34			2.527	-2.22		
	298	2.5574	-2.33	25.71	94.09	3.7016	-3.24	26.86	101.20
	308	3.5178	-3.22			5.2287	-4.24		
四环素	288	1.008	-0.02			1.0559	-0.13		
	298	1.3157	-0.68	21.03	73.08	1.6778	-0.97	23.92	83.62
	308	1.7798	-1.48			2.0234	-1.8		

3. 吸附等温线研究

　　吸附等温线可以描述吸附剂与吸附质之间相互作用，确定四环素和米诺环素吸附在 MIL-68(Al)和 Fe$_3$O$_4$@MIL-68(Al)上的吸附机理。Langmuir 等温线模型是假定相同的吸附位点均匀分布在吸附剂表面，它基于单层吸附理论，认为吸附的分子之间没有相互作用；Freundlich 等温线模型是一个假设吸附剂表面是非均质的经验公式。Langmuir 等温线模型和 Freundlich 等温线模型的表达式如下所示：

　　Langmuir 等温线模型

$$C_e / q_e = C_e / q_m + 1 / (q_m K_L) \tag{3.13}$$

　　Freundlich 等温线模型

$$q_e = (1/n) K_F C_e \tag{3.14}$$

式中，q_e 和 q_m 是吸附平衡时吸附在吸附剂上的目标污染物的量和最大吸附量（mg/g）；C_e 是吸附平衡时溶液中剩余污染物的浓度（mg/L）；K_L 是与吸附速率有关的 Langmuir 常数（L/mg）；K_F 是与吸附能力有关的 Freundlich 常数；$1/n$ 是与吸附强度有关的量纲为 1 的常数。

　　拟合曲线如图 3.69 所示，拟合相关参数如表 3.20 所示，由 Langmuir 等温线模型对 MIL-68(Al)和 Fe$_3$O$_4$@MIL-68(Al)-n（$n = 1, 2, 3$）吸附米诺环素的实验数据拟合参数中，决定系数 R^2 依次为 0.8024、0.9308、0.9484 和 0.9343；对 MIL-68(Al)和 Fe$_3$O$_4$@MIL-68(Al)-2 吸附四环素的实验数据拟合参数中，决定系数 R^2 依次为 0.9819 和 0.9579。由 Freundlich 等温线模型对 MIL-68(Al)和 Fe$_3$O$_4$@MIL-68(Al)-n（$n = 1, 2, 3$）吸附米诺环素的实验数据拟合参数中，决定系数 R^2 依次为 0.9825、0.9917、0.9993 和 0.9950；对 MIL-68(Al)和 Fe$_3$O$_4$@MIL-68(Al)-2 吸附四环素的实验数据拟合参数中，决定系数 R^2 依次为 0.9947 和 0.9933。显然，实验数据经 Freundlich 等温线模型拟合后，具有更高的决定系数，所以 Freundlich 等温线模型更加适合描述 MIL-68(Al)和 Fe$_3$O$_4$@MIL-68(Al)对米诺环素和四环素的吸附过程，表明在吸附过程并不是简单的单层吸附，吸附剂和四环素和米诺环素分子之间存在相互作用，米诺环素和四环素在 MIL-68(Al)和 Fe$_3$O$_4$@MIL-68(Al)上的吸附存在着活性位点能量不均一分布的现象[35]。在 Freundlich 等温线模型中，拟合参数 $1/n$ 表示优先吸附过程，如表 3.20 所示，所有的 $1/n$ 均显著小于 1，这表明四环素和米诺环素在 MIL-68(Al)和 Fe$_3$O$_4$@MIL-68(Al)上的吸附是易于进行的，吸附剂效果很好，低浓度的污染物溶液对本节吸附剂的吸附能力影响较小。此外，在本节中，另一拟合参数 K_F 都非常大，表明 MIL-68(Al)和 Fe$_3$O$_4$@MIL-68(Al)的吸附能力都非常强。其中，Fe$_3$O$_4$@MIL-68(Al)-2 对米诺环素吸附的 K_F 最大，这表明其对米诺环素和四环素的吸附能力在不同温度下都非常高，并且在吸附剂表面上存在着大量不同的吸附位点。

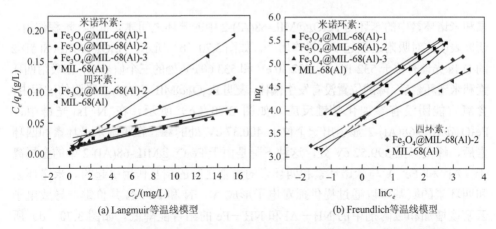

(a) Langmuir等温线模型　　　　　(b) Freundlich等温线模型

图 3.69　MIL-68(Al)和 Fe$_3$O$_4$@MIL-68(Al)吸附四环素和米诺环素的吸附等温线研究

$C_0 = 50$ mg/L，pH = 6.0，$t = 3$ h 和 22 h，$m = 20$ mg，$V = 100$ ml

表 3.20　MIL-68(Al)和 Fe$_3$O$_4$@MIL-68(Al)对四环素和米诺环素吸附的 Langmuir 等温线模型和 Freundlich 等温线模型拟合参数

吸附质	吸附剂	Langmuir 等温线模型				Freundlich 等温线模型		
		吸附量实验值/ (mg/g)	吸附量计算值/ (mg/g)	K_L	R^2	$1/n$	K_F	R^2
米诺环素	MIL-68(Al)	225.61	203.20	6.21×10^{-4}	0.8024	0.0279	209.24	0.9825
	Fe$_3$O$_4$@MIL-68(Al)-1	233.22	220.28	4.02×10^{-4}	0.9308	0.0167	222.76	0.9917
	Fe$_3$O$_4$@MIL-68(Al)-2	248.05	232.19	3.33×10^{-4}	0.9484	0.0047	245.11	0.9993
	Fe$_3$O$_4$@MIL-68(Al)-3	244.53	229.17	3.77×10^{-4}	0.9343	0.0128	236.48	0.9950
四环素	MIL-68(Al)	133.06	82.22	4.19×10^{-4}	0.9819	0.0186	119.51	0.9947
	Fe$_3$O$_4$@MIL-68(Al)-2	174.02	127.64	6.26×10^{-4}	0.9579	0.0132	167.51	0.9933

4. 吸附机理探究

对于一个特定的吸附反应，π-π 堆积作用、静电相互作用、疏水作用及氢键作用等，都能够同时发生。为了进一步了解四环素和米诺环素在 Fe$_3$O$_4$@MIL-68(Al)-2 上的吸附机理，对吸附前后的样品进行了 XPS 分析，结果如图 3.70 所示。

在 C 1s 光谱[图 3.70（a）]中，Fe$_3$O$_4$@MIL-68(Al)-2 在 284.80 eV 和 289.00 eV 处分别显示出一个峰。在吸附四环素和米诺环素后，289.00 eV 处的峰向低键能方向偏移了 0.20 eV。因为苯环也存在于四环素和米诺环素分子中，所以可以推测，四环素和米诺环素中的苯环与 Fe_3O_4@MIL-68(Al)-2 中的苯环之间建立了 π-π 堆积作用，研究表明这对吸附过程起了关键作用[36]。如图 3.70（b）所示，Fe_3O_4@MIL-68(Al)-2 的 O 1s 光谱有位于 532.10 eV，532.30 eV 和 533.60 eV 处的三个信号峰，在吸附四环素和米诺环素后，峰的位置没有发生偏移，表明 Fe_3O_4@MIL-68(Al)-2 吸附的过程中，含氧官能团没有参加化学键反应。如图 3.70（c）所示，在 N 1s 光谱中，Fe_3O_4@MIL-68(Al)-2 显示出一个位于 400.37 eV 处的峰。在吸附米诺环素和四环素后，峰位降至 399.52 eV 处，这种下降是由于 Fe_3O_4@MIL-68(Al)-2 中的金属离子（Al^{3+} 和 Fe^{3+}）与米诺环素和四环素的氨基之间的相互作用引起的。米诺环素和四环素的氨基可以通过提供孤对电子形成 Al—N 和 Fe—N 共价键，导致电子云密度增加和吸附剂中的 NH—Al 和 NH—Fe 的结合能降低。如图 3.70（d）所示，在 Fe 2p 光谱中，Fe_3O_4@MIL-68(Al)-2 的 Fe $2p_{3/2}$ 和 Fe $2p_{1/2}$ 的峰值分别位于 711.00 eV 和 723.80 eV 处，在米诺环素吸附到 Fe_3O_4@MIL-68(Al)-2 上后，Fe $2p_{3/2}$ 和 Fe $2p_{1/2}$ 的峰值向高键能的方向分别偏移了 0.47 eV 和 0.82 eV，吸附四环素后，Fe $2p_{3/2}$ 和 Fe $2p_{1/2}$ 的峰值向高键能的方向分别偏移了 0.64 eV 和 0.90 eV，表明 Fe^{3+} 与米诺环素和四环素分子之间发生了化学相互作用[37]。

　　另外，米诺环素和四环素属于二维平面分子，且含有苯环结构，而 Fe_3O_4@MIL-68(Al) 中含有大量的六角碳原子平面，所以两者之间存在 π-π 堆积作用。同时 MIL-68(Al) 骨架结构中的 Al—O—Al 结构单元中含有 μ_2—OH，可以与米诺环素和四环素分子中的氮原子和氧原子形成氢键[7]。在上述分析的基础上，可以得出 Al—N 和 Fe—N 共价键、π-π 堆积作用和氢键作用在 Fe_3O_4@MIL-68(Al) 吸附米诺环素和四环素中起重要作用的结论，吸附机理示意图如图 3.71 所示。

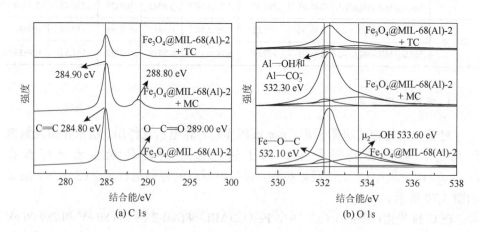

(a) C 1s　　　　　　　　　　　(b) O 1s

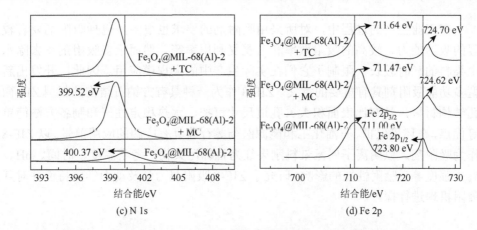

(c) N 1s　　　　(d) Fe 2p

图 3.70　Fe$_3$O$_4$@MIL-68(Al)-2 吸附四环素和米诺环素前后的 XPS 表征

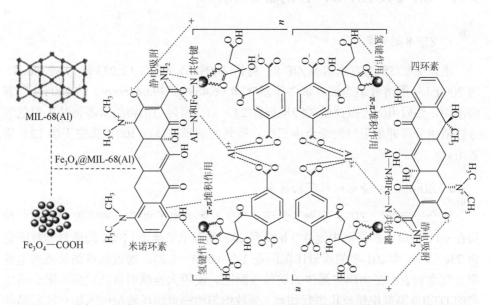

图 3.71　Fe$_3$O$_4$@MIL-68(Al)对四环素和米诺环素的吸附机理图

3.4　沸石咪唑酯骨架及其静电纺纤维材料吸附去除刚果红

偶氮染料作为工业废水中最常见的一类污染物，具有生物难降解性和对光、热的稳定性，会对人们皮肤产生刺激性，导致过敏、皮炎并引发癌症和变异等，这对人类来说将会是一个很大的威胁，因此废水中的染料需要先处理再排放。其中，刚果红是一种典型的偶氮染料。在众多染料废水的处理方法中，吸附法最受欢迎，因其具有易于操作、成本低、无二次污染并对有毒物质不敏感等优点，被认为是优于其他染料废水的处理技术。

在工业生产的过程中，对所采用吸附剂的要求也很多，包括吸附剂要有较强的吸附能力、较高的吸附效率和可重复利用率等。然而很多吸附剂在去除水中染料的耗时较长，限制了它们在实际生产中的大规模应用。因此，开发出新型多功能吸附剂具有重要的意义。ZIF-8 作为一种具有方钠石结构的新型 ZIF 微孔结构材料，具有比表面积大、孔道尺寸可控、水热稳定性好和制备方法简单等优点，在环境保护、石油化工和能源医药等行业具有广阔的应用前景。以 ZIF-8 作为吸附剂，以阴离子偶氮染料刚果红为目标污染物，考察温度、时间、pH、离子强度等对吸附性能的影响，研究了 ZIF-8 吸附热力学及动力学的特性并对其吸附机理进行探讨。

3.4.1　ZIF-8 及 ZIF-8/PVA 的制备与表征

1. ZIF-8 的制备

根据文献[38]的方法制备 ZIF-8。将带 $Zn(NO_3)_2 \cdot 6H_2O$（2.933 g，9.87 mmol）的 200 ml 甲醇溶液迅速倒入带 2-甲基咪唑（6.489 g，79.04 mmol）的 200 ml 甲醇溶液中，然后用磁力搅拌器缓慢地搅拌 24 h 后，用离心机将纳米晶体从乳白色的分散液中分离并用甲醇洗涤至少三次。得到的纳米晶体在 100℃真空干燥 12 h 后备用。

2. ZIF-8/PVA 静电纺丝膜的制备

混合一定量的 ZIF-8 和聚乙烯醇（PVA）到去离子水中，先溶胀 30 min，然后在 90℃的恒温水浴锅中搅拌 3 h 得到 20 g 的静电纺丝液。PVA 的质量分数固定为 7%，PVA 和 ZIF-8 的质量比范围是 1：（0.01～0.2）。通过测量纺丝液的电导率、黏度和表面张力确定最佳的纺丝液配比。使用大连鼎通科技发展有限公司生产的 DT200 型静电纺丝机进行纺丝。分散均匀的静电纺丝液被倒入塑料注射器并压入到带有金属针头的纺丝管中，为了在针头和接收基底之间形成连续的射流，流速设定为 0.6 ml/h。纺丝电压设置为 40 kV，接收距离设置为 16 cm，纺丝过程均在常温常压下进行，纺丝纤维接收到铝箔纸上。最后将收集到的静电纺丝膜在室温下真空干燥 12 h，以备进一步的应用。使用同样的方法制备空白对照组，质量分数为 7%的 PVA 静电纺丝膜。

在静电纺丝过程中，纺丝液的黏度、电导率和表面张力主要决定了纤维的可纺性和表面形态。不同质量的 ZIF-8 被分散到质量分数为 7%的 PVA 溶液中，纺丝液的黏度、电导率和表面张力发生显著的改变。图 3.72 总结了不同质量比的 ZIF-8/PVA 纺丝液的电导率、黏度和表面张力的规律。

随着 ZIF-8 浓度的增加，纺丝液的黏度先增加后降低，随着 ZIF-8 浓度的增加聚合物与溶剂之间的相互作用，当 ZIF-8 的质量分数达到 20%时，纺丝液的黏度达到最大。ZIF-8 在水溶液中会产生电离，PVA 胶粒的双电层结构遭到了破坏，不再独立稳定地向一起靠拢甚至部分破乳，导致纺丝液的黏度上升。当 ZIF-8 浓度继续增加后，会有部分 ZIF-8 进入 PVA 胶粒内部和 PVA 作用，增大聚合物 PVA 在水中的溶解度，纺丝液的黏度又会降低。所有的纺丝液都有其可纺的黏度范围，当黏度太低时，链的缠结不充分，不能维持连续的射流，易得不均匀的珠状纤维；当黏度太高时，纺丝液易凝结，可纺性较差。

在电纺过程中溶液的导电性会影响纺丝液的拉伸度，从而影响纳米纤维的可纺性、直径和形貌等。纺丝液的电导率随着 ZIF-8 浓度的增加而增加，这是因为 ZIF-8 在水溶液中带正电荷，随着 ZIF-8 浓度的增加会产生更多的自由离子，从而电导率增加。研究发现电导率的增加可以提高溶液的可纺性，所纺的纤维直径较细，但当电导率超过一定范围时纤维直径会变粗甚至无法电纺。

在电纺过程中纺丝液需要克服表面张力才能喷射出细流。在细流运行过程中，表面张力是引起珠状纤维的主要原因。因此我们必须要降低表面张力，减少珠状纤维的产生。图 3.72 可以看出表面张力和黏度表现出相同的趋势，随着 ZIF-8 浓度的增加先增加后减小。这是由于 ZIF-8 在水溶液中电离产生水合作用，趋向于把水分子拖入水中，水分子的表面张力增大以克服静电力，表面张力随之增加。当 ZIF-8 浓度增加到一定程度后，ZIF-8 进入到 PVA 胶粒的内部与 PVA 发生相互作用，导致表面张力又减小。

因此，综合考虑了纺丝液的电导率、黏度、表面张力和材料的成本后，在进一步的实验中选定 ZIF-8 和 PVA 的质量比为 0、0.05、0.1、0.2，并分别标记为 M-0、M-1、M-2 和 M-3。

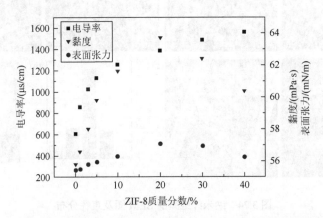

图 3.72　ZIF-8/PVA 纺丝液的电导率、黏度和表面张力随 ZIF-8 浓度的变化曲线

3. ZIF-8 及 ZIF-8/PVA 的材料表征

1）SEM 分析

图 3.73（a）是 ZIF-8 纳米颗粒的 SEM 图，表明材料是由等大的带有锐利边缘的纳米颗粒组成。图 3.73（b）是 ZIF-8 纳米颗粒的粒径分布图，颗粒尺寸在 50～100 nm 之间，平均直径是 71.84 nm。

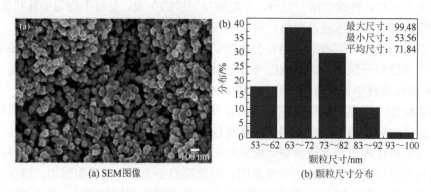

(a) SEM图像　　　　　　　　　(b) 颗粒尺寸分布

图 3.73　ZIF-8 的 SEM 分析

图 3.74 是不同比例的 ZIF-8/PVA 纳米纤维膜的 SEM 图及直径分布。可以看出改变 ZIF-8 和 PVA 的比例显著地影响了纤维的可纺性。从图 3.74（a）～（d）可以

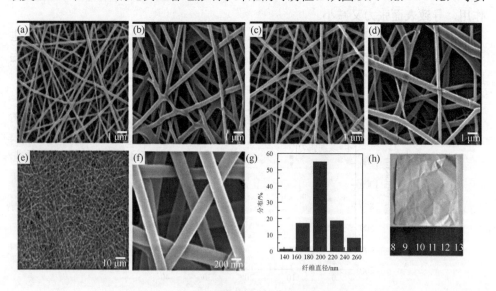

图 3.74　纳米纤维膜的 SEM 图及直径分布

（a）M-0 的 SEM 图；（b）M-1 的 SEM 图；（c）M-3 的 SEM 图；（d）～（f）M-2 的 SEM 图；
（g）M-2 的纤维直径分布图；（h）M-2 的光学图像

看出，随着 ZIF-8 浓度的增加，纳米纤维的结构从珠状纤维变成光滑纤维然后又变成珠状纤维。从图 3.74（b）和（d）可以看出当 ZIF-8/PVA 的质量比是 0.05 和 0.2 时它们的纳米纤维直径不均匀，相互交联并且有珠状纤维存在，表现出较差的可纺性。这是由于当 ZIF-8 的浓度较低时纺丝液的黏度较低，链的缠结不充分，不足以维持连续的射流。当 ZIF-8 的浓度太高时，由于 ZIF-8 带有大量的电荷造成在喷丝头有更多的带电液滴存在，在纺丝过程中存在更强的电场力与静电排斥力相互作用，导致可纺性较差。从图 3.74（d）、（e）、（f）和（h）可以看出，M-2 纳米纤维展现出很好的可纺性，表面光滑且形态均匀。从图 3.74（g）可以看出，M-2 纳米纤维的直径范围在 139～266 nm 之间，平均直径在 204 nm。

图 3.75（a）是 M-2 纳米纤维膜成分的 EDS 分析图，可以看出 C、O、Zn 和 N 元素存在于混纺纤维中，表明在纳米纤维膜中 ZIF-8 的存在。图 3.75（b）为 M-2 纳米纤维膜的 TEM 图，也很好地证明了 ZIF-8 存在于 PVA 纤维的表面和内部。

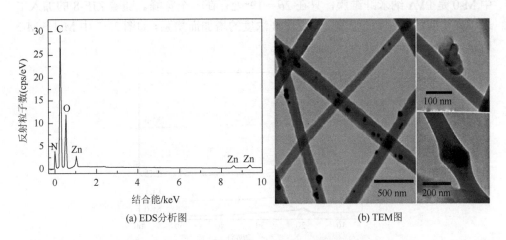

(a) EDS分析图　　　　　　　　　　(b) TEM图

图 3.75　M-2 纳米纤维膜的 EDS 分析图和 TEM 图

2）N$_2$ 吸附脱附等温线分析

图 3.76（a）是 ZIF-8 的氮气吸附脱附等温线，根据 IUPAC 分类属于 I 型等温线。从图中可以看出，在非常低的相对压力下吸附量增加，表明存在微孔结构，当 $P/P_0 > 0.8$ 时有一个滞后环，这是由于相邻纳米颗粒之间堆叠形成的微孔或介孔孔隙引起的。ZIF-8 的比表面积和总孔容分别是 1345 m^2/g 和 0.57 cm^3/g。图 3.76（b）是 ZIF-8 的孔径分布曲线，图中可以看出 ZIF-8 有两个孔径分布范围，分别是 1.4～2.9 nm 和 12～90 nm。总之，ZIF-8 的大比表面积和微孔或介孔分布为染料分子的吸附提供了巨大的潜能。

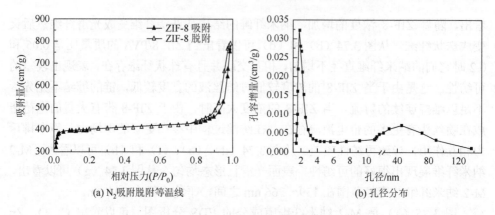

(a) N₂吸附脱附等温线 (b) 孔径分布

图 3.76　ZIF-8 的 N₂ 吸附脱附等温线及孔径分布

3）XRD 分析

图 3.77 是 ZIF-8/PVA 纳米纤维膜和 PVA 纳米纤维膜的 XRD 光谱图。图 3.77 中 M-0 是 PVA 纳米纤维膜，只在 $2\theta = 19°$ 处存在一个宽峰。随着 ZIF-8 的加入出现了许多新的峰，峰的强度随着 ZIF-8 浓度的增加而增强，如图 3.77 中 M-1～M-3 所示，表明 ZIF-8/PVA 的结晶度增加。

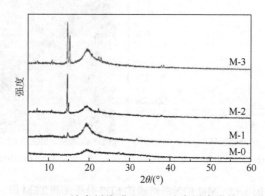

图 3.77　ZIF-8/PVA 纳米纤维膜和 PVA 纳米纤维膜的 XRD 光谱图

4）FTIR 分析

图 3.78（a）是 PVA 纳米纤维膜、ZIF-8 和 M-2 纳米纤维膜的 FTIR 光谱图。PVA 纳米纤维膜的 FTIR 分析如下，在 2932 cm⁻¹ 处是 C—H 的伸缩振动峰，1090 cm⁻¹ 处是 C—O 的伸缩振动峰，3600 cm⁻¹ 处是自由羟基的伸缩振动峰。ZIF-8 的 FTIR 光谱图，在 3420 cm⁻¹ 处是羟基基团的伸缩振动峰，是由于水分子内部或之间相互作用产生的。1300～1500 cm⁻¹ 处是整个咪唑环的伸缩振动峰，在 421 cm⁻¹ 处是 Zn—N 的伸缩振动峰。M-2 纳米纤维膜的 FTIR 光谱图，与单一的 PVA 纳米纤维膜相比，在 3600 cm⁻¹、2932 cm⁻¹ 和 1794 cm⁻¹ 处伸缩振动峰的强度减弱，还出现了一

些新峰，是由于 ZIF-8 和 PVA 之间的相互作用。从图 3.78（a）M-2 的 FTIR 光谱图可以看出在 1450 cm⁻¹、1300 cm⁻¹、690 cm⁻¹和 421 cm⁻¹处出现了 ZIF-8 的特征衍射峰，同时也可以观察到 ZIF-8 的加入使得羟基峰变宽。因此，PVA 减少了 ZIF-8 分子间的相互作用，提高了 ZIF-8/PVA 的可纺性。ZIF-8/PVA 的三个样品具有相似的 FTIR 图。图 3.78（b）是 M-2 的氮气吸附脱附等温线，属于 I 型等温线。测得的比表面积为 677.3 m²/g，总孔容为 0.42 cm³/g。

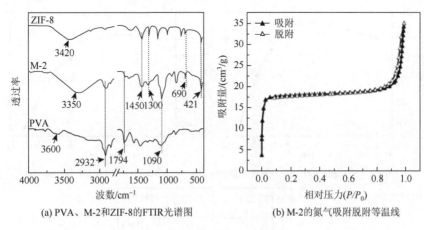

(a) PVA、M-2和ZIF-8的FTIR光谱图　　　　(b) M-2的氮气吸附脱附等温线

图 3.78　FTIR 分析图

3.4.2　ZIF-8 及 ZIF-8/PVA 吸附去除刚果红的性能研究

本节考察了溶液 pH、离子强度等因子对吸附过程的影响，并探究了材料的循环使用性能。

1. 溶液 pH 的影响

溶液的 pH 不仅与吸附剂的表面电荷有关，还对解离其官能团不饱和金属位点和染料分子产生影响，所以 pH 直接与染料分离过程相关。图 3.79（a）是 pH 与 ZIF-8 吸附刚果红效果的关系。从图中分析可知，当溶液的 pH 为 2～6 时，随 pH 变大，ZIF-8 对刚果红的吸附量呈上升趋势；当溶液的 pH 为 8～11 时，ZIF-8 对刚果红的吸附量随着 pH 增大而减少；在 pH＝7 时，ZIF-8 对刚果红的吸附量最大。为了解释这种现象，分析了 ZIF-8 在不同 pH 下的 Zeta 电势曲线，如图 3.79（b）所示，ZIF-8 的等电点是 9.4。当 pH 高于 5.5 时刚果红带负电荷，由于刚果红上氨基的质子化导致 pH 低于 5.5 时刚果红带正电荷（pH 等于 5.5 时不带电）。当 pH 低于 5.5 时，ZIF-8 所带正电荷会与刚果红产生静电排斥；当 pH 高于 5.5 时，带正电荷的 ZIF-8 会与带负电荷的刚果红产生静电吸引。这就是在 pH 等于 7 时，

ZIF-8 对刚果红的吸附性能最好的原因。当溶液的 pH 增大，ZIF-8 的正电荷单元减少，负电荷单元增加，这些负电荷单元会因为与刚果红静电排斥而不利于吸附。

图 3.79（c）是 ZIF-8 的 XRD 光谱图。可以看出在 pH 为 2～11 时和吸附刚果红后的 ZIF-8 保持了很好的晶型。另外，在 ZIF-8 分别浸入 pH 为 2～11 的溶液 120 min 后和 ZIF-8 吸附刚果红后，在 $2\theta = 11.02°$ 附近都出现了一个新的峰。这是由于有水分子吸附到 ZIF-8 表面，形成某些新的晶面。

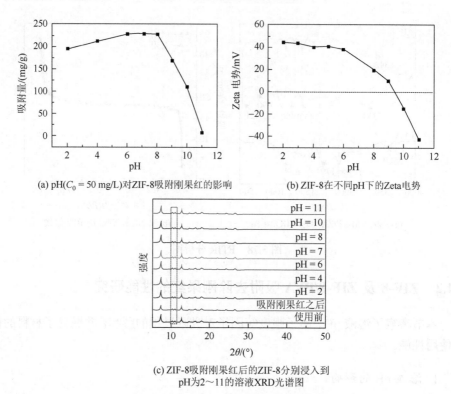

(a) pH(C_0 = 50 mg/L)对ZIF-8吸附刚果红的影响

(b) ZIF-8在不同pH下的Zeta电势

(c) ZIF-8吸附刚果红后的ZIF-8分别浸入到
pH为2～11的溶液XRD光谱图

图 3.79　溶液 pH 对吸附刚果红的影响

2. 离子强度的影响

废水中共存离子，特别是阳离子，会对 ZIF-8 吸附效果产生很大的影响。实验以 Na^+，Ca^{2+} 两种阳离子为例，研究离子强度对 ZIF-8 吸附刚果红的影响。离子强度对 ZIF-8 去除刚果红的影响如图 3.80 所示。在共存阳离子的作用下，随着离子强度的增加，ZIF-8 对刚果红的吸附量先增加到一定的值然后稍微减少，但都大于不存在离子的条件下。当 NaCl 和 $CaCl_2$ 浓度范围分别在 0～40 mmol/L 和 0～20 mmol/L 的时，ZIF-8 对刚果红的去除效果明显地增强。但是当 NaCl 和 $CaCl_2$ 浓度范围分别在 40～100 mmol/L 和 20～100 mmol/L 时，ZIF-8 对刚果红的去除效果稍微地减弱。

离子强度对刚果红吸附的影响主要来自于两个不同的效应：盐析效应和金属离子的入侵效应。盐析效应通过降低有机物在溶液中的溶解度来增强污染物与吸附剂之间的疏水作用，促进吸附发生。相反地，金属离子的入侵效应是通过与污染物分子竞争 MOF 上的吸附位点而减弱吸附效果。本节发现当离子强度较低时盐析效应占主导地位，有利于 ZIF-8 对刚果红的吸附，随着离子强度的增加，阳离子和刚果红之间会产生竞争吸附，导致在高离子强度时刚果红吸附效果的减弱。但是，在整个吸附过程中盐析效应始终占主导地位。总的来说，相对于没有阳离子存在时，吸附效果是增强的。相对于一价 Na^+，Ca^{2+} 多了一个正电荷，这增加了与带正电的 ZIF-8 之间的排斥力，因此 Ca^{2+} 对吸附影响曲线的转折点出现在较低的浓度时。

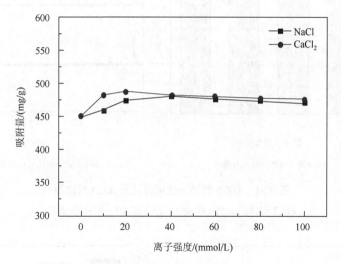

图 3.80 离子强度对 ZIF-8 吸附刚果红的影响

$C_0 = 100\ \text{mg/L}$

3. 循环使用性能

吸附剂的循环使用性能，是其能否商业应用的判断标准之一。图 3.81（a）展示了 ZIF-8 在三次循环使用后效率有稍微的降低。由于刚果红占领了 ZIF-8 的某些不活跃的吸附位点，导致这些位点上的刚果红难以被解吸。但在三次循环使用后 ZIF-8 保留了 80%以上的去除率，表明了 ZIF-8 对于去除刚果红有很好的循环使用性能。从图 3.81（b）可以看出三次循环使用后的 ZIF-8 晶型没有被破坏，保持了完整的结构。

通过吸附刚果红研究 ZIF-8/PVA 的吸附性能和循环使用性能。刚果红的接触时间和浓度对 M-2 纳米纤维膜吸附刚果红的影响如图 3.82（a）所示，可以看出刚果红的吸附量随着刚果红初始浓度的增加而增加，在高浓度时 M-2 展示出较好的吸附性能，刚果红初始浓度为 40 mg/L 时最大吸附量达到 160 mg/g，在反应到 180 min 时就可以达到吸附平衡。M-2 的吸附量大于大多数的已经报道过的吸附剂。同时从图 3.82（b）可以看出在三次循环使用之后，M-2 仍然保持着超过 95% 的去除率，表明 ZIF-8/PVA 具有较高的循环使用性能。这些结果使 ZIF-8/PVA 在水处理领域展现出潜在的应用价值。

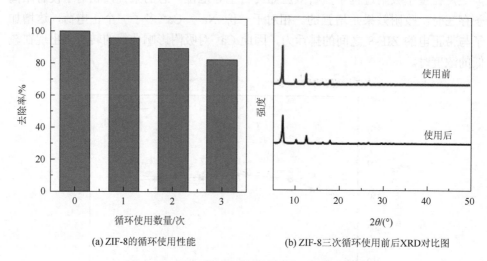

(a) ZIF-8的循环使用性能　　　(b) ZIF-8三次循环使用前后XRD对比图

图 3.81　ZIF-8 的循环使用性能及 XRD 对比图

ZIF-8 = 0.2 g/L；C_0 = 40 mg/L；t = 6 h；pH = 6.7；T = 25℃

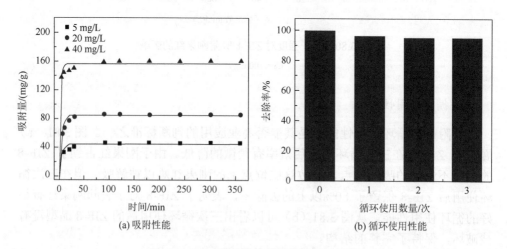

(a) 吸附性能　　　(b) 循环使用性能

图 3.82　M-2 的吸附性能及循环使用性能

3.4.3 ZIF-8 吸附去除刚果红的机理探究

本节对 ZIF-8 从水中吸附去除刚果红过程涉及的吸附动力学、吸附热力学和等温线模型进行了系统研究,深入探究了吸附机理。

1. 吸附动力学研究

图 3.83(a)是接触时间对刚果红吸附的影响。刚果红的吸附量随着初始浓度和接触时间的增加而增加,平衡时间随着初始浓度的增加而增加,明显的在低浓度下吸附地更快。当刚果红浓度较低时(10 mg/L),反应发生 20 min 可以达到吸附平衡,平衡吸附量为 50 mg/g,即刚果红被全部去除。当刚果红的浓度达到100 mg/L 时,平衡时间延长到 90 min,平衡吸附量约为 402 mg/L。这是由于在低浓度时,染料分子对吸附剂表面的活性位点的竞争较小;在高浓度时染料分子对吸附剂表面的活性位点的竞争激烈,导致了较低的吸附率。

吸附数据被拟合成不同的动力学模型,如图 3.83(b)为准二级动力学模型、图 3.83(c)为准一级动力学模型和图 3.83(d)为内扩散模型。内扩散模型公式如下所示

$$q_t = Kt^{1/2} + C \qquad (3.15)$$

式中,q_t 是时间 t 时 ZIF-8 的吸附量(mg/g);K 是扩散速率常数[mg/(g·min$^{1/2}$)];C 是常数。

所有的动力学参数被列在表 3.21 中。从表中可以看出准二级动力学模型拥有较高的 R^2,而且计算出的平衡吸附量接近于实验值,这些表明 ZIF-8 对刚果红吸附符合准二级动力学模型。

表 3.21　刚果红的吸附动力学参数

初始吸附量/(mg/L)	吸附量实验值/(mg/g)	准一级动力学模型			准二级动力学模型		
		k_1/min^{-1}	吸附量计算值/(mg/g)	R^2	k_2/[g/(mg·min)]	吸附量计算值/(mg/g)	R^2
10	50.0000	0.0845	7.3790	0.8320	0.0267	50.5306	0.9999
40	198.7234	0.1340	223.9752	0.8729	0.0014	208.7683	0.9984
100	402.3404	0.0508	271.5189	0.9891	0.0003	440.5286	0.9994

内扩散模型主要用于判断在吸附过程中主要的控速步骤是外部扩散还是内部扩散。图 3.83(d)展示了在吸附过程中存在 3 个线性关系,表明存在 3 个扩散阶

段。3 个阶段的扩散速率常数被列在表 3.22 中，可以看出 $K_1 > K_2 > K_3$，表明外扩散速率在吸附开始时是最快的。因此，吸附速率由内部扩散过程控制。

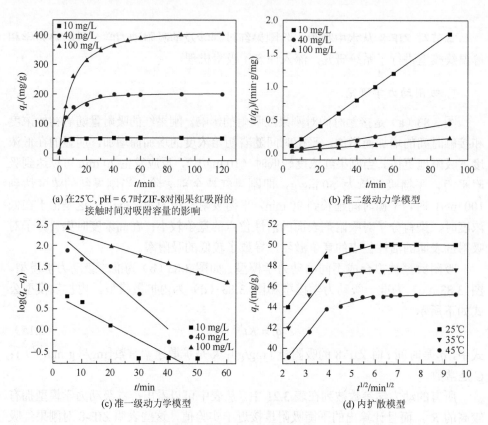

(a) 在25℃, pH = 6.7时ZIF-8对刚果红吸附的
接触时间对吸附容量的影响

(b) 准二级动力学模型

(c) 准一级动力学模型

(d) 内扩散模型

图 3.83　ZIF-8 的吸附动力学研究

表 3.22　在不同的温度下 ZIF-8 对刚果红吸附的内扩散参数

温度/℃	粒子内扩散					
	$K_1/$ [mg/(g·min$^{1/2}$)]	R^2	$K_2/$ [mg/(g·min$^{1/2}$)]	R^2	$K_3/$ [mg/(g·min$^{1/2}$)]	R^2
25	3.0744	0.9375	0.6691	0.8827	0.0024	0.0393
35	2.8820	0.9559	0.1975	0.5065	0.0391	0.0159
45	2.8415	0.9975	0.6087	0.7939	0.0391	0.0159

2. 吸附等温线研究

最常用的吸附等温线研究模型为 Langmuir 等温线模型和 Freundlich 等温线

模型。吸附等温线数据分别使用 Langmuir 等温线模型和 Freundlich 等温线模型拟合,具体公式见 3.1.3 节。合成的 ZIF-8 对刚果红吸附等温线的拟合结果及参数如图 3.84 和表 3.23 所示,从中可以看出 ZIF-8 对刚果红的吸附更符合 Langmuir 等温线模型。图 3.84 (a) 可以看出 ZIF-8 的 q_e 随着温度的升高而减小,在 25℃ 时 q_e 达到最大,为 775 mg/g。从表 3.24 可以看出 ZIF-8 对刚果红的吸附能力高于大多数已经报道的吸附剂。

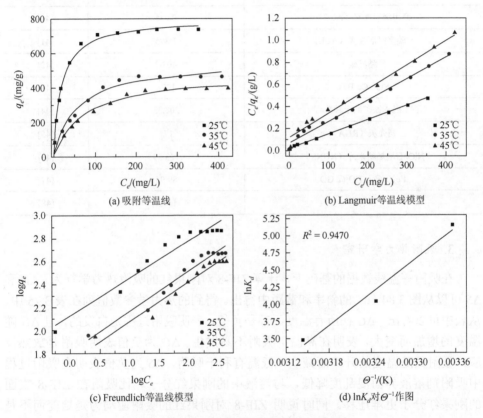

图 3.84　ZIF-8 对刚果红的吸附等温线研究

表 3.23　ZIF-8 对刚果红的吸附等温线参数

温度/℃	Langmuir 等温线模型			Freundlich 等温线模型		
	最大吸附量/(mg/g)	K_L/(L/mg)	R^2	n	K_F/[(mg/g)/(mg/L)$^{1/n}$]	R^2
25	775.1938	0.0720	0.9986	3.0575	132.9872	0.9408
35	520.8333	0.0257	0.9887	2.8701	65.1884	0.9485
45	454.5455	0.0187	0.9836	2.9033	53.6105	0.9483

表 3.24　比较各种吸附剂对刚果红的最大吸附量

吸附剂	最大吸附量/(mg/g)	参考文献
ZIF-8	775	本节
阳离子改性橙皮粉（CMOPP）	163	[39]
$Fe_3O_4@ nSiO_2@ mSiO_2$ 核壳微球	1428	[40]
蔗渣粉煤灰（BFA）	11.885	[41]
商用级活性炭（ACC）	0.635	[41]
实验室级活性炭（ACL）	1.875	[41]
秸秆碳	403.7	[42]
Ni50/Cu-BTC	1078	[43]
磁赤铁矿纳米颗粒	208.33	[44]
稻壳灰（RHA）	171	[45]
NiO/石墨烯纳米片（NGNS）	123.89	[46]
$Fe_3O_4@ mTiO_2@ GO$	89.95	[47]
膨润土	158.7	[48]

3. 吸附热力学研究

在吸附等温线数据的基础上，计算 ZIF-8 对刚果红的吸附热力学行为。ΔH 和 ΔS 可以从图 3.84（d）的斜率和截距中得出。得到的热力学参数值列在表 3.25 中。从表中可以看出，ΔG 在所有温度下都是负值，表明吸附过程是自发的，且 ΔG 随温度的增加而变大，表明在高温下吸附不易发生。ΔG 为负值表明吸附是放热反应，吸附量随温度的升高而减少，低温有利于吸附。ΔS 为负值表明在吸附过程中吸附剂溶液界面混乱度降低，与溶液中的刚果红分子相比吸附在 ZIF-8 表面的刚果红分子更难迁移。同时说明 ZIF-8 对刚果红的吸附驱动力是焓变而不是熵变。

表 3.25　ZIF-8 吸附刚果红的热力学参数

温度/K	吉布斯自由能变/(kJ/mol)	焓变/(kJ/mol)	熵变/[J/(mol·K)]
288	−12.7745	−65.8776	−178.8382
298	−10.3878		
308	−9.22422		

对吸附机理进行研究有着十分重要的理论意义和应用价值。我们在前面工作的基础上探究 ZIF-8 对刚果红的吸附机理。除了刚果红的浓度、溶液的 pH 和离子强度外，吸附剂的表面性质对吸附刚果红也有一些影响。从图 3.76 可以计算出合成的 ZIF-8 的比表面积、总孔容、微孔尺寸和介孔尺寸分别是 1345 m^2/g、0.57 cm^3/g、1.4～2.9 nm 和 12～90 nm。如此大的比表面积为刚果红提供了大量的吸附位点。刚果红的分子尺寸是 2.29 nm×0.82 nm×0.60 nm，因此 ZIF-8 的孔径对于刚果红来说是可进入的，则利于刚果红的吸附。总的来说，由于孔填充效应，ZIF-8 如此大的比表面积、空腔、孔道和高的孔隙率对吸附去除刚果红是非常有利的。这与图 3.83（d）中的颗粒内扩散结果相一致。如图 3.79（b）所示当 pH 小于 9.4 时 ZIF-8 表面带正电荷。当 pH 大于 5.5 时刚果红带负电荷，pH 小于 5.5 时刚果红带正电荷。因此，在 pH 较低时，带正电荷的 ZIF-8 与带正电荷的刚果红产生静电排斥，同时 H^+ 会竞争 ZIF-8 上的活性位点，这些都不利于吸附发生。当 pH 在 5.5～9.4 之间时，带正电荷的 ZIF-8 和带负电荷的刚果红产生静电吸引，吸附量增加。当 pH 更高时，由于 ZIF-8 上正电荷位点减少、负电荷位点增加，导致对刚果红的吸附量减少。

图 3.85 是刚果红和 ZIF-8 在吸附前后的 FTIR 光谱图。从 ZIF-8 吸附前后的 FTIR 光谱图 3.85（b）和（c）中可以看出，在 600～1500 cm^{-1} 之间是整个环的伸缩振动峰，在 420 cm^{-1} 处是 Zn—N 的伸缩振动峰，在 3410 cm^{-1} 和 3140 cm^{-1} 处分别是 ZIF-8 的自由羟基的伸缩振动峰和羟基基团的伸缩振动峰。图 3.85 中（a）是刚果红的 FTIR 光谱图，640 cm^{-1} 处是 C—C 的伸缩振动峰，698 cm^{-1} 处是取代芳香族化合物上 C—H 的伸缩振动峰，833 cm^{-1} 处是 P-二取代环的伸缩振动峰，1062 cm^{-1} 处是磺酸基上 S=O 的伸缩振动峰，1360 cm^{-1} 处是 C—N 的伸缩振动峰，1590 cm^{-1} 处是 N=N 的伸缩振动峰，3460 cm^{-1} 处是伯胺上的 N—H 的伸缩振动峰。图 3.85 中（b）是 ZIF-8 吸附刚果红后的 FTIR 光谱图，保留了 ZIF-8 的一些特征衍射峰，同时在 534 cm^{-1}、829 cm^{-1}、1040 cm^{-1}、1370 cm^{-1} 和 1580 cm^{-1} 处也出现了一些新的伸缩振动峰。1300 cm^{-1}～1500 cm^{-1} 之间的咪唑环的伸缩振动峰变宽，这是由于在 ZIF-8 和染料分子的芳香环之间发生了 π-π 堆积作用。P-二取代环的伸缩振动峰的位置从 833 cm^{-1} 移到了 829 cm^{-1} 处，刚果红上的 S=O 的伸缩振动峰从 1062 cm^{-1} 移到了 1040 cm^{-1} 处，表明 ZIF-8 和刚果红的 SO_3^- 基团之间发生了复杂的反应。同时刚果红的 C—N 移到了更高的波数，N=N 移到了更低的波数，表示 ZIF-8 和染料分子之间发生了相互作用。在 3100～3600 cm^{-1} 处的 N—H 和 O—H 的伸缩振动峰变得平滑且强度明显地减弱，这表明在羟基和氨基之间发生了反应。在 534 cm^{-1} 附近出现了一个新的伸缩振动峰是由于吸附后的 Zn—O 的伸缩振动而产生的，表明吸附后形成了锌的复合物。这些结果表明，ZIF-8 的官能团通过 π-π 堆积作用、静电相互作用和氢键作用参与到吸附过程中。

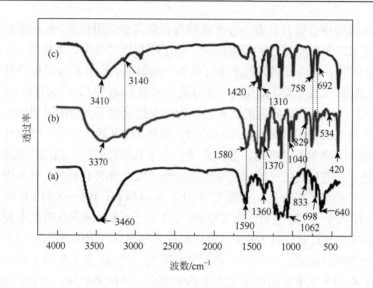

图 3.85　FTIR 光谱图

（a）刚果红；（b）ZIF-8 对刚果红吸附后；（c）ZIF-8 吸附前

4. 吸附机理探究

为了更好地研究吸附机理，分析了 ZIF-8 吸附前后主要元素的 XPS 表征。图 3.86 是 Zn 2p、N 1s、O 1s 和 S 2p 的 XPS 表征。图 3.86（a）是 ZIF-8 在吸附前后的 Zn 2p 能谱图，Zn $2p_{3/2}$ 和 Zn $2p_{1/2}$ 的结合能分别是 1021.70 eV 和 1044.70 eV。ZIF-8 吸附刚果红后，Zn 2p 的结合能移动到更高的位置并且峰的强度稍微减弱，表明 Zn 参与到了刚果红的吸附过程中。图 3.86（b）是 N 1s 能谱图，在 398.80 eV 和 399.30 eV 分别是 C═N 和 C—NH—中 N 的结合能。ZIF-8 吸附刚果红后，在 400.60 eV 处出现一个新峰，是由结合在刚果红的磺酸基团上的质子化的氮原子产生的。图 3.86（c）是 O 1s 能谱图，在 531.60 eV 和 532.60 eV 分别是 Zn—OH 和 H_2O 中氧的结合能。与吸附前的 ZIF-8 相比，在 530.80 eV 处出现的一个新峰是 Zn—O—S 的信号峰。从图 3.86（c）可以看出，Zn—OH 峰的强度明显减弱，H_2O 峰的强度明显增强，表明 Zn—OH 参与了吸附过程，而且更多的水分子吸附在了 ZIF-8 颗粒表面，这也就解释了图 3.79（c）中 ZIF-8 在不同 pH 下和吸附刚果红后的 XRD 出现新峰的现象。从图 3.86（d）可以看出，在 ZIF-8 吸附后出现了新的 S 2p 的峰，在 162.10 eV 和 168.50 eV 处分别是 C—S—和—SO_3^- 的信号峰，说明了吸附后的 ZIF-8 表面存在刚果红。

基于以上分析，可以得出在吸附过程中存在着不同的吸附机理如静电相互作用、孔填充作用、π-π 堆积作用和氢键作用，如图 3.87 所示。由吸附动力学研究结果可知，ZIF-8 对刚果红的吸附符合准二级动力学模型，吸附过程主要受化学吸附的控制，占主导作用的是静电相互作用和氢键作用。静电相互作用主要发生在 ZIF-8 的质子化的 N 原子（如 C$=$NH$^+$—，C—NH$_2^+$—）或 Zn—OH 与刚果红的 —SO$_3^-$ 之间；在刚果红的含氮或含氧的官能团和 ZIF-8 的氨基基团或 Zn—OH 活性单元之间存在氢键作用。

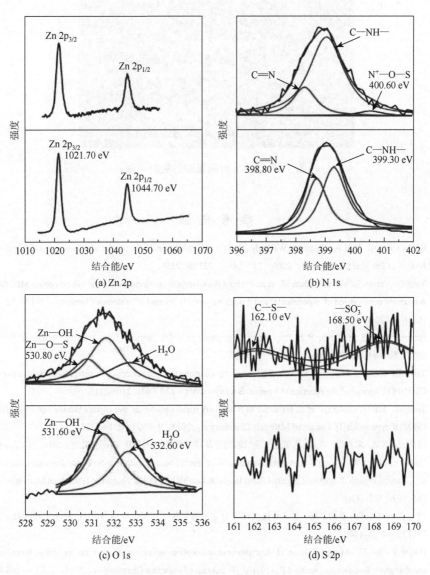

图 3.86　ZIF-8 在刚果红吸附前（下方）、吸附后（上方）的 XPS 表征

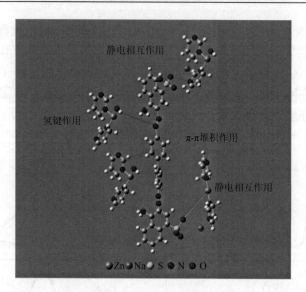

图 3.87　ZIF-8 对刚果红的吸附机理

参 考 文 献

[1]　Buchsteiner A，Lerf A，Pieper J. Water dynamics in graphite oxide investigated with neutron scattering[J]. The Journal of Physical Chemistry B，2006，110（45）：22328-22338.

[2]　Yang Q，Vaesen S，Vishnuvarthan M，et al. Probing the adsorption performance of the hybrid porous MIL-68(Al)：A synergic combination of experimental and modelling tools[J]. Journal of Materials Chemistry，2012，22（20）：10210-10220.

[3]　Hummers J W S，Offeman R E. Preparation of graphitic oxide[J]. Journal of the American Chemical Society，1958，80（6）：1339-1339.

[4]　Tait S L，Wang Y，Costantini G，et al. Metal-organic coordination interactions in Fe-terephthalic acid networks on Cu(100)[J]. Journal of the American Chemical Society，2008，130（6）：2108-2113.

[5]　Tong M，Liu D，Yang Q，et al. Influence of framework metal ions on the dye capture behavior of MIL-100(Fe，Cr) MOF type solids[J]. Journal of Materials Chemistry A，2013，1（30）：8534-8537.

[6]　周彩云，邓娟，朱君妍，等. 活化氧化石墨烯的制备及对甲基橙的吸附[J]. 工业水处理，2016，36（5）：66-70.

[7]　Haque E，Jun J W，Jhung S H. Adsorptive removal of methyl orange and methylene blue from aqueous solution with a metal-organic framework material，iron terephthalate(MOF-235)[J]. Journal of Hazardous Materials，2011，185（1）：507-511.

[8]　何丽芬，刘其霞，季涛，等. 黄麻纤维活性炭对亚甲基蓝和甲基橙吸附动力学[J]. 环境工程学报，2013，7（12）：4735-4740.

[9]　Haque E，Lo V，Minett A I，et al. Dichotomous adsorption behaviour of dyes on an amino-functionalised metal-organic framework，amino-MIL-101(Al)[J]. Journal of Materials Chemistry A，2014，2（1）：193-203.

[10]　张秀兰，栗印环，吴玉环，等. 阴-阳离子改性沸石对废水中甲基橙吸附性研究[J]. 矿产综合利用，2011（1）：38-42.

[11]　Xie L，Liu D，Huang H，et al. Efficient capture of nitrobenzene from waste water using metal-organic frameworks[J]. Chemical Engineering Journal，2014，246：142-149.

[12]　Luo Z，Chen H，Wu S，et al. Enhanced removal of bisphenol A from aqueous solution by aluminum-based MOF/sodium alginate-chitosan composite beads[J]. Chemosphere，2019，237：124493.

[13]　Yu L，Cao W，Wu S，et al. Removal of tetracycline from aqueous solution by MOF/graphite oxide pellets：Preparation，characteristic，adsorption performance and mechanism[J]. Ecotoxicology and Environmental Safety，2018，164：289-296.

[14]　Zhou M，Wu Y，Qiao J，et al. The removal of bisphenol a from aqueous solutions by MIL-53(Al) and mesostructured MIL-53(Al)[J]. Journal of Colloid and Interface Science，2013，405：157-163.

[15]　Li S，Gong Y，Yang Y，et al. Recyclable CNTs/Fe$_3$O$_4$ magnetic nanocomposites as adsorbents to remove bisphenol A from water and their regeneration[J]. Chemical Engineering Journal，2015，260：231-239.

[16]　Fang Z，Hu Y，Wu X，et al. A novel magnesium ascorbyl phosphate graphene-based monolith and its superior adsorption capability for bisphenol A[J]. Chemical Engineering Journal，2018，334：948-956.

[17]　Zhang Y，Cheng Y，Chen N，et al. Recyclable removal of bisphenol A from aqueous solution by reduced graphene oxide-magnetic nanoparticles：Adsorption and desorption[J]. Journal of Colloid and Interface Science，2014，421：85-92.

[18]　Bele S，Samanidou V，Deliyanni E. Effect of the reduction degree of graphene oxide on the adsorption of bisphenol A[J]. Chemical Engineering Research and Design，2016，109：573-585.

[19]　Dehghani M H，Mahvi A H，Rastkari N，et al. Adsorption of bisphenol A（BPA）from aqueous solutions by carbon nanotubes：Kinetic and equilibrium studies[J]. Desalination and Water Treatment，2015，54（1）：84-92.

[20]　Torres-Pérez J，Gérente C，Andrès Y. Sustainable activated carbons from agricultural residues dedicated to antibiotic removal by adsorption[J]. Chinese Journal of Chemical Engineering，2012，20（3）：524-529.

[21]　Rattanachueskul N，Saning A，Kaowphong S，et al. Magnetic carbon composites with a hierarchical structure for adsorption of tetracycline，prepared from sugarcane bagasse via hydrothermal carbonization coupled with simple heat treatment process[J]. Bioresource Technology，2017，226：164-172.

[22]　Ersan M，Guler U A，Acikel U，et al. Synthesis of hydroxyapatite/clay and hydroxyapatite/pumice composites for tetracycline removal from aqueous solutions[J]. Process Safety and Environmental Protection，2015，96：22-32.

[23]　Han T，Xiao Y，Tong M，et al. Synthesis of CNT@ MIL-68(Al)composites with improved adsorption capacity for phenol in aqueous solution[J]. Chemical Engineering Journal，2015，275：134-141.

[24]　Schubert M，Mueller U，Marx S，et al，Porous metal-organic framework material[P]. Would Intellectual Property Organization，A2，WO 129051. 2008-10-3.

[25]　Petit C，Burress J，Bandosz T J. The synthesis and characterization of copper-based metal-organic framework/graphite oxide composites[J]. Carbon，2011，49（2）：563-572.

[26]　Li D，Zhou J，Chen X，et al. Amorphous Fe$_2$O$_3$/graphene composite nanosheets with enhanced electrochemical performance for sodium-ion battery[J]. ACS Applied Materials & Interfaces，2016，8（45）：30899-30907.

[27]　Wang T，Zhao P，Lu N，et al. Facile fabrication of Fe$_3$O$_4$/MIL-101(Cr) for effective removal of acid red 1 and orange G from aqueous solution[J]. Chemical Engineering Journal，2016，295：403-413.

[28]　Jin J，Yang Z，Xiong W，et al. Cu and Co nanoparticles co-doped MIL-101 as a novel adsorbent for efficient removal of tetracycline from aqueous solutions[J]. Science of the Total Environment，2019，650：408-418.

[29]　Turan B，Sarigol G，Demircivi P. Adsorption of tetracycline antibiotics using metal and clay embedded cross-linked chitosan[J]. Materials Chemistry and Physics，2022，279：125781.

[30]　Liu P，Wang Q，Zheng C，et al. Sorption of sulfadiazine, norfloxacin, metronidazole, and tetracycline by granular

activated carbon: Kinetics, mechanisms, and isotherms[J]. Water, Air, & Soil Pollution, 2017, 228 (4): 1-14.

[31]　Brigante M, Schulz P C. Cerium (Ⅳ) oxide: Synthesis in alkaline and acidic media, characterization and adsorption properties[J]. Chemical Engineering Journal, 2012, 191: 563-570.

[32]　Li J, Zhang N, Ng D H L. Synthesis of a 3D hierarchical structure of γ -AlO(OH)/Mg-Al-LDH/C and its performance in organic dyes and antibiotics adsorption[J]. Journal of Materials Chemistry A, 2015, 3 (42): 21106-21115.

[33]　Lu L, Li J, Yu J, et al. A hierarchically porous MgFe$_2$O$_4$/ γ -Fe$_2$O$_3$ magnetic microspheres for efficient removals of dye and pharmaceutical from water[J]. Chemical Engineering Journal, 2016, 283: 524-534.

[34]　Gao Y, Li Y, Zhang L, et al. Adsorption and removal of tetracycline antibiotics from aqueous solution by graphene oxide[J]. Journal of Colloid and Interface Science, 2012, 368 (1): 540-546.

[35]　Álvarez-Torrellas S, Ribeiro R S, Gomes H T, et al. Removal of antibiotic compounds by adsorption using glycerol-based carbon materials[J]. Chemical Engineering Journal, 2016, 296: 277-288.

[36]　Zheng X, Wang J, Xue X, et al. Facile synthesis of Fe$_3$O$_4$@ MOF-100(Fe) magnetic microspheres for the adsorption of diclofenac sodium in aqueous solution[J]. Environmental Science and Pollution Research, 2018, 25 (31): 31705-31717.

[37]　Zhang Z, Lan H, Liu H, et al. Removal of tetracycline antibiotics from aqueous solution by amino-Fe(Ⅲ) functionalized SBA15[J]. Colloids and Surfaces A: Physicochemical and Engineering Aspects, 2015, 471: 133-138.

[38]　Cravillon J, Münzer S, Lohmeier S J, et al. Rapid room-temperature synthesis and characterization of nanocrystals of a prototypical zeolitic imidazolate framework[J]. Chemistry of Materials, 2009, 21 (8): 1410-1412.

[39]　Munagapati V S, Kim D S. Adsorption of anionic azo dye congo red from aqueous solution by cationic modified orange peel powder[J]. Journal of Molecular Liquids, 2016, 220: 540-548.

[40]　Zhang Y, Bai L, Zhou W, et al. Superior adsorption capacity of Fe$_3$O$_4$@ nSiO$_2$@ mSiO$_2$ core-shell microspheres for removal of congo red from aqueous solution[J]. Journal of Molecular Liquids, 2016, 219: 88-94.

[41]　Mall I D, Srivastava V C, Agarwal N K, et al. Removal of congo red from aqueous solution by bagasse fly ash and activated carbon: Kinetic study and equilibrium isotherm analyses[J]. Chemosphere, 2005, 61 (4): 492-501.

[42]　Kannan N, Meenakshisundaram M . Adsorption of congo red on various activated carbons. A Comparative Study[J]. Water, Air, & Soil Pollution, 2002, 138 (1-4): 289-305.

[43]　Hu J, Yu H, Dai W, et al. Enhanced adsorptive removal of hazardous anionic dye "congo red" by a Ni/Cu mixed-component metal-organic porous material[J]. Rsc Advances, 2014, 4 (66): 35124-35130.

[44]　Afkhami A, Moosavi R . Adsorptive removal of congo red, a carcinogenic textile dye, from aqueous solutions by maghemite nanoparticles[J]. Journal of Hazardous Materials, 2010, 174 (1-3): 398-403.

[45]　Chou K S, Tsai J C, Lo C T. The adsorption of congo red and vacuum pump oil by rice hull ash[J]. Bioresource Technology, 2001, 78 (2): 217-219.

[46]　Rong X, Qiu F, Qin J, et al. A facile hydrothermal synthesis, adsorption kinetics and isotherms to congo red azo-dye from aqueous solution of NiO/graphene nanosheets adsorbent[J]. Journal of Industrial and Engineering Chemistry, 2015, 26: 354-363.

[47]　Li L, Li X, Duan H, et al. Removal of congo red by magnetic mesoporous titanium dioxide-graphene oxide core-shell microspheres for water purification[J]. Dalton Transactions, 2014, 43 (22): 8431-8438.

[48]　Bulut E, Özacar M, Sengil I A. Equilibrium and kinetic data and process design for adsorption of congo red onto bentonite[J]. Journal of Hazardous Materials, 2008, 154 (1-3): 613-622.

第4章 金属有机骨架材料光催化降解水中难降解有机污染物的研究

MOF 材料不仅对水中有机污染物有良好的吸附性，还具有优异的光催化活性，可实现对水中难降解有机污染物的降解及去除。同时，与其他传统的无机及有机光催化材料相比，MOF 光催化材料具备更优异的理化特性，如有序的孔隙结构、超大的比表面积、可调的结构性质及丰富的反应位点等。目前，许多 MOF 光催化材料被用于去除水中难降解有机污染物，如 MIL-68(In)-NH$_2$、MIL-88A(Fe) 等。然而，单一的 MOF 材料在实际应用过程中存在很多问题，包括 MOF 颗粒容易团聚、可见光吸收能力差、光生电子和光生空穴的复合效率高。本书将 MOF 与氧化石墨烯、石墨相氮化碳、离子液体等功能材料结合构成光催化复合材料，从而抑制光生电子-空穴对的复合，促进电荷的分离和转移，提高对水中难降解有机污染物的去除。本章将重点介绍不同 MOF 基复合材料光催化剂的制备及其去除水中难降解有机污染物的应用。

4.1 MIL-68(In)-NH$_2$/GO 复合材料光催化降解阿莫西林

近年来，环境中普遍存在的抗生素污染物已经对生态环境安全造成了威胁。阿莫西林（amoxicillin）作为一种广谱半合成 β-内酰胺类抗生素药物被广泛使用。使用光催化技术可将阿莫西林高效降解为可生物降解的小分子及 CO$_2$、H$_2$O 和无机离子。MIL-68(In)-NH$_2$ 是一种含有氨基功能化基团的铟基 MOF 材料，其含有 InO$_4$(OH)$_2$ 八面体次级结构单元，并由 BDC-NH$_2$ 连接形成三维的骨架结构。它不仅具有优异的吸附性能，而且显示出优异的光催化性能。氧化石墨烯是一种理想的电子受体材料，其优异的电荷传输性能可以促进光生载流子的有效分离，从而使得光催化性能得到显著的改善。杨草[1]制备了 MIL-68(In)-NH$_2$/GO 复合材料光催化剂，将其应用于光催化降解水中的阿莫西林。采用 XRD、SEM、Raman、紫外-可见漫反射光谱等分析了复合材料光催化剂的结构组分及光电特性，并探究了复合材料光催化降解阿莫西林的特性，阐明了光催化剂的组成、光电特性等与其光催化活性之间的关系。

4.1.1　MIL-68(In)-NH$_2$/GO 复合材料的制备与表征

1. MIL-68(In)-NH$_2$/GO 复合材料的制备

GO 采用改进 Hummers 法制备，具体制备过程如 3.1.1 节所述。将 24.7 mg GO 和 427 mg In(NO$_3$)$_3$·xH$_2$O 加入到 6.2 ml 的 DMF 中，超声混合 8 h，然后加入 2-氨基对苯二甲酸（0.323 mmol，58.5 mg）并置于磁力搅拌器上搅拌 30 min，充分混合均匀后将所得混合液转移至 25 ml 的水热反应釜中，在 125℃下加热反应 5 h，反应结束后自然冷却至室温。利用抽滤分离将所得沉淀分别用 DMF 和甲醇洗涤 3 次，最后将样品在 100℃条件下真空干燥 12 h，即制得改进的 MIL-68(In)-NH$_2$/GO 复合材料。

2. MIL-68(In)-NH$_2$/GO 复合材料组成及结构表征

1）XRD 及拉曼分析

图 4.1（a）显示了 GO、MIL-68(In)-NH$_2$ 及 MIL-68(In)-NH$_2$/GO 复合材料的 XRD 光谱图。MIL-68(In)-NH$_2$ 的特征衍射峰与文献报道一致[2-3]，表明成功制备出了 MIL-68(In)-NH$_2$ 样品。样品的特征衍射峰峰形尖锐，说明样品的结晶度较高。GO 的 XRD 光谱图在 10.75°左右有一个强的特征衍射峰，与对应 GO 层的间距为 0.82 nm。MIL-68(In)-NH$_2$/GO 复合材料的 XRD 光谱图与 MIL-68(In)-NH$_2$ 的基本相同，未观察到 GO 的特征衍射峰。这说明 GO 的引入不会改变 MIL-68(In)-NH$_2$ 的晶型，其骨架结构得到保持。为了进一步证实 MIL-68(In)-NH$_2$/GO 中 GO 的存在，对不同材料进行拉曼表征，结果如图 4.1（b）所示。在 GO 的光谱图中，可以明显看到位于 1350 cm^{-1} 和 1599 cm^{-1} 处的两个特征衍射峰，它们分别对应于 GO 的 D 带和 G 带；同时 MIL-68(In)-NH$_2$/GO 也出现了这两个特征衍射峰，由此表明 GO 被成功地引入了 MIL-68(In)-NH$_2$/GO 复合材料中。

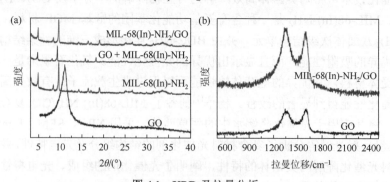

图 4.1　XRD 及拉曼分析

（a）GO，MIL-68(In)-NH$_2$、GO+MIL-68(In)-NH$_2$ 及 MIL-68(In)-NH$_2$/GO 的 XRD 光谱图；（b）GO 和 MIL-68(In)-NH$_2$/GO 的拉曼光谱图对比

2）N₂ 吸附脱附等温线

图 4.2 是不同材料的氮气吸附脱附等温线和相应的孔径分布图。从图 4.2 可以看出，GO 具有较低的孔隙率。MIL-68(In)-NH₂ 和 MIL-68(In)-NH₂/GO 复合材料均显示出 I 型等温线，表明材料以微孔结构为主。同时，由于 GO 的引入，MIL-68(In)-NH₂/GO 复合材料表现出比母体 MIL-68(In)-NH₂ 更大的比表面积。为了探究比表面积增人的原因，对 GO 和 MIL-68(In)-NH₂ 组成的物埋混合物（GO + MIL-68(In)-NH₂）也进行了比表面积测试。GO + MIL-68(In)-NH₂ 的比表面积明显小于 MIL-68(In)-NH₂/GO 复合材料，这是因为 GO 限制了 MIL-68(In)-NH₂ 晶体的生长、增大了比表面积。从孔径分布图来看，MIL-68(In)- NH₂/GO 复合材料保持了母体 MIL-68(In)-NH₂ 材料的孔隙结构，孔径大小主要分布在 5 Å 和 16 Å 左右，同时出现了少量介孔结构，这些介孔可能形成于 MIL-68(In)-NH₂ 晶体与 GO 的交界面。

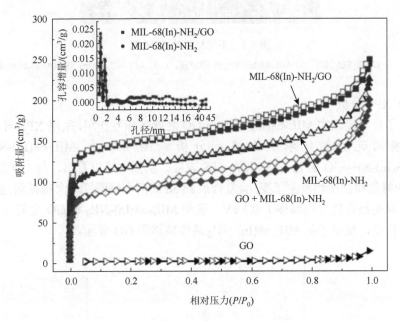

图 4.2　GO、GO + MIL-68(In)-NH₂、MIL-68(In)-NH₂ 和 MIL-68(In)-NH₂/GO 的氮气吸附脱附等温线
内插图为 MIL-68(In)-NH₂ 和 MIL-68(In)-NH₂/GO 的孔径分布对比图

3）SEM 分析

图 4.3 显示了不同材料的形貌。GO 呈带有褶皱并具有分层结构的薄片状，而 MIL-68(In)-NH₂ 为棒状晶体结构。当 GO 与 MIL-68(In)-NH₂ 复合后，大量的 MIL-68(In)-NH₂ 晶体紧密附着生长在 GO 的片层结构表面，这有利于光催化反应过程中光生电荷的传输与分离，从而显著提升材料的光催化活性。同时，复合材

料中的 MIL-68(In)-NH$_2$ 晶体尺寸也变得更小，这说明大量 In^{3+} 金属位点与 GO 的结合抑制了 MIL-68(In)-NH$_2$ 晶体的生长。

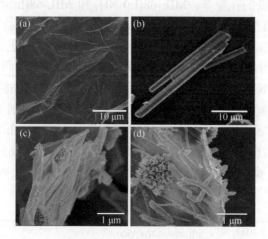

图 4.3　不同材料的 SEM 图

（a）GO 的 SEM 图；（b）MIL-68(In)-NH$_2$ 的 SEM 图；（c）、（d）MIL-68(In)-NH$_2$/GO 的 SEM 图

4）XPS 分析

为了进一步证实 MIL-68(In)-NH$_2$ 与 GO 之间的相互作用，采用 XPS 对不同材料的表面元素的化学状态进行分析。图 4.4 为 MIL-68(In)-NH$_2$ 与 MIL-68(In)-NH$_2$/GO 的 In 3d 轨道的 XPS 表征。从图中可以看出，与 GO 复合后，In 3d 的峰位和强度均发生了变化。复合后 In 3d 的两个峰强度均大幅减弱，且 In 3d 的峰位向高结合能方向偏移了 0.3 eV，说明 MIL-68(In)-NH$_2$ 和 GO 之间存在较强的化学作用，使电子从 MIL-68(In)-NH$_2$ 晶体转移到 GO 表面。

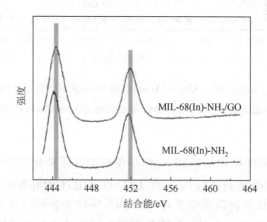

图 4.4　MIL-68(In)-NH$_2$ 和 MIL-68(In)-NH$_2$/GO 的 In 3d 轨道的 XPS 表征

3. MIL-68(In)-NH$_2$/GO 复合材料的光电特性分析

除了催化剂的基本组成及结构，光吸收性能及光生载流子的分离效率也是影响光催化剂性能的重要因素。因此对所制备的 MIL-68(In)-NH$_2$/GO 复合材料的光电特性进行了表征分析，包括紫外-可见漫反射光谱、光致发光（photolumin-escence，PL）光谱图、电化学阻抗谱（electrochemical impedance spectroscopy，EIS）、莫特-肖特基（Mott-Schottky）曲线等分析。

1）紫外-可见漫反射光谱

图 4.5 显示了不同材料的紫外-可见漫反射光谱。由图可以看出，GO 在 200～800 nm 的整个紫外-可见光波段均表现出良好的光吸收性能。对于 MIL-68(In)-NH$_2$，可以看到其在 440 nm 左右具有明显的吸收带边，证实了 MIL-68(In)-NH$_2$ 是一种可见光响应型的光催化剂。在与 GO 复合后，复合材料在可见光区的吸收能力显著增强，且吸收带边发生了红移。这表明 MIL-68(In)-NH$_2$ 与 GO 的复合显著提高了其在可见光区的吸收性能，提升了对可见光的利用率。此外，对 GO + MIL-68(In)-NH$_2$ 物理混合物的光吸收性能也进行了表征，结果发现其光吸收性能明显弱于 MIL-68(In)-NH$_2$/GO 复合材料。通过紫外-可见漫反射光谱图，根据 Kubelka-Munk 方程[式（4.1）]可以推算出光催化剂的带隙能（见图 4.5 内插图）。MIL-68(In)-NH$_2$ 和 MIL-68(In)-NH$_2$/GO 的带隙能分别为 2.62 eV 和 2.43 eV，说明 GO 的引入减小了催化剂的带隙能。

$$\alpha h v = A(h - E_g)^n \qquad (4.1)$$

式中，α 为吸收系数；h 为普朗克常数；v 为光频率；A 为比例常数。

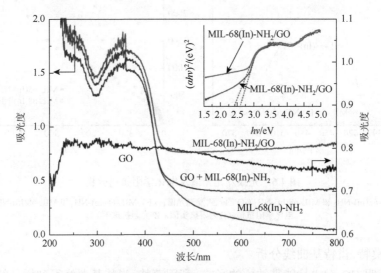

图 4.5　不同光催化剂的紫外-可见漫反射光谱图

内插图为 MIL-68(In)-NH$_2$ 和 MIL-68(In)-NH$_2$/GO 的基于 Kubelka-Munk 方程转换得到的曲线图

2）光致发光光谱及电化学阻抗谱分析

一般认为，半导体的光致发光光谱是由光生电子–空穴对的复合引起的。光生电子–空穴对复合产生能量并以光辐射的形式发射出荧光信号，通过其强度的变化可间接反映光生电子–空穴对的转移和分离效率，因此被广泛用于探究光催化剂的载流子分离效率。图 4.6（a）为 MIL-68(In)-NH$_2$ 和 MIL-68(In)-NH$_2$/GO 的光致发光光谱，从中可以看出，MIL-68(In)-NH$_2$ 在 465 nm 处具有强的荧光发射峰。与 GO 复合后，样品的荧光强度大幅降低，说明了 GO 的引入在一定程度上减少了光生电子–空穴对的复合，延长了光生载流子的寿命，将有利于光催化剂活性的提高。为进一步证实上述结论，对 MIL-68(In)-NH$_2$ 和 MIL-68(In)-NH$_2$/GO 进行了电化学阻抗谱测试，以此探究光生电子的转移和分离效率，结果如图 4.6（b）所示。电化学交流曲线由一个圆弧和一条直线组成，其中圆弧的直径为极化阻抗，代表电荷转移电阻（Rct）。圆弧直径越小说明载流子分离效率越高；反之，圆弧直径越大则说明载流子分离效率越低。MIL-68(In)-NH$_2$/GO 的圆弧直径明显小于 MIL-68(In)-NH$_2$ 样品的圆弧直径，这说明 GO 的引入能够有效促进电荷的转移，改善光生载流子的分离效率，这与 PL 光谱分析结果一致。电荷转移电阻的减弱是因为 GO 片层结构与 MIL-68(In)-NH$_2$ 晶体的紧密接触，使得电子从 MIL-68(In)-NH$_2$ 晶体转移至 GO 片层表面，进而提高光生载流子的分离效率。

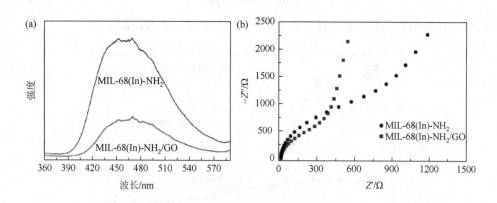

图 4.6　光致发光光谱及电化学阻抗谱分析

（a）MIL-68(In)-NH$_2$ 和 MIL-68(In)-NH$_2$/GO 的光致发光光谱；（b）MIL-68(In)-NH$_2$ 和 MIL-68(In)-NH$_2$/GO 的电化学阻抗谱（Z' 为阻抗实部，Z'' 为阻抗虚部）

3）莫特–肖特基曲线分析

为探明 GO 对样品能带结构的影响，利用莫特–肖特基曲线得到样品的平带电势（E_{FB}），并结合紫外–可见漫反射光谱计算得到的带隙能，由此推导样品导带和价带的氧化还原电势。如图 4.7 所示，MIL-68(In)-NH₂ 和 MIL-68(In)-NH₂/GO 的莫特-肖特基曲线的斜率均为正值，这说明两者均为 n 型半导体[4-5]（图中，横坐标表示电势，纵坐标表示电容的–2 次方）。对于 n 型半导体，它们的平带电势和导带氧化还原电势相近[6]。因此，由莫特-肖特基曲线得到 MIL-68(In)-NH₂ 和 MIL-68(In)-NH₂/GO 的平带电势分别为–0.90 V vs Ag/AgCl 和–0.62 V vs Ag/AgCl。换算参比电极为标准氢电极（NHE）时，MIL-68(In)-NH₂ 和 MIL-68(In)-NH₂/GO 对应的导带氧化还原电势则分别为–0.68 V vs NHE 和–0.40 V vs NHE。这表明 MIL-68(In)-NH₂/GO 的导带位置相比 MIL-68(In)-NH₂ 发生了正移。结合上述紫外-可见漫反射光谱分析得到的带隙能，即可推算出 MIL-68(In)-NH₂ 和 MIL-68(In)-NH₂/GO 对应的价带氧化还原电势分别为 1.94 V vs NHE 和 2.03 V vs NHE。因此 MIL-68(In)-NH₂/GO 的价带位置高于 MIL-68(In)-NH₂，这表明 MIL-68(In)-NH₂/GO 复合材料在光催化反应过程中具有比母体 MIL-68(In)-NH₂ 更强的氧化能力。

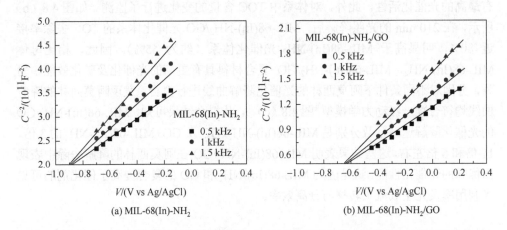

(a) MIL-68(In)-NH₂

(b) MIL-68(In)-NH₂/GO

图 4.7　MIL-68(In)-NH₂ 和 MIL-68(In)-NH₂/GO 在不同交流阻抗频率下的 Mott-Schottky 曲线

4.1.2　MIL-68(In)-NH₂/GO 复合材料光催化降解阿莫西林的性能研究

1. 光催化性能评价方法

研究以阿莫西林作为目标污染物，考察 MIL-68(In)-NH₂/GO 的光催化活性。以装有 420 nm 滤光片的 300 W 氙灯作为反应光源，反应器采用夹套玻璃烧杯并通入循环冷却水使光催化体系稳定维持在(23±1)℃，反应器置于磁力搅拌器上。具体实验步骤如下：将 200 ml 浓度为 20 mg/L 的阿莫西林溶液加入到反应器，并准确称量 120 mg 催化剂分散于反应溶液中。反应液的 pH 通过 HCl 和 NaOH 进行调控。在光催化反应开始前，首先将光催化装置整体避光进行 60 min 的暗反应，使催化剂达到吸附脱附平衡状态。随后打开光源进行光催化降解反应，在预设时间内采用 0.45 μm 的醋酸纤维滤头进行取样。样品溶液中阿莫西林的浓度由 HPLC 进行检测。

2. 光催化实验结果分析

1）不同条件下阿莫西林去除对比研究

图 4.8（a）显示了在不同条件下光催化降解阿莫西林的活性差异。在黑暗或不加催化剂的条件下，阿莫西林浓度基本没有发生变化，这表明阿莫西林在溶液 pH 为 5 的实验条件下是稳定不易水解的。当体系中分别加入 GO、MIL-68(In)-NH$_2$、MIL-68(In)-NH$_2$/GO、GO + MIL-68(In)-NH$_2$ 物理混合物作为催化剂时，光照 120 min 后阿莫西林的去除率分别为 28%、60%、93%、45%，说明 MIL-68(In)-NH$_2$/GO 具有最高的光催化活性。此外，对体系中 TOC 含量的变化进行了监测。如图 4.8（b）所示，在 210 min 的光照降解后，MIL-68(In)-NH$_2$/GO 光催化体系的 TOC 去除率接近 80%，明显高于 MIL-68(In)-NH$_2$ 光催化体系（约为 65%）。因此，相比母体 MIL-68(In)-NH$_2$，MIL-68(In)-NH$_2$/GO 复合材料具有更高的光催化及矿化效能。另外，分别对不同条件下阿莫西林的光催化降解曲线进行拟合，发现阿莫西林的降解曲线均符合准一级动力学模型[图 4.8（c）]。从拟合结果可知，MIL-68(In)-NH$_2$/GO 的光催化降解速率常数分别是 MIL-68(In)-NH$_2$、GO 及 GO+MIL-68(In)-NH$_2$ 的 3 倍、11 倍和 6 倍左右。这些结果表明 MIL-68(In)-NH$_2$/GO 在阿莫西林的降解去除中表现出优异的光催化性能。这是因为 MIL-68(In)-NH$_2$ 和 GO 的复合提高了催化剂的可见光利用率及光生载流子转移与分离效率。

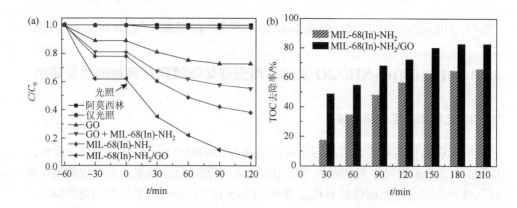

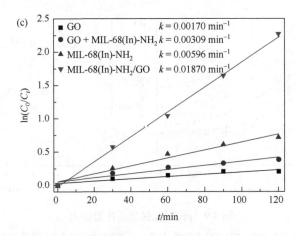

图 4.8　不同条件下阿莫西林去除对比

（a）可见光催化降解阿莫西林（pH = 5）；（b）MIL-68(In)-NH₂ 和 MIL-68(In)-NH₂/GO 光催化降解阿莫西林的 TOC
去除率对比图（pH = 5）；（c）不同催化剂在可见光条件下去除阿莫西林的降解动力学分析

2）pH 对光催化性能的影响

溶液 pH 是 MIL-68(In)-NH₂/GO 光催化降解阿莫西林过程中的重要研究参数，这是因为溶液 pH 会影响阿莫西林在水溶液中的存在形式及催化剂表面的荷电情况。有研究表明，阿莫西林在水溶液的存在形式主要有两种，即酸性条件下带正电和碱性条件下带负电[7-8]。图 4.9（a）显示了在不同 pH 条件下 MIL-68(In)-NH₂/GO 光催化降解阿莫西林的活性差异。当溶液 pH 为 2 和 10 时，阿莫西林浓度出现急剧下降。这是因为阿莫西林在强酸或强碱的条件下极易发生水解[9-10]。当溶液 pH 为 5 时 MIL-68(In)-NH₂/GO 显示出最高的光催化活性，这与催化剂表面的荷电情况及污染物分子的存在形式有关。因此采用探究了不同溶液 pH 条件下 MIL-68(In)-NH₂/GO 的表面电势。如图 4.9（b）所示，MIL-68(In)-NH₂/GO 的等电点 pH 为 4.13。当溶液 pH 低于 4.13 时，催化剂表面带正电荷，此时将对带同种电荷的阿莫西林⁺（酸性条件下阿莫西林的存在形式）产生排斥；类似地，在碱性条件下，催化剂表面带负电荷，阿莫西林以带负电的形式存在，此时两者之间也将发生排斥反应，不利于对反应底物的吸附捕获，导致催化效能不高。而在溶液 pH 为 5 的条件下，阿莫西林以带正电的形式存在于溶液中，因此 MIL-68(In)-NH₂/GO 对溶液中的阿莫西林可以有效吸附，并促进了对阿莫西林的光催化降解。但在 pH 为 6 时催化剂的光催化活性不高，这可能与 pH 为 6 时阿莫西林主要以两性离子形式存在有关，催化剂不能有效吸附阿莫西林从而导致反应活性降低。上述结果表明，催化剂对目标污染物的吸附性能会在一定程度上影响其光催化性能。同时，溶液 pH 的变化对 MIL-68(In)-NH₂/GO 光催化降解阿莫西林具有重要影响。

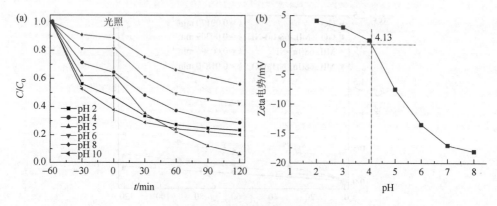

图 4.9 pH 对光催化活性的影响

（a）MIL-68(In)-NH$_2$/GO 在不同 pH 条件下对阿莫西林的光催化降解性能；
（b）MIL-68(In)-NH$_2$/GO 在不同 pH 条件下的 Zeta 电势

3）催化剂的循环使用性能

催化剂的循环使用性能是实际应用中需要考虑的一个重要因素，因此考察了 MIL-68(In)-NH$_2$/GO 光催化降解阿莫西林的循环使用性能。循环使用性能如图 4.10 所示。降解实验结束后，通过过滤、去离子水洗涤及真空干燥的方式对催化剂进行回收处理，并将回收得到的 MIL-68(In)-NH$_2$/GO 用于去除水中阿莫西林，以此反复循环使用。由图 4.10 可知，MIL-68(In)-NH$_2$/GO 的光催化活性在整个循环实验过程中没有发生明显下降，表明其具有良好的循环使用性能。此外，通过对比反应前后样品的 XRD 光谱图和 FTIR 光谱图（见图 4.11），没有发现明显的变化，这说明 MIL-68(In)-NH$_2$/GO 的晶体结构基本保持不变。上述结果表明，MIL-68(In)-NH$_2$/GO 是一种结构稳定且具有良好循环使用性能的可见光光催化剂。

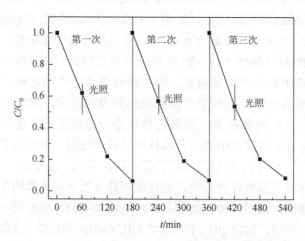

图 4.10 MIL-68(In)-NH$_2$/GO 光催化降解阿莫西林的循环实验

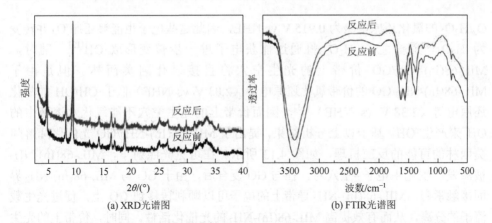

(a) XRD光谱图　　　　　　　　(b) FTIR光谱图

图 4.11　MIL-68(In)-NH₂/GO 光催化反应前后的 XRD 光谱图和 FTIR 光谱图

4.1.3　MIL-68(In)-NH₂/GO 复合材料光催化降解阿莫西林的机理探究

以对苯醌、叔丁醇和甲酸铵分别作为超氧自由基（·O₂⁻）、羟自由基（·OH）和光生空穴（h⁺）的捕获剂来考察各自由基对反应的影响，研究结果如图 4.12 所示。该光催化体系涉及 h⁺、·O₂⁻ 和·OH 的共同氧化作用，且 h⁺和·O₂⁻ 在光催化降解阿莫西林的过程中起主要作用。

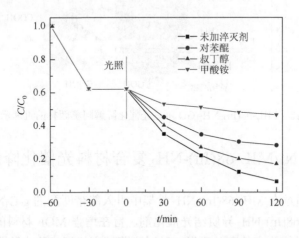

图 4.12　MIL-68(In)-NH₂/GO 在不同自由基捕获剂条件下的光催化降解性能

由 4.1.1 小节的光电特性分析测试得知，MIL-68(In)-NH₂/GO 导带和价带的氧化还原电势分别为–0.40 V vs NHE 和 2.03 V vs NHE。相比 O₂/·O₂⁻ 的氧化还原电势（–0.046 V vs NHE），MIL-68(In)-NH₂/GO 的导带位置更负，因此理论上 MIL-68(In)-NH₂/GO 导带上的光生电子能够还原 O₂ 并转变为·O₂⁻ [11]。同样地，

O_2/H_2O_2 的氧化还原电势为 0.915 V vs NHE，因此这些电子也能够还原 O_2 并转变为 H_2O_2，而产生的 H_2O_2 将通过捕获电子进一步转变形成 ·OH[12]。同时，MIL-68(In)-NH$_2$/GO 价带上的光生空穴将直接氧化阿莫西林。但是由于 MIL-68(In)-NH$_2$/GO 的价带氧化还原电势（2.03 V vs NHE）低于 ·OH/OH$^-$ 的氧化还原电势（2.38 V vs NHE）[13]，因而价带上的光生空穴不能氧化水溶液中的 OH$^-$ 来产生·OH。基于以上分析结果，提出了 MIL-68(In)-NH$_2$/GO 光催化降解阿莫西林的可能的反应机理，如图 4.13 所示。在可见光照射下，MIL-68(In)-NH$_2$ 被激发产生光生电子–空穴对，在与 GO 复合后，由于 GO 与 MIL-68(In)-NH$_2$ 界面接触紧密，MIL-68(In)-NH$_2$ 导带上的电子可以顺利转移到 GO 上，促进光生载流子的分离，从而有效提高 MIL-68(In)-NH$_2$ 的光催化活性。同时，价带上的光生空穴及由光生电子还原溶液中 O_2 产生的 ·O_2^- 和 ·OH 则是光催化体系中的主要反应活性物种。

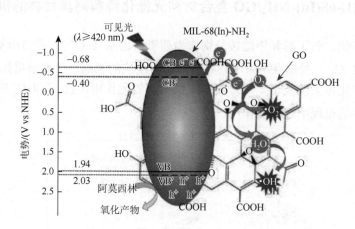

图 4.13　MIL-68(In)-NH$_2$/GO 可见光催化降解阿莫西林的机理示意图

4.2　g-C$_3$N$_4$/MIL-68(In)-NH$_2$ 复合材料光催化降解布洛芬

Cao 等[14]通过在 MIL-68(In)-NH$_2$ 骨架中引入能带匹配的 g-C$_3$N$_4$ 材料，构建得到 g-C$_3$N$_4$/MIL-68(In)-NH$_2$ 异质结光催化剂，旨在增强 MOF 材料的光吸收强度及提升光生载流子的分离效率，研发一种对难降解有机污染物去除具有高光催化活性、高效果稳定性及可循环使用的新型材料。以使用频率最高的非甾体抗炎药——布洛芬为目标污染物，系统评估 g-C$_3$N$_4$/MIL-68(In)-NH$_2$ 的光催化性能，阐明材料组成、结构与光催化性能之间的内在联系，并详细探讨异质结光催化降解布洛芬的过程及机理，明确布洛芬的降解路径，为设计优异 MOF 异质结光催化剂和高效去除水中难降解有机污染物提供理论依据和技术支撑。

4.2.1　g-C₃N₄/MIL-68(In)-NH₂ 复合材料的制备与表征

1. g-C₃N₄/MIL-68(In)-NH₂ 的制备

如图 4.14 所示，首先利用高温煅烧三聚氰胺制备了 g-C₃N₄，再经过空气热氧化得到 g-C₃N₄ 纳米片。g-C₃N₄/MIL-68(In)-NH₂ 复合材料采用原位引入溶剂热法制备，制备方法为：准确称取一定量的 g-C₃N₄，分散于 6.5 ml 的 N, N-二甲基甲酰胺中，继续加入 $In(NO_3)_3 \cdot xH_2O$（1.92 mmol，0.583 g）和 2-氨基对苯二甲酸（BDC-NH₂，0.65 mmol，0.118 g），超声溶解后将所得悬浊液转移至高压反应釜中，于 125℃加热 5 h。然后将所得样品抽滤分离后用 N, N-二甲基甲酰胺和甲醇洗涤纯化三次。最后将样品在 100℃真空干燥 24 h 制得 g-C₃N₄/MIL-68(In)-NH₂ 复合材料。其中，g-C₃N₄ 的添加量质量分数分别为所得样品总质量的 2.5%、5%、10% 和 20%，并将具有不同 g-C₃N₄ 含量的样品对应标记为 g-C₃N₄/MIL-68(In)-NH₂-n（n = 1，2，3，4），未添加 g-C₃N₄ 的样品为 MIL-68(In)-NH₂。

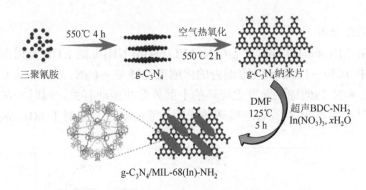

图 4.14　g-C₃N₄/MIL-68(In)-NH₂ 的制备流程图

2. g-C₃N₄/MIL-68(In)-NH₂ 复合材料的组成及结构表征

1）XRD 分析

图 4.15 是 g-C₃N₄、MIL-68(In)-NH₂ 及 g-C₃N₄/MIL-68(In)-NH₂-n 的 XRD 光谱图。通过分析发现，g-C₃N₄ 在 2θ 为 13.1°和 27.5°处出现了明显的特征衍射峰，分别对应于 g-C₃N₄ 的中间层和共轭芳族体系的堆叠[15-16]。对于 MIL-68(In)-NH₂ 的 XRD 光谱图，可以看出其特征衍射峰的位置与相关报道一致，且特征衍射峰峰形尖锐，表明材料成功制备且结晶度良好[17]。另外，我们可以看出 g-C₃N₄/MIL-68(In)-NH₂-n 的 XRD 光谱图与 MIL-68(In)-NH₂ 基本相同，这说明 MIL-68(In)-NH₂ 的晶体结构不会随 g-C₃N₄ 的引入而发生改变，MIL-68(In)-NH₂ 基本骨架得到保持。但是，在

g-C$_3$N$_4$/MIL-68(In)-NH$_2$-*n* 的 XRD 光谱图中没有出现 g-C$_3$N$_4$ 的特征衍射峰，这是由于 g-C$_3$N$_4$ 的含量较少或者分散性较高导致的，其他相关的研究中也有报道[18]。

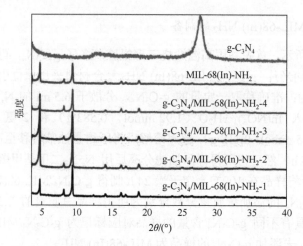

图 4.15　g-C$_3$N$_4$、MIL-68(In)-NH$_2$ 和 g-C$_3$N$_4$/MIL-68(In)-NH$_2$-*n* 的 XRD 光谱图

2）FTIR 分析

g-C$_3$N$_4$、MIL-68(In)-NH$_2$ 及 g-C$_3$N$_4$/MIL-68(In)-NH$_2$-*n* 的 FTIR 光谱图如图 4.16 所示。图中 1650～1200 cm^{-1} 范围内的伸缩振动峰与 g-C$_3$N$_4$ 芳香环的 C—N 的伸缩振动、C=N 的伸缩振动及七嗪环的平面外弯曲振动有关。同时，在 881 cm^{-1} 和 810 cm^{-1} 处的峰为 g-C$_3$N$_4$ 三嗪环单元的伸缩振动峰[19]。对于 MIL-68(In)-NH$_2$，

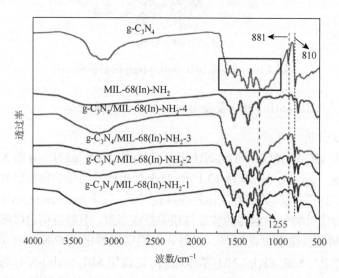

图 4.16　g-C$_3$N$_4$、MIL-68(In)-NH$_2$ 和 g-C$_3$N$_4$/MIL-68(In)-NH$_2$-*n* 的 FTIR 光谱图

其 FTIR 光谱图与相关报道基本一致，可以观察到位于 1557 cm^{-1} 处羧基的伸缩振动峰及位于 1255 cm^{-1} 处 N—C 的伸缩振动峰[20]。g-C$_3$N$_4$/MIL-68(In)-NH$_2$-n 的 FTIR 光谱图和 MIL-68(In)-NH$_2$ 的类似，表明在制备过程中 MOF 材料的各个官能团得到了良好保持。然而，复合材料在 881 cm^{-1} 和 810 cm^{-1} 处新增了伸缩振动峰，且随着 g-C$_3$N$_4$ 含量的增加，810 cm^{-1} 处的伸缩振动峰强度逐渐增大，表明了 g-C$_3$N$_4$ 的成功引入。

3）N$_2$ 吸附等温线分析

图 4.17 是 g-C$_3$N$_4$、MIL-68(In)-NH$_2$ 及 g-C$_3$N$_4$/MIL-68(In)-NH$_2$-n 的氮气吸附等温线与孔径分布图。由图 4.17（a）可以看出，g-C$_3$N$_4$ 材料的 N$_2$ 吸附等温线为典型的 IV 型等温线，这与相关报道一致[15]。而对于 g-C$_3$N$_4$/MIL-68(In)-NH$_2$-n 及 MIL-68(In)-NH$_2$，其吸附等温线均属于 I 型等温线，表明样品的孔隙结构以微孔为主，同时也可以确定 g-C$_3$N$_4$ 的引入不会改变材料的吸附特征[21]。图 4.17（b）显示，g-C$_3$N$_4$ 具有较低的孔隙率，几乎没有微孔存在，MIL-68(In)-NH$_2$ 的孔径主要分布在 0.8 nm 和 1.5 nm 左右。而随着 g-C$_3$N$_4$ 的引入，材料在 0.8 nm 处的孔径完全消失，这是因为 g-C$_3$N$_4$ 堵塞或覆盖了 MOF 材料的部分微孔[22]。表 4.1 展示了 g-C$_3$N$_4$、MIL-68(In)-NH$_2$ 及 g-C$_3$N$_4$/MIL-68(In)-NH$_2$-n 的比表面积及孔结构参数。由此可知，g-C$_3$N$_4$ 的比表面积和总孔容均较低，分别为 28.52 m^2/g 和 0.140 cm^3/g，表明材料的吸附性质较差。相反地，MIL-68(In)-NH$_2$ 呈现出较大的比表面积（659.30 m^2/g）、总孔容（0.438 cm^3/g）和微孔容（0.224 cm^3/g），这与 Yang 等研究报道相一致[21]。另外，与 MIL-68(In)-NH$_2$ 相比，g-C$_3$N$_4$/MIL-68(In)-NH$_2$-n 的比表面积及总孔容均有所下降，这与 0.8 nm 处孔径的消失有关。在所制备的复合材料中，g-C$_3$N$_4$/MIL-68(In)-NH$_2$-3 的比表面积及总孔容最大，表明 g-C$_3$N$_4$ 的含量对 MOF 孔道的形成有一定的影响，适量的 g-C$_3$N$_4$ 有利于保持 MOF 的孔隙结构。

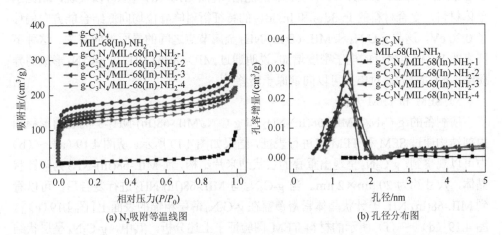

(a) N$_2$ 吸附等温线图　　　　　　　　　(b) 孔径分布图

图 4.17　g-C$_3$N$_4$、MIL-68(In)-NH$_2$ 和 g-C$_3$N$_4$/MIL-68(In)-NH$_2$-n 的 N$_2$ 吸附等温线与孔径分布图

表 4.1　g-C$_3$N$_4$、MIL-68(In)-NH$_2$ 和 g-C$_3$N$_4$/MIL-68(In)-NH$_2$ 的比表面积及孔结构参数

吸附剂	比表面积/(m^2/g)	总孔容/(cm^3/g)	微孔容/(cm^3/g)
g-C$_3$N$_4$	28.52	0.140	0.000367
MIL-68(In)-NH$_2$	659.30	0.438	0.224
g-C$_3$N$_4$/MIL-68(In)-NH$_2$-1	487.32	0.330	0.153
g-C$_3$N$_4$/MIL-68(In)-NH$_2$-2	509.03	0.327	0.176
g-C$_3$N$_4$/MIL-68(In)-NH$_2$-3	537.21	0.338	0.181
g-C$_3$N$_4$/MIL-68(In)-NH$_2$-4	470.50	0.333	0.156

4）XPS 分析

为分析复合材料中 g-C$_3$N$_4$ 和 MIL-68(In)-NH$_2$ 之间的相互作用，对代表性样品 MIL-68(In)-NH$_2$ 和 g-C$_3$N$_4$/MIL-68(In)-NH$_2$-3 进行了 XPS 分析。从图 4.18（a）可知，两种材料均主要含有 C、N、O、In 4 种元素，且 g-C$_3$N$_4$/MIL-68(In)-NH$_2$-3 中 N 元素的信号强度明显高于 MIL-68(In)-NH$_2$，这是因为 g-C$_3$N$_4$ 中含有丰富的 N 元素，表明 g-C$_3$N$_4$ 在复合材料中被成功引入。图 4.18（b）为 C 1s 的信号峰，可以看出两种材料在结合能为 284.60 eV、286.20 eV 和 288.80 eV 的位置均出现了信号峰，分别对应于苯环上的 C—C/C≡C、C—N—H 及羧基的 O—C≡O[23]。值得注意的是，在 g-C$_3$N$_4$/MIL-68(In)-NH$_2$-3 中出现了结合能为 288.30 eV 的新峰，这归属于 g-C$_3$N$_4$ 中的 C—N—C 或 C—(N)$_3$ 官能团，再次证明了材料中 g-C$_3$N$_4$ 的存在[24]。图 4.18（c）中两种材料的 N 1s 能谱均在 399.50 eV 和 400.50 eV 处出现明显的信号峰，分别与末端氨基的 N—H 和 C—N—H 相对应，证明材料中存在氨基[19]。除此以外，g-C$_3$N$_4$/MIL-68(In)-NH$_2$-3 在 398.80 eV 处出现了较强的新峰，通过分析发现其对应于 g-C$_3$N$_4$ 中的 C—N—H[24]。从 In 3d 的能谱图［图 4.18（d）］中可以发现，相比于单体材料，复合材料的 In 3d$_{3/2}$ 和 In 3d$_{5/2}$ 的特征衍射峰峰位均向低结合能方向偏移了 0.20 eV，这与 g-C$_3$N$_4$ 和 MIL-68(In)-NH$_2$ 金属节点之间的界面效应有关。这种下降表明 In^{3+} 位点附近的电子密度增加，说明通过 MIL-68(In)-NH$_2$ 和 g-C$_3$N$_4$ 形成的异质结，g-C$_3$N$_4$ 的孤对电子可以向铟原子转移[21]。

5）SEM 和 TEM 分析

所制备的 g-C$_3$N$_4$、MIL-68(In)-NH$_2$ 和 g-C$_3$N$_4$/MIL-68(In)-NH$_2$-3 的表面形貌和内部结构通过 SEM 和 TEM 来进行表征，结果如图 4.19 所示。从图 4.19（a）～（b）中可以观察到，g-C$_3$N$_4$ 呈现出重叠的层状纳米片结构，而 MIL-68(In)-NH$_2$ 为类针状晶体，尺寸约为 20 μm×2 μm。当 g-C$_3$N$_4$ 与 MIL-68(In)-NH$_2$ 进行复合后，可以看到 MIL-68(In)-NH$_2$ 类针状晶体紧密覆盖在 g-C$_3$N$_4$ 薄层粗糙的表面上［图 4.19（c）］。图 4.19（d）～（f）所示的材料 TEM 图验证了上述分析，其中，g-C$_3$N$_4$ 呈层状结构，表面呈絮状片层分布，厚厚的卷曲区域为 g-C$_3$N$_4$ 薄片的褶皱。与 SEM 分析结

果相似，MIL-68(In)-NH$_2$ 为类针状晶体。此外，复合材料的 TEM 图像也反映了 MIL-68(In)-NH$_2$ 晶体与 g-C$_3$N$_4$ 薄层的紧密结合。

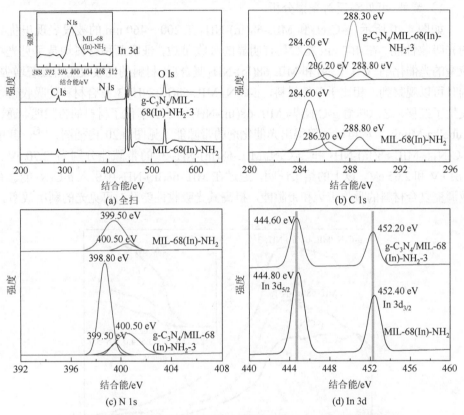

图 4.18　MIL-68(In)-NH$_2$ 和 g-C$_3$N$_4$/MIL-68(In)-NH$_2$-3 的 XPS 表征

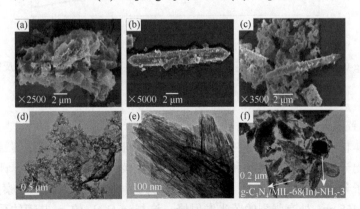

图 4.19　所制备材料的 SEM 图和 TEM 图

（a）g-C$_3$N$_4$ 的 SEM 图；（b）MIL-68(In)-NH$_2$ 的 SEM 图；（c）g-C$_3$N$_4$/MIL-68(In)-NH$_2$-3 的 SEM 图；
（d）g-C$_3$N$_4$ 的 TEM 图；（e）MIL-68(In)-NH$_2$ 的 TEM 图；（f）g-C$_3$N$_4$/MIL-68(In)-NH$_2$-3 的 TEM 图

3. g-C₃N₄/MIL-68(In)-NH₂复合材料的光电特性分析

1）紫外-可见漫反射光谱分析

如图 4.20 所示，g-C$_3$N$_4$ 和 MIL-68(In)-NH$_2$ 在 200～460 nm 的波段表现出优异的光吸收性能。在 460 nm 左右具有明显的吸收带边，证明两种材料均是可见光响应型的光催化剂。在 g-C$_3$N$_4$ 和 MIL-68(In)-NH$_2$ 复合后，材料的光吸收能力显著增强，同时可以观察到，相比于单体材料，g-C$_3$N$_4$/MIL-68(In)-NH$_2$-3 复合材料的吸收带边发生了红移，这意味着 g-C$_3$N$_4$ 与 MIL-68(In)-NH$_2$ 的结合窄化了材料的带隙能。通过 Kubelka-Munk 方程可以计算得出光催化剂的带隙能（见图 4.20 内插图）[25]，其中 g-C$_3$N$_4$、MIL-68(In)-NH$_2$ 和 g-C$_3$N$_4$/MIL-68(In)-NH$_2$-3 的带隙能分别为 2.70 eV、2.81 eV 和 2.65 eV。以上的结果证明，通过在 MIL-68(In)-NH$_2$ 中引入 g-C$_3$N$_4$ 能够有效调变复合材料的吸收带边和带隙能，提高其光吸收性能及对可见光的利用效率。

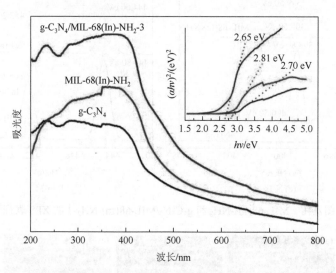

图 4.20　g-C$_3$N$_4$、MIL-68(In)-NH$_2$ 和 g-C$_3$N$_4$/MIL-68(In)-NH$_2$-3 的紫外-可见漫反射光谱图
插图为基于 Kubelka-Munk 方程转换得到的曲线图

2）光致发光光谱分析

半导体材料中光生电子-空穴对的复合会发射出荧光信号，通过信号强度的变化可推断出光生载流子的转移和分离情况，因此荧光信号被广泛用于评估光催化剂的载流子分离效率。图 4.21 为所制备材料的荧光光谱图，可以观察到 g-C$_3$N$_4$ 在波长为 468 nm 处有强烈的荧光发射峰，这与 g-C$_3$N$_4$ 的 π 共轭体系有关，而 MIL-68(In)-NH$_2$ 的荧光发射峰集中出现在波长为 447～478 nm 处。值得注意的是，随着 g-C$_3$N$_4$ 的引入，复合材料的荧光强度大幅度下降，说明 g-C$_3$N$_4$ 和

MIL-68(In)-NH$_2$ 之间形成的异质结能够有效地减少光生空穴和光生电子复合，促进光生载流子转移和分离，从而优化材料的光催化性能。

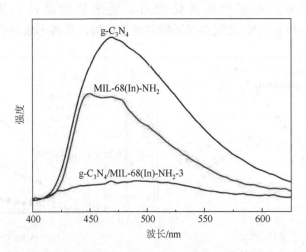

图 4.21　g-C$_3$N$_4$、MIL-68(In)-NH$_2$ 和 g-C$_3$N$_4$/MIL-68(In)-NH$_2$-3 的荧光光谱图

3）电化学阻抗谱和 Mott-Schottky 曲线分析

电化学阻抗谱测试可以进一步评估光催化材料光生电子和光生空穴的转移和分离效率，所制备的材料的电化学阻抗谱如图 4.22（a）所示，图中圆弧的直径为极化阻抗。圆弧直径越小说明光生空穴和光生电子的分离效率越高，反之，则说明光生空穴和光生电子的分离效率越低。图 4.22（a）显示，将材料阻抗谱的圆弧直径由小到大进行排序，结果为：g-C$_3$N$_4$/MIL-68(In)-NH$_2$-3＜MIL-68(In)-NH$_2$＜g-C$_3$N$_4$，表明复合材料光生载流子的分离效果最好，MIL-68(In)-NH$_2$ 和 g-C$_3$N$_4$ 的结合能够有效促进光生电子和光生空穴的转移，这与上述荧光光谱分析的结果一致。电荷转移电阻的减弱是由于 MIL-68(In)-NH$_2$ 和 g-C$_3$N$_4$ 之间形成的异质结能有效地促进光生电子和光生空穴在材料间转移，从而降低光生电子和光生空穴的复合效率，提高材料的光催化活性。

明确光催化剂的能带结构对解释光催化机理具有重要作用，通过绘制莫特-肖特基曲线得到材料的平带电势，进而推算出材料的导带电势（E_{CB}），再结合紫外-可见漫反射光谱测试得到的带隙能（E_g）计算出价带电势（E_{VB}）。如图 4.22（b）～（d）所示，三种材料的 Mott-Schottky 曲线斜率均为正值，表明均为 n 型半导体，其平带电势几乎约等于 E_{CB}[26]。而 g-C$_3$N$_4$、MIL-68(In)-NH$_2$ 和 g-C$_3$N$_4$/MIL-68(In)-NH$_2$-3 的平带电势分别为–1.26 V vs Ag/AgCl、–0.90 V vs Ag/AgCl 和–0.70 V vs Ag/AgCl，换算为 E_{CB} 得：–1.06 V vs NHE、–0.70 V vs NHE 和–0.50 V vs NHE。根据经验公式（$E_{VB} = E_{CB} + E_g$）计算得 g-C$_3$N$_4$、MIL-68(In)-NH$_2$ 和 g-C$_3$N$_4$/MIL-68(In)-NH$_2$-3

的 E_{VB} 分别为 1.64 V vs NHE、2.11 V vs NHE 和 2.15 V vs NHE。可以看出相比于单体材料，复合材料的价带位置发生了正向位移，表明 g-C$_3$N$_4$/MIL-68(In)-NH$_2$-3 在光催化过程中拥有更强的氧化能力。更重要的是，上述结果证明了 MIL-68(In)-NH$_2$ 和 g-C$_3$N$_4$ 之间存在匹配的能带结构，具备形成异质结的条件。

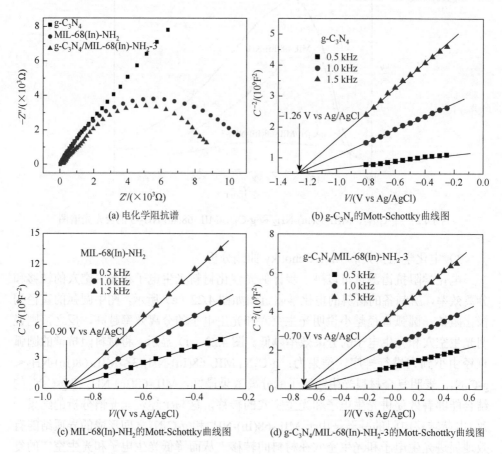

(a) 电化学阻抗谱

(b) g-C$_3$N$_4$的Mott-Schottky曲线图

(c) MIL-68(In)-NH$_2$的Mott-Schottky曲线图

(d) g-C$_3$N$_4$/MIL-68(In)-NH$_2$-3的Mott-Schottky曲线图

图 4.22　g-C$_3$N$_4$、MIL-68(In)-NH$_2$ 和 g-C$_3$N$_4$/MIL-68(In)-NH$_2$-3 的电化学阻抗谱和 Mott-Schottky 曲线分析

4.2.2　g-C$_3$N$_4$/MIL-68(In)-NH$_2$复合材料光催化降解布洛芬的性能研究

1. 光催化性能评价实验

采用自组装光催化装置进行降解实验，选用300 W 氙灯为实验光源($\lambda > 420$ nm)，250 ml 夹套烧杯为反应器，实验过程中通入循环冷却水使反应体系温度维持在室温。具体操作步骤如下：准确称取 30.0 mg 光催化剂置于反应器中，随后加

入 200 ml 浓度为 20 mg/L 的布洛芬溶液，并用 HCl 和 NaOH 溶液将反应液的 pH 调至设定值。将反应器置于磁力搅拌器上，在黑暗条件下反应 1 h，使光催化剂达到吸附−脱附平衡状态。然后开启光源进行光催化降解实验，每间隔 20 min 用带有玻璃滤头的注射器取样 1.5 ml，并用高效液相色谱测量样品中布洛芬的浓度。

2. 复合材料对布洛芬的光催化降解效果

图 4.23（a）是在不同条件下去除布洛芬的效果对比图，从图中可以看出，在实验中仅布洛芬或仅光照的条件下，溶液中布洛芬的浓度几乎无变化，表明布洛芬具有优异的水稳定性及光稳定性。当加入 g-C$_3$N$_4$/MIL-68(In)-NH$_2$-3 催化剂后，黑暗条件下布洛芬的去除率达到 56%，证明催化剂具有较强的吸附能力。以 g-C$_3$N$_4$ 作为光催化剂，经过吸附和光催化反应过程，最终有 9%的布洛芬被去除，表明 g-C$_3$N$_4$ 具有一定的可见光催化能力。当在光催化体系中加入 MIL-68(In)-NH$_2$ 后，布洛芬的去除率增加至 68%，这是由于 MIL-68(In)-NH$_2$ 材料具有良好的吸附性能和光催化性能。当加入 g-C$_3$N$_4$/MIL-68(In)-NH$_2$ 复合材料作为光催化剂时，如图 4.23（b）所示，不同的复合材料对布洛芬的吸附及光催化效果均出现了差异。值得注意的是，除了 g-C$_3$N$_4$/MIL-68(In)-NH$_2$-1 外，其他复合材料对布洛芬的去除率均高于 MIL-68(In)-NH$_2$，证明引入适量的 g-C$_3$N$_4$ 能显著提高材料的光催化活性。另外，在所有复合材料中，g-C$_3$N$_4$/MIL-68(In)-NH$_2$-3 显示出最优异的光催化性能，经过 120 min 可见光照射后，93%的布洛芬被去除。通过分析发现，这与该材料超大的比表面积及内部形成的异质结有关。一方面，超大的比表面积为布洛芬提供了更多的吸附及光催化位点；另一方面，适当的 g-C$_3$N$_4$ 含量有利于复合材料内部异质结的形成。此外，通过对不同条件下布洛芬的降解曲线进行拟合后发现，布洛芬的光催化降解过程符合准一级动力学模型。如图 4.23（c）所示，g-C$_3$N$_4$/MIL-68(In)-NH$_2$-3 对布洛芬的光催化降解速率最大（$k = 0.01739$ min^{-1}），分别为 MIL-68(In)-NH$_2$ 和 g-C$_3$N$_4$ 的 2.00 倍和 19.28 倍，再次证明 g-C$_3$N$_4$ 和 MIL-68(In)-NH$_2$ 的复合显著提升了材料的光催化性能。进一步对光催化体系中总有机碳（TOC）的含量进行测试，结果见图 4.23（d）。通过材料的吸附作用，反应液中约 35%的 TOC 被去除；而经过 240 min 的光催化降解后，g-C$_3$N$_4$/MIL-68(In)-NH$_2$-3 对 TOC 的去除率达到 70%，显著高于 MIL-68(In)-NH$_2$（约 45%）。根据上述分析可知，相比于 g-C$_3$N$_4$ 和 MIL-68(In)-NH$_2$，二者的复合材料具备更强的光催化及矿化效能，这与材料优异的吸附性能及内部形成的异质结有关。

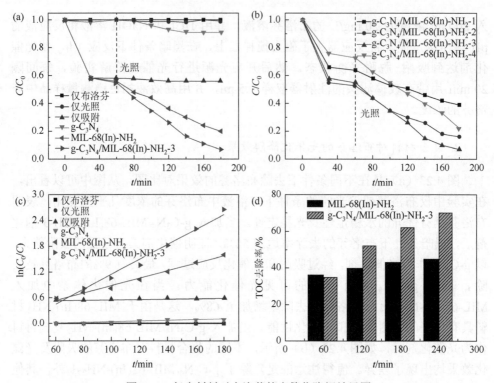

图 4.23　复合材料对布洛芬的光催化降解效果图

（a）不同条件下去除布洛芬的效果对比图；（b）不同复合材料催化降解布洛芬的效果对比图；（c）不同条件下去除布洛芬的降解动力学拟合图；（d）光催化降解布洛芬的 TOC 去除效果对比图

3. 反应条件的影响

1）pH 对 g-C$_3$N$_4$/MIL-68(In)-NH$_2$ 光催化降解布洛芬的影响

图 4.24（a）显示了不同 pH 条件下，g-C$_3$N$_4$/MIL-68(In)-NH$_2$ 对布洛芬的光催化降解效果，可以看出：当溶液 pH 介于 4～8 时，随溶液 pH 的增加，g-C$_3$N$_4$/MIL-68(In)-NH$_2$ 对布洛芬的去除率逐渐下降。为了解释这一现象，对 g-C$_3$N$_4$/MIL-68(In)-NH$_2$ 在不同 pH 条件下的 Zeta 电势进行了测试，如图 4.24（b）所示，材料的等电点为 4.7。相关研究表明，布洛芬酸的离解常数 pK_a 也为 4.7，当溶液 pH < pK_a 时，布洛芬在溶液中呈中性状态；而当 pH > pK_a 时，布洛芬在溶液中呈阴离子状态。因此，当溶液 pH > 4.7 时，催化剂表面带负电荷，与同样带负电荷的布洛芬离子产生静电排斥，且 pH 越大，静电排斥力越强。这种排斥力不利于催化剂对布洛芬的吸附，从而导致光催化过程受阻，使 g-C$_3$N$_4$/MIL-68(In)-NH$_2$ 对布洛芬的去除率降低。相反地，当溶液 pH < 4.7 时，催化剂表面带正电荷，布洛芬在溶液中呈中性状态，不存在静电排斥力，对体系中布洛芬的吸附及光催化降解过程无影响。当 pH = 4.7 时，中性状态和阴离子状态各

占一半。值得注意的是，当溶液 pH 为 3 时，复合材料对布洛芬的去除率最低，不符合上述规律。通过对比在 pH 为 3 的条件下光催化剂反应前后的 XRD 光谱[图 4.24（c）]发现，经过光催化反应后，g-C$_3$N$_4$/MIL-68(In)-NH$_2$ XRD 光谱的特征衍射峰强度出现了急剧下降，表明在 pH 为 3 的强酸条件下，材料的晶体结构受到破坏，导致材料的光催化性能下降。通过以上分析，可以证明 pH 对布洛芬的光催化降解过程具有重要影响，pH 为 4～5 的酸性条件有利于布洛芬的去除。

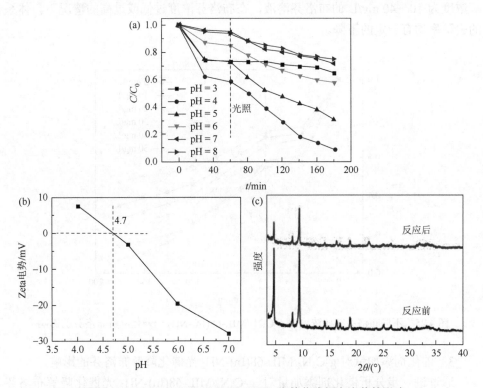

图 4.24　pH 对 g-C$_3$N$_4$/MIL-68(In)-NH$_2$ 光催化降解布洛芬的影响

（a）g-C$_3$N$_4$/MIL-68(In)-NH$_2$ 在不同 pH 条件下光催化降解布洛芬的效果图；（b）不同 pH 条件下 g-C$_3$N$_4$/MIL-68(In)-NH$_2$ 的 Zeta 电势；（c）pH＝3 时，g-C$_3$N$_4$/MIL-68(In)-NH$_2$ 反应前后的 XRD 图

2）布洛芬初始浓度对 g-C$_3$N$_4$/MIL-68(In)-NH$_2$ 光催化降解布洛芬的影响

通过探究布洛芬初始浓度对 g-C$_3$N$_4$/MIL-68(In)-NH$_2$ 光催化降解布洛芬的影响规律，确定了本节的光催化体系中最适宜降解的布洛芬浓度，结果如图 4.25 所示。当布洛芬初始浓度为 10 mg/L 及 20 mg/L 时，g-C$_3$N$_4$/MIL-68(In)-NH$_2$ 的光催化性能较优，布洛芬的去除率均大于 85%；当布洛芬初始浓度介于 20～50 mg/L 时，布洛芬初始浓度与布洛芬的去除率呈负相关关系。这是因为在光催化剂添加量固定时，体系中的吸附位点数量恒定，对于高浓度的布洛芬溶液，材料对布洛

芬的吸附能力有限。另外，随着光催化过程的进行，高浓度布洛芬溶液中产生的大量降解中间产物会与布洛芬分子竞争催化剂表面的吸附位点及光催化活性位点，阻碍了光催化活性物种的形成。与此同时，可以观察到，光催化体系对低浓度布洛芬（5 mg/L）的去除效果较差，去除率仅为 58%。这可以解释为：较低的污染物浓度降低了体系的传质速率，导致光催化剂对污染物的吸附驱动力不足，从而直接影响体系的吸附及光催化过程。因此，本节中的光催化体系更适宜于降解浓度为 10～40 mg/L 的布洛芬溶液，在布洛芬浓度过低或过高的情况下，体系的去除率均有一定的下降。

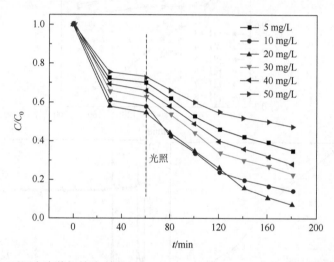

图 4.25　不同布洛芬初始浓度对 g-C$_3$N$_4$/MIL-68(In)-NH$_2$ 光催化降解布洛芬的影响

3）催化剂添加量对 g-C$_3$N$_4$/MIL-68(In)-NH$_2$ 光催化降解布洛芬的影响

通过进一步分析催化剂添加量对 g-C$_3$N$_4$/MIL-68(In)-NH$_2$ 光催化降解布洛芬的影响规律，得出本体系中的最佳催化剂添加量，在保持 g-C$_3$N$_4$/MIL-68(In)-NH$_2$ 对布洛芬高效去除的同时，降低催化剂的使用成本。如图 4.26 所示，当催化剂添加量在 10～30 mg 时，催化剂添加量与布洛芬去除率成正比，即催化剂添加量越高，体系中布洛芬的去除率越高。这是因为提高催化剂的添加量，单位体积内催化剂为污染物提供的吸附位点及光催化活性位点增多，能够有效促进布洛芬的吸附及光催化降解过程。当催化剂添加量大于 30 mg 时，继续增加催化剂添加量，体系中布洛芬的去除率无明显变化。具体分析上述现象，可以从以下两方面进行解释：一方面，过量的催化剂会导致光屏蔽效应，即由于反应体系中存在大量的催化剂颗粒，位于光源附近的粒子会对其他粒子造成遮挡，从而阻碍光催化过程的进行；另一方面，过量的催化剂颗粒会在反应液中聚集，导致光催化剂的性能无法充分发挥。由此可知，适当的催化剂添加量对 g-C$_3$N$_4$/MIL-68(In)-NH$_2$ 光催化降解布洛芬有正向作用，催化剂添加量过多或过少均不利于光催化体系发挥其最大的效能。

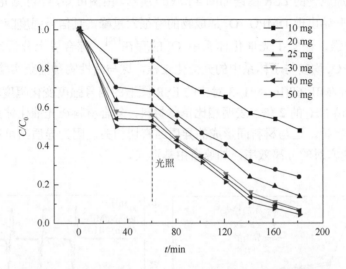

图 4.26　不同催化剂添加量对 g-C$_3$N$_4$/MIL-68(In)-NH$_2$ 光催化降解布洛芬的影响

4.2.3　g-C$_3$N$_4$/MIL-68(In)-NH$_2$ 复合材料光催化降解布洛芬的机理探究

1. 活性物种捕获实验及电子自旋共振实验

活性物种捕获实验结果如图 4.27（a）所示。随着不同活性物种捕获剂的加入，光催化体系中的自由基数量逐渐减少，导致布洛芬去除率出现不同程度的下降，而根据布洛芬去除率的变化幅度可以判断出光催化体系中的主要活性物种。由图 4.27（a）可知，当在体系中加入乙二胺四乙酸二钠作为捕获剂时，布洛芬的光催化降解过程受到明显地抑制，布洛芬的去除率仅为 50% 左右；当体系中存在对苯醌自由基捕获剂时，布洛芬的去除率出现了下降。整体来看，以布洛芬去除率的变化幅度对捕获剂进行由大到小排序，结果为：乙二胺四乙酸二钠＞异丙醇＞对苯醌，表明本节的光催化体系涉及 h$^+$、·OH 和 ·O$_2^-$ 的共同氧化作用，且 h$^+$ 在光催化降解布洛芬的过程中起主要作用。

图 4.27（b）为自由基加成物的电子自旋共振（electron spin resonance，ESR）图谱，图中显示了在黑暗条件下，两种材料均出现了较强的 ESR 信号，随光照时间的延长，信号强度逐渐减弱。这是因为在光催化体系中，2, 2, 6, 6-四甲基哌啶氧化物（TEMPO）的基团被 h$^+$ 氧化，证明体系中存在 h$^+$[27]。从图 4.27（c）中可

以明显观察到，在可见光照射的条件下出现了 DMPO-·OH 加成物的典型四重峰，其中峰的信号强度比为 1∶2∶2∶1，表明在该光催化体系中有·OH 产生[28]。DMPO-·O_2^- 加成物的 ESR 图谱如图 4.27（d）所示，由图可知，经可见光照射 5 min 后，体系中开始出现 DMPO-·O_2^- 加成物的特征六重峰，且信号强度随光照时间的延长逐渐增强，证实了光催化体系中·O_2^- 的存在[29]。综合以上分析结果得出：h^+、·OH 和·O_2^- 均参与了体系中的光催化过程，这与活性物种捕获实验结果相同。另外，g-C_3N_4/MIL-68(In)-NH_2-3 对应的 ESR 图谱的信号强度变化幅度较大，大约为 MIL-68(In)-NH_2 的 2 倍，表明相比单体材料，复合材料在光催化体系中会产生更多的活性物种，这与材料间形成的异质结密切相关，因为异质结可以显著提高光生电子-空穴对的分离效率，加速自由基形成。

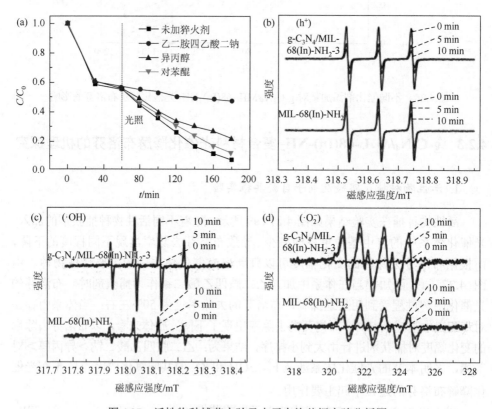

图 4.27　活性物种捕获实验及电子自旋共振实验分析图

（a）g-C_3N_4/MIL-68(In)-NH_2-3 光催化降解布洛芬的活性物种捕获实验；（b）～（d）MIL-68(In)-NH_2 和 g-C_3N_4/MIL-68(In)-NH_2-3 光催化体系中自由基加成物的 ESR 图谱（TEMPO 在水溶液中捕获 h^+，DMPO 在水溶液中捕获·OH 及 DMPO 在甲醇溶液中捕获·O_2^-）

2. 光催化机理分析

结合 4.2.1 节的 Mott–Schottky 曲线分析结果及活性物种捕获实验的实验数据，本节提出了 g-C$_3$N$_4$/MIL-68(In)-NH$_2$ 光催化降解布洛芬的反应机理。如图 4.28 所示，材料光催化降解布洛芬的过程为：首先，在可见光的照射下（$h\nu \geqslant E_g$），g-C$_3$N$_4$ 及 MIL-68(In)-NH$_2$ 中的铟–氧团簇发生了电子激发，光生电子（e$^-$）从价带（VB）转移至导带（CB），同时在 VB 上产生相同数量的光生空穴（h$^+$），光生电子和光生空穴实现初步分离。其次，由于 g-C$_3$N$_4$ 及 MIL-68(In)-NH$_2$ 间具有匹配的能带结构，材料间形成了异质结，CB 上的 e$^-$ 倾向于向高电势一方转移，而 VB 上的 h$^+$ 则迁移至低电势一端。由 Mott–Schottky 曲线分析结果得：g-C$_3$N$_4$ 及 MIL-68(In)-NH$_2$ 的导带电势（E_{CB}）分别为 –1.06 V vs NHE 和 –0.70 V vs NHE，价带电势（E_{VB}）分别为 1.64 vs NHE 和 2.11 V vs NHE。因此，g-C$_3$N$_4$ 上的 e$^-$ 转移至 MIL-68(In)-NH$_2$ 的导带，而 MIL-68(In)-NH$_2$ 上的 h$^+$ 则迁移至 g-C$_3$N$_4$ 的价带，进一步促进了材料间光生载流子的分离。明显地，相比于 O$_2$/·O$_2^-$ 的氧化还原电势 E_0（O$_2$/·O$_2^-$）（–0.33 V vs NHE），MIL-68(In)-NH$_2$ 的 E_{CB}（–0.70 V vs NHE）更小，因此，在理论上，MIL-68(In)-NH$_2$ 导带上的 e$^-$ 能将反应液中的 O$_2$ 还原为 ·O$_2^-$。类似地，这些具有强还原性的 e$^-$ 也能与 H$^+$ 和 O$_2$ 反应生成 H$_2$O$_2$[E_0(O$_2$/H$_2$O$_2$) = 0.915 V vs NHE]，而产生的 H$_2$O$_2$ 将通过捕获电子或与 ·O$_2^-$ 结合进一步转变形成 ·OH。然而，由于 g-C$_3$N$_4$ 的 E_{VB}（1.64 V vs NHE）明显小于 E_0（·OH/H$_2$O）（2.80 V vs NHE）和 E_0（·OH/OH$^-$）（2.38 V vs NHE），因而价带上的 h$^+$ 不能通过氧化水或氢氧根离子产生 ·OH。尽管如此，g-C$_3$N$_4$ 价带上累积的 h$^+$ 仍具有强氧化性，能直接氧化降解布洛芬。最后，光催化体系中产生的 h$^+$、·OH 及 ·O$_2^-$ 共同参与布洛芬的氧化降解反应，通过先将布洛芬降解为中间产物，再彻底矿化为 CO$_2$ 和 H$_2$O 的反应路径，实现彻底去除布洛芬的研究目标。

$$\text{g-C}_3\text{N}_4 + h\nu \rightarrow \text{g-C}_3\text{N}_4(\text{e}^- + \text{h}^+) \tag{4.2}$$

$$\text{MIL-68(In)-NH}_2 + h\nu \rightarrow \text{MIL-68(In)-NH}_2(\text{e}^- + \text{h}^+)$$

$$\text{g-C}_3\text{N}_4(\text{e}^-) \rightarrow \text{MIL-68(In)-NH}_2(\text{e}^-)$$

$$\text{MIL-68(In)-NH}_2(\text{h}^+) \rightarrow \text{g-C}_3\text{N}_4(\text{h}^+) \tag{4.3}$$

$$\text{O}_2 + \text{e}^- \rightarrow \cdot\text{O}_2^-$$

$$\text{O}_2 + 2\text{H}^+ + 2\text{e}^- \rightarrow \text{H}_2\text{O}_2 \tag{4.4}$$

$$\text{H}_2\text{O}_2 + \text{e}^- \rightarrow \cdot\text{OH} + \text{OH}^-$$

$$\text{H}_2\text{O}_2 + \cdot\text{O}_2^- \rightarrow \cdot\text{OH} + \text{OH}^- + \text{O}_2$$

$$\text{h}^+ / \cdot\text{OH} / \cdot\text{O}_2^- + \text{布洛芬} \rightarrow \text{中间产物} \rightarrow \text{CO}_2 + \text{H}_2\text{O} \tag{4.5}$$

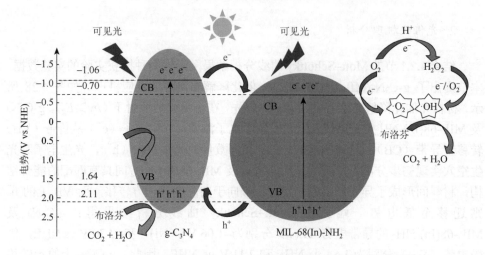

图 4.28   g-C$_3$N$_4$/MIL-68(In)-NH$_2$ 光催化降解布洛芬的机理示意图

4.3   IL/MIL-68(In)-NH$_2$ 复合材料光催化降解盐酸强力霉素

针对当前水中抗生素污染的问题，本节从制备具有高效光催化活性的 MOF 基复合材料出发，以可见光催化降解盐酸强力霉素（doxycycline hyclate）为应用目标，采用离子液体（ILs）功能化 MIL-68(In)-NH$_2$ 制备了 4 种 IL/MIL-68(In)-NH$_2$ 复合材料，其中离子液体选用二乙烯三胺乙酸盐（[DETA][OAc]，IL$_{DAc}$）、二乙烯三胺六氟磷酸盐（[DETA][PF$_6$]，IL$_{DP}$）、1-乙基-3-甲基咪唑乙酸盐（[EMIM][OAc]，IL$_{EAc}$）和 1-乙基-3-甲基咪唑六氟磷酸盐（[EMIM][PF$_6$]，IL$_{EP}$）。通过引入 ILs 有效地克服光催化降解过程中单体 MOF 会受到光生空穴和光生电子分离效率低、吸附驱动力不足等的缺点。通过表征分析了 MIL-68(In)-NH$_2$ 和 IL/MIL-68(In)-NH$_2$ 的形貌组分结构和光电特性，考察了所制备催化剂光催化降解盐酸强力霉素的光催化活性、影响因素（初始浓度、pH、添加量）、稳定性和循环使用性能，并探讨了 IL/MIL-68(In)-NH$_2$ 光催化降解盐酸强力霉素的途径和机理。

4.3.1   IL/MIL-68(In)-NH$_2$ 复合材料的制备与表征

1. 材料的制备

1）离子液体的制备

（1）二乙烯三胺乙酸盐的制备

使用酸碱中和法制备 IL$_{DAc}$，化学反应式见式（4.6）。离子液体的合成装置为圆底烧瓶，装有搅拌籽、滴液漏斗，如图 4.29 所示。合成步骤如下。

将二乙烯三胺（10.6 g，0.1 mol）溶于 10 ml 去离子水，在冷水浴条件下磁力搅拌 30 min；将乙酸（6.0 g，0.1 mol）溶于 5 ml 去离子水后逐滴加入，大约 1 h 滴加完毕，此过程仍在冷水浴磁力搅拌条件下完成；乙酸滴加完以后，冷水浴反应 6 h；用旋转蒸发器除去澄清液体中的水分，旋转蒸发后的混合物经适量乙醇萃取 2 至 3 次，旋转蒸发器除去乙醇，即得到目标离子液体[DETA][OAc]。

$$\text{H}_2\text{N}\underset{\text{H}}{\diagdown}\text{NH}_3 + \text{HO}\overset{\text{O}}{\diagup}\text{OH} \longrightarrow \left[\text{H}_2\text{N}\underset{\overset{+}{\text{H}_2}}{\diagdown}\text{NH}_2 \right]\left[\overset{\text{O}}{\diagup}\text{O}^- \right] \quad (4.6)$$

（2）二乙烯三胺六氟磷酸盐的制备

使用两步合成法制备 IL_{DP}，采用酸碱中和法制备二乙烯三胺盐酸盐，再加入六氟磷酸钾通过置换反应置换出氯离子，化学反应式见式（4.7）。离子液体的合成装置如图 4.29 所示。合成步骤如下：将二乙烯三胺（27.2 ml，0.25 mol）加入到 250 ml 的三口烧瓶中，在冷水浴条件下磁力搅拌 30 min；加入盐酸（20.8 ml，0.25 mol），大约 1 h 滴加完毕，此过程仍在冷水浴磁力搅拌条件下完成；盐酸滴加完以后，将温度升高至 25℃搅拌，反应 4 h；加入六氟磷酸钾（46 g，0.25 mol），25℃条件下搅拌反应 24 h 置换出氯离子；反应后的混合物用减压抽滤的方法除去固体氯化钾，得到澄清透明液体；用旋转蒸发器除去澄清液体中的水分，旋转蒸发后的混合物经适量乙醇萃取 2～3 次，用减

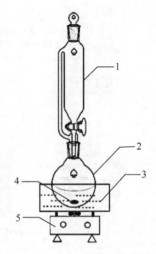

图 4.29　离子液体的合成装置

1.滴液漏斗；2.圆底烧瓶；3.冷水浴；
4.搅拌籽；5.集热式恒温加热磁力搅拌器

压抽滤方法除去固体杂质，取澄清透明液体。旋转蒸发器除去乙醇，即得到目标离子液体[DETA][PF_6]。

$$\text{H}_2\text{N}\underset{\text{H}}{\diagdown}\text{NH}_3 + \text{H–Cl} \longrightarrow \left[\text{H}_2\text{N}\underset{\overset{+}{\text{H}_2}}{\diagdown}\text{NH}_2 \right]\left[\text{Cl}^- \right] + \text{KH}\overset{\text{F}}{\underset{\text{F}}{\text{P}}}\text{F} \longrightarrow \left[\text{H}_2\text{N}\underset{\overset{+}{\text{H}_2}}{\diagdown}\text{NH}_2 \right]\left[\overset{\text{F}}{\underset{\text{F}}{\text{P}}}\text{F} \right]$$

$$(4.7)$$

2）IL/MIL-68(In)-NH$_2$ 的制备

通过原位溶剂热法合成 IL/MIL-68(In)-NH$_2$，如图 4.30 所示。以 IL_{DAc}/MIL-68(In)-NH$_2$ 为例，首先将不同量的离子液体分散到 6.2 ml DMF 中，搅拌 30 min，加入 In(NO$_3$)$_3$·xH$_2$O（1.92 mmol，0.578 g），超声 30 min，搅拌 2 h。然后准确称取 BDC-NH$_2$（0.645 mmol，0.117 g）加入到上述制备的分散液中，磁力搅拌 30 min。将混合物转移到 25 ml 水热反应器中，125℃反应 5 h，自然冷却至室温。反应后，

所得沉淀经 DMF 和甲醇离心分离洗涤 3 次。最后，产品在 100℃真空干燥 12 h。根据复合材料中 ILs 加入含量的不同，将相对于 In(NO₃)₃·xH₂O 不同质量分数的添加量（5%、10%、20%、30%和 40%）分别标记为 IL$_{DAc}$/MIL-68(In)-NH₂-n（n = 1, 2, 3, 4, 5）。

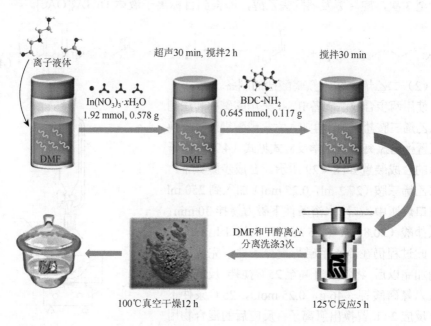

图 4.30　IL/MIL-68(In)-NH₂ 的制备流程图

2. 复合材料组成及结构表征分析

1）XRD 分析

MIL-68(In)-NH₂ 和 IL/MIL-68(In)-NH₂ 的 XRD 光谱图如图 4.31（a）所示。MIL-68(In)-NH₂ 样品在 4.84°、9.40°和 19.04°处的特征衍射峰与相关报道的特征衍射峰匹配良好，说明 MIL-68(In)-NH₂ 材料结晶良好。此外，IL/MIL-68(In)-NH₂ 复合材料的衍射光谱与 MIL-68(In)-NH₂ 相一致，表明 IL/MIL-68(In)-NH₂ 复合材料保留了 MIL-68(In)-NH₂ 的结晶特征。当引入不同离子液体时，晶体的特征衍射峰强度存在一定差别，这是因离子液体的引入会与 MIL-68(In)-NH₂ 产生配位导致的。

不同添加量的离子液体对 IL$_{DAc}$/MIL-68(In)-NH₂-n 的 XRD 光谱图如图 4.31（b）所示。在 IL$_{DAc}$/MIL-68(In)-NH₂-n 复合材料中，过量的[DETA][OAc]离子液体使特征衍射峰的强度降低，说明过量离子液体的引入会参与配位，在一定程度上阻碍 MIL-68(In)-NH₂ 的自组装。

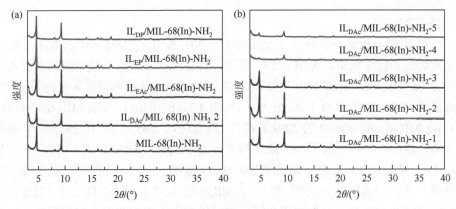

图 4.31　复合材料的 XRD 分析

（a）MIL-68(In)-NH$_2$ 和 IL/MIL-68(In)-NH$_2$ 复合材料的 XRD 光谱图；（b）不同离子液体用量下
IL$_{DAc}$/MIL-68(In)-NH$_2$-n 复合材料的 XRD 光谱图

2）FTIR 分析

[DETA][OAc]、MIL-68(In)-NH$_2$ 和 IL/MIL-68(In)-NH$_2$ 复合材料的 FTIR 光谱图如图 4.32（a）所示。MIL-68(In)-NH$_2$ 的 FTIR 光谱与相关报道一致。可以观察到在 1558 cm^{-1} 处有—COOH 的伸缩振动峰，在 1255 cm^{-1} 处有 N—C 的伸缩振动峰。IL/MIL-68(In)-NH$_2$ 复合材料的总体特征与 XRD 数据一致，即 IL/MIL-68(In)-NH$_2$ 复合材料的 FTIR 光谱与 MIL-68(In)-NH$_2$ 的相同。[DETA][OAc] 离子液体的光谱带表明，伸缩振动峰在 3282 cm^{-1}、2933 cm^{-1}、1568 cm^{-1}、1400 cm^{-1}、1335 cm^{-1} 和 1126 cm^{-1} 处，分别归因于—NH$_2$、—CH$_3$、C≡O、—CH$_2$、C—O 和 C—N 的碳氮变形振动。此外，从图 4.32（b）中可以看出，随着离子液体含量的增加，复合材料在 1558 cm^{-1} 和 1255 cm^{-1} 处的伸缩振动峰强度明显增大，说明离子液体的成功引入。

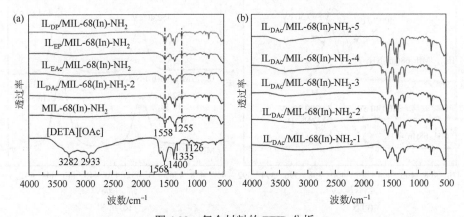

图 4.32　复合材料的 FTIR 分析

（a）[DETA][OAc]、MIL-68(In)-NH$_2$ 和 IL/MIL-68(In)-NH$_2$ 复合材料的 FTIR 光谱图；
（b）不同离子液体含量下 IL$_{DAc}$/MIL-68(In)-NH$_2$-n 复合材料的 FTIR 光谱图

3）XPS 分析

通过 XPS 分析进一步研究了 MIL-68(In)-NH$_2$ 和 IL$_{DAc}$/MIL-68(In)-NH$_2$-2 的表面元素组成和化学状态，见图 4.33，证明了[DETA][OAc]离子液体的成功引入。图 4.33（a）为 MIL-68(In)-NH$_2$ 和 IL$_{DAc}$/MIL-68(In)-NH$_2$-2 的典型测量全扫图，表明所得样品中同时存在 C、O、N 和 In 元素。如图 4.33（b）所示，C 1s 区 MIL-68(In)-NH$_2$ 和 IL$_{DAc}$/MIL-68(In)-NH$_2$-2 的 XPS 表征在 288.80 eV、285.20 eV 和 284.40 eV 处有三个峰。这些峰分别归属于 sp2 杂化的 C═C─O、C─O(N) 和 C─C/C═C。另外，IL$_{DAc}$/MIL-68(In)-NH$_2$-2 新增了 288.10 eV 处的 N─C═O 的特征衍射峰。高分辨率 N 1s 的 MIL-68(In)-NH$_2$ 和 IL$_{DAc}$/MIL-68(In)-NH$_2$-2[图 4.33（c）]可分为在 399.30 eV 和 400.40 eV 处的两个峰，这可以归因于内部的原子与骨架的 N─H

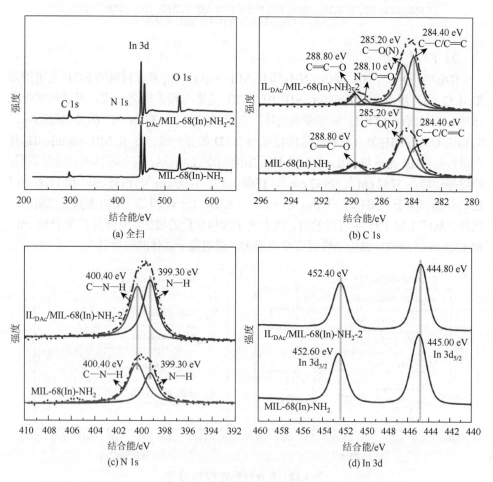

图 4.33　MIL-68(In)-NH$_2$ 和 IL$_{DAc}$/MIL-68(In)-NH$_2$-2 的 XPS 表征

和末端 C—N—H 的氨基功能化。与 MIL-68(In)-NH$_2$ 相比，IL$_{DAc}$/MIL-68(In)-NH$_2$-2 中 N—H（399.30 eV）的峰强度增加。结果表明，离子液体中[DETA]$^+$被引入到 MIL-68(In)-NH$_2$ 中。此外，从图 4.33（d）中可以看出，MIL-68(In)-NH$_2$ 和 IL$_{DAc}$/MIL-68(In)-NH$_2$-2 的 In 3d XPS 表征中可以分解为 In 3d$_{3/2}$ 和 In 3d$_{5/2}$ 的特征衍射峰，反映了 In^{3+}的存在。更重要的是，在复合材料中，In 3d 的特征衍射峰向结合能较低的方向有 0.20 eV 的轻微偏移。这主要是由于氨基具有较强的供电子能力，增加了 In 原子周围的电子密度，导致配体空位或氧空位（用 N 配位代替 O 配位）的形成。因此，电子密度的增加有利于优化与活性中间产物的结合能，有效提高催化活性。

4）SEM 分析

为了验证离子液体的引入对 MIL-68(In)-NH$_2$ 的影响，用 SEM 检测了 MIL-68(In)-NH$_2$ 和 IL/MIL-68(In)-NH$_2$ 复合材料。如图 4.34 所示，MIL-68(In)-NH$_2$ 显示了平均长度为 30 μm 的六边形针状微棒[图 4.34（a）]。结果表明，IL/MIL-68(In)-NH$_2$ 复合材料[图 4.34（b）～（f）]仍然是针状结构，长度范围为 10～30 μm。当离子液体中阳离子为[DETA]$^+$时，IL/MIL-68(In)-NH$_2$ 晶体的尺寸小于 MIL-68(In)-NH$_2$ 及其表面包裹[图 4.34（b）、（e）、（f）]的，这表明引入 ILs 对形成 IL/MIL-68(In)-NH$_2$ 晶体有一个特定的影响。晶体尺寸的变化可以归因于其独特的黏度特性和引入的离子液体与 In 形成配位键。当阳离子为 1-乙基-3-甲基咪唑时，MIL-68(In)-NH$_2$ 晶体的尺寸与母体晶体相同[图 4.34（c）和（d）]。然而，IL/MIL-68(In)-NH$_2$ 复合材料的表面形貌发生了变化，这可以归因于 π-π 共轭作用。

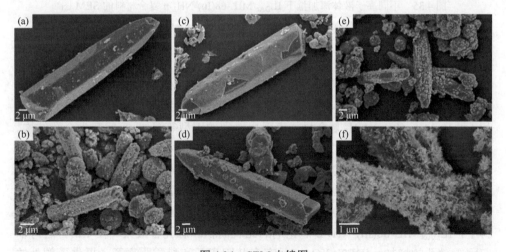

图 4.34　SEM 电镜图

（a）MIL-68(In)-NH$_2$；（b）IL$_{DP}$/MIL-68(In)-NH$_2$；（c）IL$_{EAc}$/MIL-68(In)-NH$_2$；
（d）IL$_{EP}$/MIL-68(In)-NH$_2$；（e）～（f）IL$_{DAc}$/MIL-68(In)-NH$_2$-2

作为对比，还进行了不同 ILs 添加量的 IL_{DAc}/MIL-68(In)-NH$_2$-n 的 SEM 图像（图 4.35）。结果表明，随着离子液体添加量的增加，复合材料的晶体形状受到影响，最终发生坍塌。图 4.35（a）～（e）分别为 IL_{DAc}/MIL-68(In)-NH$_2$-n 复合材料（n = 1, 2, 3, 4, 5）的形貌结构。从图中可以看出，随着 ILs 的添加量的增加，MOF 的晶型开始变化，尺寸结构逐渐变小。当离子液体添加量达到一定程度后［图 4.35（d）和（e）］，离子液体的引入严重影响 MOF 前驱体的金属离子和有机配体的自组装配位，抑制晶体结构的产生，其结果也与样品的 XRD 光谱图中未出峰相对应。

图 4.35　不同离子液体添加量下 IL_{DAc}/MIL-68(In)-NH$_2$-n 复合材料的 SEM 图
（a）～（e）分别为 IL_{DAc}/MIL-68(In)-NH$_2$-n（n = 1, 2, 3, 4, 5）

5）N$_2$ 吸附脱附等温线及孔径分析

通过氮气吸附脱附测试，测定了不同催化剂的吸附脱附等温线和孔径分布，如图 4.36 和表 4.2 所示。图 4.36（a）为样品的氮气吸附脱附等温线。MIL-68(In)-NH$_2$ 和 4 种 IL/MIL-68(In)-NH$_2$ 复合材料表现出典型的Ⅳ型等温线，表明其为介孔结构。此外，孔径分布也证实了 4 种 IL/MIL-68(In)-NH$_2$ 复合材料的孔径主要分布在 3～10 nm 内，并含有介孔结构［图 4.36（b）］。ILs 的引入显著影响了材料的比表面积和孔隙率，这是由于在合成过程中 ILs 薄片遮挡了孔隙，影响了 MOF 的孔隙率；或者引入的官能团与金属位点之间存在强烈的相互作用。在制备的 MOF 复合材料中，IL_{DAc}/MIL-68(In)-NH$_2$-2 催化剂的比表面积和总孔容最大（表 4.2），这可以归因于微孔的增加。[DETA][OAc]具有多胺阳离子和醋酸阴离子，提供了额外的结合位点，但也增强了材料表面对盐酸强力霉素的亲和力。同时，比表面积和总孔容的增加可以提供更多的表面反应中心和更快的迁移通道，促进了吸附和光催

化的协同效应。因此，可以得出结论，ILs 阳离子的类型和数量决定了复合材料的
形状、大小及晶体性能，从而影响其吸附-光催化性能。

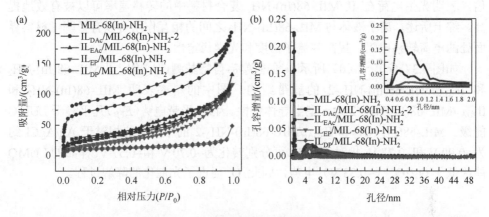

图 4.36　N_2 吸附脱附等温线及孔径分析

（a）N_2 吸附脱附等温线；（b）MIL-68(In)-NH_2 及 4 种 IL/MIL-68(In)-NH_2 复合材料的孔径分布（内插图为
局部放大图）

表 4.2　MIL-68(In)-NH_2 和 4 种 IL/MIL-68(In)-NH_2 复合材料的比表面积和孔结构参数

吸附剂	比表面积/(m^2/g)	总孔容/(cm^3/g)	孔径/nm
MIL-68(In)-NH_2	100.107	0.17750	7.093
IL_{DAc}/MIL-68(In)-NH_2-2	280.167	0.31180	4.452
IL_{EAc}/MIL-68(In)-NH_2	106.200	0.20480	7.718
IL_{DP}/MIL-68(In)-NH_2	38.340	0.07522	7.848
IL_{EP}/MIL-68(In)-NH_2	72.196	0.17800	3.936

3. 复合材料的光电特性分析

1）电化学分析

电化学分析包括电化学阻抗谱、莫特-肖特基测试和瞬态光电流分析，用于了
解光诱导载流子的分离和转移。本节制备材料的电化学阻抗谱如图 4.37（a）所示，
奈奎斯特图弧半径减小，离子液体与 MIL-68(In)-NH_2 的相互作用可以有效降低材
料界面处的电荷转移电阻。此外，奈奎斯特图显示 IL_{DAc}/MIL-68(In)-NH_2-2 具有较
高的载流子密度，表明了高效的空间电荷分离效率。因此，光诱导电子和空穴进
行有效分离，从而提高盐酸强力霉素降解的光催化活性。图 4.37（b）为
MIL-68(In)-NH_2 和 IL/MIL-68(In)-NH_2 复合材料的瞬态光电流响应。可以看出，
MIL-68(In)-NH_2 和 IL/MIL-68(In)-NH_2 复合材料具有明显的周期性光电流，具有良

好的光稳定性。与 MIL-68(In)-NH$_2$ 对比，IL/MIL-68(In)-NH$_2$ 复合材料的光电流响应显著增强，IL$_{DAc}$/MIL-68(In)-NH$_2$-2 的光电流密度大约是 MIL-68(In)-NH$_2$ 的三倍，表明光生电荷在 IL/MIL-68(In)-NH$_2$ 复合材料中的转移速率可以被有效地提高。综上所述，离子液体与 MIL-68(In)-NH$_2$ 之间的相互作用可以有效降低材料界面处的电荷转移电阻，提高载流子密度和光学稳定性。

如图 4.37（c）～（d）所示，通过莫特-肖特基测试，确定了 MIL-68(In)-NH$_2$ 和 IL$_{DAc}$/MIL-68(In)-NH$_2$-2 的能带结构。图中的斜率表明 MIL-68(In)-NH$_2$ 和 IL$_{DAc}$/MIL-68(In)-NH$_2$-2 为 n 型半导体特性。因此，平带电势（E_{FB}）几乎等于 LUMO 能级。MIL-68(In)-NH$_2$ 和 IL$_{DAc}$/MIL-68(In)-NH$_2$-2 的平带电势相对于 Ag/AgCl 约为 –0.90 V 和 –0.77 V，相对于 NHE 可分别转化为 –0.70 V 和 –0.57 V。样品的 LUMO 能级低于 O$_2$/·O$_2^-$（–0.33 V）电势，因此 ·O$_2^-$ 促进了光催化的降解过程。

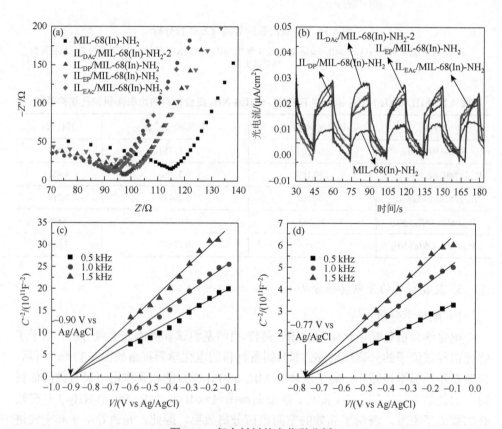

图 4.37　复合材料的电化学分析

（a）MIL-68(In)-NH$_2$ 和 IL/MIL-68(In)-NH$_2$ 复合材料的 EIS；（b）瞬态光电流响应；（c）MIL-68(In)-NH$_2$ 的 Mott-Schottky 曲线；（d）IL$_{DAc}$/MIL-68(In)-NH$_2$-2 的 Mott-Schottky 曲线

2）紫外-可见漫反射光谱和光致发光光谱分析

利用紫外-可见漫反射光谱和光致发光光谱对样品的光学性质进行了表征。图 4.38（a）为制备的 MIL-68(In)-NH$_2$ 和 IL/MIL-68(In)-NH$_2$ 复合材料的紫外-可见漫反射光谱，光催化剂的吸光边缘在 480～482 nm 之间，具有较强的可见光响应。此外，利用 Kubelka-Munk 方程可以计算出光催化剂的带隙能。根据该方程，将$(\alpha h\nu)^2$与 $h\nu$ 作图。如图 4.38（a）插图所示，计算得出 MIL-68(In)-NH$_2$ 和 IL$_{DAc}$/MIL-68(In)-NH$_2$-2 的 E_g 均为 2.76 eV。MIL-68(In)-NH$_2$ 和 IL$_{DAc}$/MIL-68(In)-NH$_2$-2 的 E_{HOMO} 由 Mott-Schottky 测量得到。利用典型的经验式（4.8）计算出 MIL-68(In)-NH$_2$ 和 IL$_{DAc}$/MIL-68(In)-NH$_2$-2 的 E_{HOMO} 分别为 2.06 V vs NHE 和 2.19 V vs NHE。值得注意的是，IL$_{DAc}$/MIL-68(In)-NH$_2$-2 的 E_{HOMO} 相对于 MIL-68(In)-NH$_2$ 表现出明显的正移，表明其在光催化过程中具有较高的氧化能力。

同时，利用光致发光光谱表征分析可以说明载流子的有效分离、迁移和转移，以及研究载流子复合材料的寿命。如图 4.38（b）所示，MIL-68(In)-NH$_2$ 和 IL$_{DAc}$/MIL-68(In)-NH$_2$-2 的激发波长为 377 nm。MIL-68(In)-NH$_2$ 在 480 nm 处有较强的发射峰。同样，IL/MIL-68(In)-NH$_2$ 复合材料的光致发光光谱在 485 nm 处有中心发射峰，其发射强度低于 MIL-68(In)-NH$_2$，说明光电子与空穴的分离效率显著提高。其中，IL$_{DAc}$/MIL-68(In)-NH$_2$-2 表现出最低的发射峰强度，表现出最优异的光催化活性。从这些结果可以推断，ILs 和 MIL-68(In)-NH$_2$ 的复合有利于增强可见光响应和快速电荷分离。

$$E_{HOMO} = E_{LUMO} + E_g \tag{4.8}$$

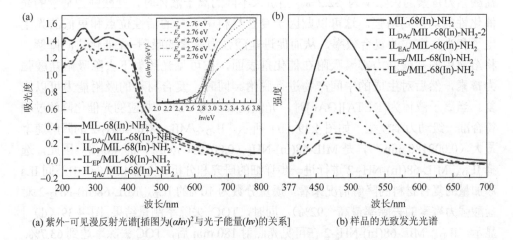

(a) 紫外-可见漫反射光谱[插图为$(\alpha h\nu)^2$与光子能量($h\nu$)的关系]　　(b) 样品的光致发光光谱

图 4.38　紫外-可见漫反射光谱和光致发光光谱分析

4.3.2　IL/MIL-68(In)-NH$_2$复合材料光催化降解盐酸强力霉素的性能研究

1. 光催化降解方法

本节是以盐酸强力霉素作为目标污染物来研究不同复合光催化剂的可见光光催化活性。光催化降解实验装置是以 500 W 氙灯配有 $\lambda>420$ nm 的滤光片的可见光为实验光源，配有 50 ml 容积的石英管。具体操作步骤参考 4.1.3 节。循环降解实验通过过滤反应液回收催化剂，使用乙醇和去离子水溶液各洗涤过滤 2 次，将回收的催化剂于 100℃真空干燥 8 h。

2. IL/MIL-68(In)-NH$_2$ 光催化降解盐酸强力霉素的性能研究

1）不同催化剂对盐酸强力霉素光催化降解效果的影响

为了评价不同样品的吸附和光催化活性，选择盐酸强力霉素作为具有代表性的抗生素污染物在可见光下进行光催化降解。如图 4.39（a）所示，盐酸强力霉素在无催化剂和可见光照射下均未降解，说明盐酸强力霉素在水中和可见光下具有良好的稳定性。此外，不同的离子液体对吸附和光催化性能的影响也不同。当离子液体的阳离子为[DETA]$^+$时，其吸附性能得到提升，这可以归因于化学键力和氢键作用。同时，IL$_{DAc}$/MIL-68(In)-NH$_2$-2 具有独特的花状纳米孔结构、可观的比表面积（280.167 m^2/g）、总孔容（0.31180 cm^3/g）（表 4.2）。当离子液体的阳离子为[EMIM]$^+$时，其可见光催化性能得到提升。在相同条件下，MIL-68(In)-NH$_2$ 对盐酸强力霉素的去除率为 52.2%。当引入不同的离子液体时，盐酸强力霉素的光催化性能均得到增强。这可以归因于复合材料中更多的活性位点和更低的光生电子和光生空穴的复合效率，从而促进盐酸强力霉素的吸附-光催化协同降解。将溶液中的盐酸强力霉素吸附在催化剂表面，在可见光照射下去除吸附盐酸强力霉素，然后对生成的中间产物进行脱附。同时，复合材料的吸附能力可以恢复。当离子液体为[DETA][OAc]时，光催化效率为 92%，相应的光催化降解过程符合准一级动力学模型，如图 4.39（b）所示。IL$_{DAc}$/MIL-68(In)-NH$_2$-2 的降解速率最大（0.009180 min^{-1}），是 MIL-68(In)-NH$_2$（0.001990 min^{-1}）的 4.6 倍。因此，选择 IL$_{DAc}$/MIL-68(In)-NH$_2$-2 进行进一步详细的研究和分析。从图 4.39（c）中不同 ILs 添加量的复合材料的降解情况来看，质量分数为 10% 的 IL$_{DAc}$/MIL-68(In)-NH$_2$-2 对盐酸强力霉素的去除率最高（92%）。同时，TOC 去除率测量结果[图 4.39（d）]显示，IL$_{DAc}$/MIL-68(In)-NH$_2$-2 在可见光照射 180 min 后，TOC 去除率达到 63.7%。由此可见，IL$_{DAc}$/MIL-68(In)-NH$_2$-2 在降解盐酸强力霉素的光催化性能研究中表现最为突出。

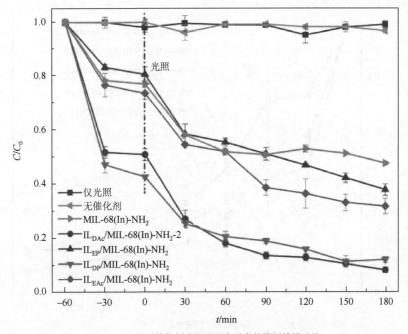

(a) 不同催化剂对盐酸强力霉素的降解效果对比

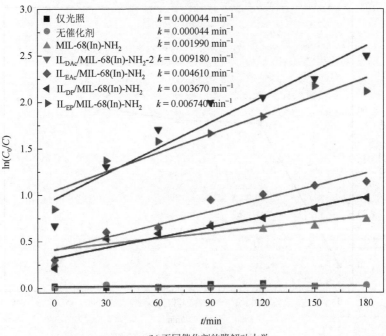

(b) 不同催化剂的降解动力学

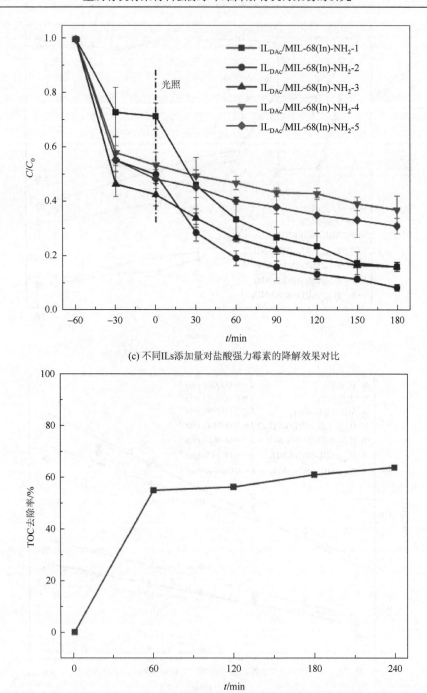

(c) 不同ILs添加量对盐酸强力霉素的降解效果对比

(d) IL$_{DAc}$/MIL-68(In)-NH$_2$-2的TOC去除率

图 4.39　IL/MIL-68(In)-NH$_2$ 光催化降解盐酸强力霉素的性能分析

2）pH 对光催化降解效果的影响

　　样品的表面电荷、吸附量及污染物的电离状态都会因 pH 的变化而发生变化，而 pH 在降解过程中起着至关重要的作用。因此，研究了 pH 对 IL/MIL-68(In)-NH$_2$复合材料光催化降解盐酸强力霉素的影响（见图 4.40）。如图 4.40（a）所示，发现 IL/MIL-68(In)-NH$_2$ 复合材料在较宽的 pH 范围下（pH = 4.0~8.0），即在微酸性介质或碱性介质中，对盐酸强力霉素也表现出良好的去除率。此外，pH 为 8 的空白实验也证实了强碱性条件下，盐酸强力霉素能发生光解。在强酸性条件下，盐酸强力霉素的去除率（61%）和降解速率（0.00270 min^{-1}）均较低[图 4.40（b）]。为了更好地解释上述现象，测定了 IL/MIL-68(In)-NH$_2$ 复合材料的 Zeta 电势与 pH 的关系。由图 4.40（c）可以看出，IL$_{DAc}$/MIL-68(In)-NH$_2$-2 的等电点为 5.56，在 5~6 之间几乎不带电。先前的研究表明，盐酸强力霉素是一种两性分子，它会导致

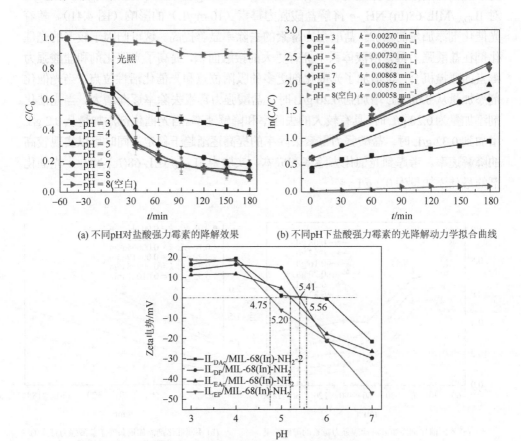

(a) 不同pH对盐酸强力霉素的降解效果　　(b) 不同pH下盐酸强力霉素的光降解动力学拟合曲线

(c) 不同pH条件下IL/MIL-68(In)-NH$_2$复合材料的Zeta电势

图 4.40　pH 对光催化降解效果的影响

某些物种的不同静电力随 pH 的变化而变化。当 pH<4 时，盐酸强力霉素主要以质子形式存在，当 pH 为 4~8 时，中性形式（两性离子）占主导地位，当 pH>8 时，盐酸强力霉素为阴离子分子。当体系 pH<4 时，质子化的盐酸强力霉素与光催化剂之间会发生强烈的静电排斥，从而产生较差的光催化活性。当 pH 为 4~8 时，脱质子盐酸强力霉素与光催化剂之间不存在静电排斥，获得最佳的光催化性能。当 pH>8 时，盐酸强力霉素以阴离子为主，但其水解和光解能力增强，去除率高。当 pH 为 8 时，自降解率可达 10%。从以上结果可以看出，溶液 pH 对 IL_{DAc}/MIL-68(In)-NH_2 光催化降解盐酸强力霉素的影响不显著。

3）催化剂添加量对光催化降解效果的影响

催化剂添加量对吸附-光催化降解性能和经济成本有着重要的影响。因此，研究了光催化剂添加量分别为 0.08 g/L、0.12 g/L、0.16 g/L、0.20 g/L、0.24 g/L、0.32 g/L 对 IL_{DAc}/MIL-68(In)-NH_2-n 降解盐酸强力霉素（10 mg/L）的影响（图 4.41）。随着光催化剂添加量的增加，盐酸强力霉素的去除率显著提高。这可归因于较多的光催化剂在盐酸强力霉素溶液体系中拥有更大的接触面积，提高了光催化剂和盐酸强力霉素的碰撞机会，也增加了光催化剂更多的吸附位点和光催化活性位点。当光催化剂添加量从 0.08 g/L 增加到 0.20 g/L 时，盐酸强力霉素去除率逐渐增大。当光催化剂添加量为 0.20 g/L 时，具有较大的去除率和降解速率。当光催化剂添加量从 0.2 g/L 增加到 0.32 g/L 时，盐酸强力霉素去除率的提高逐渐趋于稳定，同时可以实现较高的降解速率。考虑到光催化去除率和成本，实验中 IL_{DAc}/MIL-68(In)-NH_2-n 光催化剂的最佳添加为 0.2 g/L。

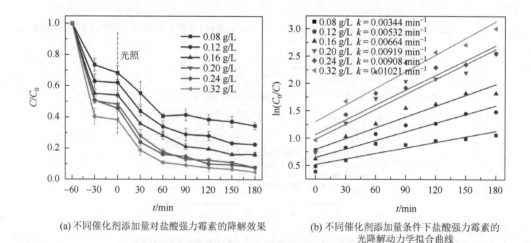

(a) 不同催化剂添加量对盐酸强力霉素的降解效果　　(b) 不同催化剂添加量条件下盐酸强力霉素的光降解动力学拟合曲线

图 4.41　催化剂添加量对光催化降解效果的影响

4）盐酸强力霉素初始浓度对光催化降解效果的影响

盐酸强力霉素浓度对光催化降解的影响如图 4.42 所示。根据有关文献，城市污水处理厂和地下水中的抗生素浓度为几微克/升，饮用水中的抗生素浓度仅为 1～10 ng/L。但考虑到检测能力，本节选择盐酸强力霉素的浓度为 5～50 mg/L。当盐酸强力霉素浓度为 5 mg/L 和 10 mg/L 时，IL_{DAc}/MIL-68(In)-NH$_2$-2 具有良好的光催化降解效率。当浓度为 10 mg/L 时，降解速率最大，为 0.00918 min^{-1}[图 4.42（b）]。当盐酸强力霉素浓度为 20～50 mg/L 时，盐酸强力霉素的降解性能随着盐酸强力霉素浓度的增加而减弱。这种现象是由于催化剂上的活性位点被吸附在催化剂表面的盐酸强力霉素分子堵塞和覆盖，导致活性自由基的生成减少。此外，在光催化过程中产生高浓度的中间产物，与盐酸强力霉素分子争夺催化剂表面的吸附位点和光催化活性位点。从图 4.42（a）中注意到，当盐酸强力霉素初始浓度为 5 mg/L 时，盐酸强力霉素去除率也很高（91.6%）。虽然在低浓度下存在分子扩散减速，但 ILs 的功能化增强了污染物的吸附和富集，为盐酸强力霉素的降解提供了光催化驱动力。综上所述，当初始浓度为 5 mg/L 和 10 mg/L 时，IL_{DAc}/MIL-68(In)-NH$_2$-2 表现出优异的光催化降解性能。

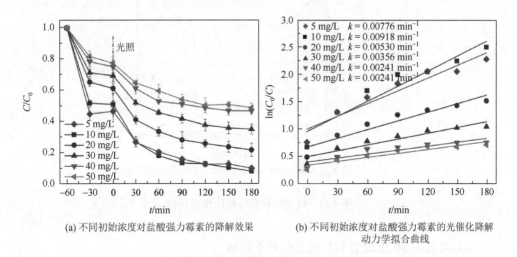

(a) 不同初始浓度对盐酸强力霉素的降解效果　　(b) 不同初始浓度对盐酸强力霉素的光催化降解动力学拟合曲线

图 4.42　盐酸强力霉素浓度对光催化降解的影响

5）稳定性和循环使用性能评估

为了研究 IL_{DAc}/MIL-68(In)-NH$_2$-2 的循环使用性能和稳定性，进行了 4 次回收实验。本节光催化剂主要经过乙醇和去离子水洗涤过滤，在 100℃ 真空干燥 8 h 后回收。如图 4.43（a）所示，循环 4 次后，回收材料仍具有良好的光催化降解效果。对比实验前后 IL_{DAc}/MIL-68(In)-NH$_2$-2 的 XRD 光谱图和 FTIR 光谱图[图 4.43（b）]

和（c）]，复合材料的结晶度和结构没有发生变化。因此，该复合材料具有良好的循环使用性能和稳定性，具有实际应用的潜力。

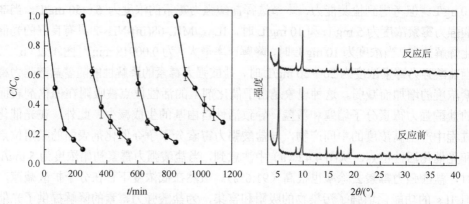

(a) IL$_{DAc}$/MIL-68(In)-NH$_2$-2降解盐酸强力霉素的循环实验　　(b) IL$_{DAc}$/MIL-68(In)-NH$_2$-2光催化反应前后的
XRD光谱图

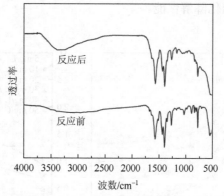

(c) IL$_{DAc}$/MIL-68(In)-NH$_2$-2光催化反应前后的FTIR光谱图

图 4.43　稳定性和循环使用性能评估

6）与其他 MOF 复合材料光催化剂的比较

在光催化剂的利用中，具有应用价值的 MOF 复合材料光催化剂应在实际的污染物浓度、光催化剂添加量、时间和处理效果等方面具有一定的优势。表 4.3 列出了本节所用的光催化剂 IL$_{DAc}$/MIL-68(In)-NH$_2$-n 的参数与相关文献报道的优选的盐酸强力霉素光催化降解方法的参数进行比较。可以发现，在低光催化剂添加量和低污染物浓度下，本节所采用的光催化剂 IL$_{DAc}$/MIL-68(In)-NH$_2$-n 能取得较好的降解效果，在光催化降解水中低浓度的盐酸强力霉素具有可行性，为开发高效 MOF 复合材料光催化处理低浓度抗生素废水提供了新思路。

表 4.3　IL_{DAc}/MIL-68(In)-NH_2 与其他光催化剂降解盐酸强力霉素的参数比较

光催化剂	盐酸强力霉素浓度/ (mg/L)	添加量/ (g/L)	时间/min	去除率/%	光源	来源
催化剂 1	20	0.5	120	80	300 W 氙灯, $\lambda > 420$ nm	[30]
催化剂 2	10	0.5	120	80.50	150 W 氙灯, $\lambda > 420$ nm	[31]
催化剂 3	20	0.5	140	91.04	300 W 氙灯, $\lambda > 400$ nm	[32]
催化剂 4	50	0.6	120	96	300 W 氙灯, $\lambda > 420$ nm	[33]
催化剂 5	40	0.5	60	66	300 W 氙灯, $\lambda > 420$ nm	[34]
催化剂 6	25	0.1	90	67	300 W 氙灯, $\lambda > 420$ nm	[35]
催化剂 7	25	0.1	120	76	300 W 氙灯, $\lambda > 400$ nm	[36]
IL_{DAc}/MIL-68(In)-NH_2-n	5	0.2	180	91.6	500 W 氙灯, $\lambda > 420$ nm	本节
	10	0.2	180	92	500 W 氙灯, $\lambda > 420$ nm	

注：其他光催化剂材料名称可查阅相关文献获得。

4.3.3　IL/MIL-68(In)-NH_2 复合材料光催化降解盐酸强力霉素的机理探究

1. 活性物种捕获实验分析

IL_{DAc}/MIL-68(In)-NH_2-2 光催化降解盐酸强力霉素的活性物种捕获实验如图 4.44 (a) 所示。光生空穴（h^+）、羟自由基（·OH）和超氧自由基（·O_2^-）的捕获剂分别是草酸钠（$Na_2C_2O_4$）、叔丁醇（TBA）和对苯醌（BQ）。结果表明，当捕获剂为 TBA 时，光催化活性影响不大。而 $Na_2C_2O_4$ 和 BQ 的存在大大降低了盐酸强力霉素的光催化降解性能。由此可以推断，IL_{DAc}/MIL-68(In)-NH_2-2 光催化降解盐酸强力霉素的主要活性物种为 h^+ 和 ·O_2^-。

为了进一步验证光催化过程中 h^+ 和 ·O_2^- 的存在，采用 EPR 法进行测定。如图 4.44（b）所示，在黑暗中检测到了 TEMPO 较强的 EPR 信号，峰强度随着光照时间逐渐减小。这表明 h^+ 产生了丰富的光催化作用。图 4.44（c）为 DMPO-·O_2^- 的宽四重峰，其中峰的强度随着辐照时间的延长而逐渐增加。由此可以推断，光催化降解过程中产生了大量的 h^+ 和 ·O_2^-，这与活性物种捕获实验的结论一致。

综上所述，光催化剂 IL_{DAc}/MIL-68(In)-NH_2-2 光催化降解盐酸强力霉素的主要活性物种为 h^+ 和 ·O_2^-。

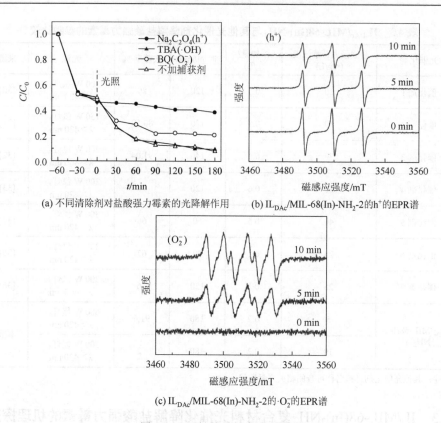

(a) 不同清除剂对盐酸强力霉素的光降解作用　(b) IL$_{DAc}$/MIL-68(In)-NH$_2$-2的h$^+$的EPR谱

(c) IL$_{DAc}$/MIL-68(In)-NH$_2$-2的·O$_2^-$的EPR谱

图 4.44　活性物种捕获实验分析

2. 降解中间产物及降解途径分析

采用 LC-MS/MS 检测盐酸强力霉素中间产物，结果如表 4.4 所示。根据测试结果，提出了以 h$^+$和·O$_2^-$为主的 3 条可行的盐酸强力霉素降解途径，如图 4.45 所示。在路径 I 中，目标污染物盐酸强力霉素（$m/z=444$）首先受到 h$^+$和·O$_2^-$的攻击，并发生氨基和二羟基化作用，形成化合物 1（$m/z=349$）。途径 II 主要是 C2 处的酰胺基和 C4 处的二甲胺基降解（C2 和 C4 见图 4.45 盐酸强力霉素分子结构式内部），体系中产生 h$^+$，形成中间产物化合物 P7（$m/z=384$）和化合物 P8（$m/z=402$）。随着降解过程的进行，形成的活性物种不断地攻击污染物分子，引起酮基氧化分解和开环反应，产生酸、醇等较为简单的有机化合物。途径 III 通过脱氧、二甲胺和氧化裂解将盐酸强力霉素（$m/z=444$）转化为化合物 P9（$m/z=348$），并伴有羟基化反应。由于盐酸强力霉素分子的 N—C 键能较低，h$^+$攻击有利于 N—脱甲基化，失去一个或两个 N—甲基，形成化合物 P9（$m/z=348$）。然后这些复杂结构进一步氧化，生成较简单的有机化合物，如·O$_2^-$辅助下的酸和醇。随着降解的进行，上述中间产物被分解为 H$_2$O、CO$_2$。

表 4.4　$IL_{DAc}/MIL-68(In)-NH_2$ 体系中盐酸强力霉素降解的中间产物信息

产物	反应时间/min	分子式	m/z	分子结构
盐酸强力霉素	5.5	$C_{22}H_{24}N_2O_8$	444	
P1	14.98	$C_{22}H_{23}NO_3$	349	
P2	18.27	$C_{22}H_{23}NO_9$	445	
P3	19.29	$C_{21}H_{26}N_2O_3$	354	
P4	26.09	$C_{20}H_{17}NO_9$	415	
P5	18.26	$C_{20}H_{22}O_9$	406	
P6	26.10	$C_{21}H_{20}N_2O_4$	364	
P7	16.99	$C_{20}H_{16}O_8$	384	
P8	16.98	$C_{20}H_{18}O_9$	402	
P9	7.83	$C_{20}H_{16}N_2O_4$	348	

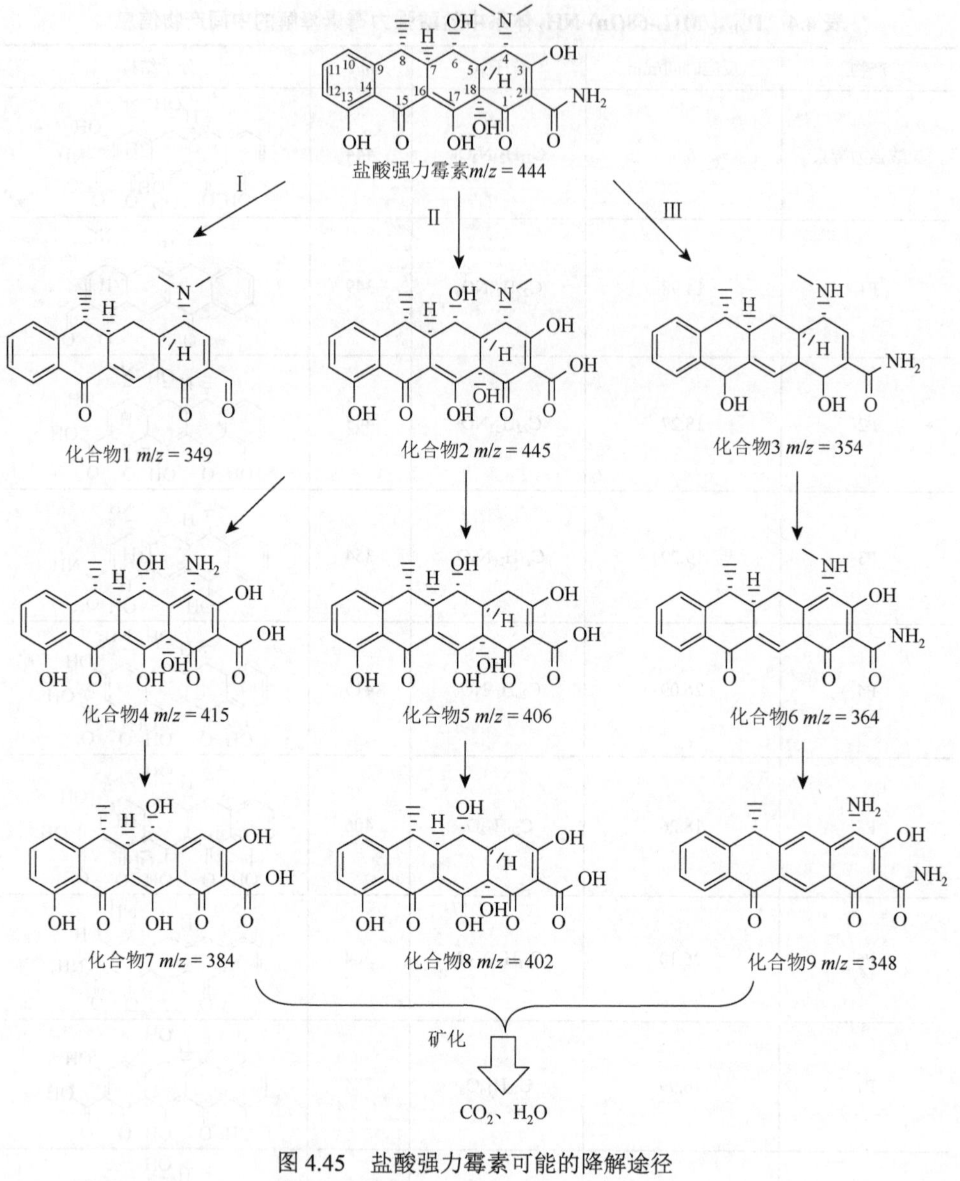

图 4.45　盐酸强力霉素可能的降解途径

3. 吸附-光催化协同降解机理分析

根据这些结果，建立了 $IL_{DAc}/MIL-68(In)-NH_2$ 的光催化机理，如图 4.46 所示。该复合材料具有良好的吸附性能，$IL_{DAc}/MIL-68(In)-NH_2$ 经吸附和解吸平衡后，在可见光照射下，可在 HOMO 和 LUMO 上产生光生空穴（h^+）和光生电子（e^-）。在吸附方面，ILs 的引入增强了材料的化学键力和氢键作用，将溶液中的盐酸强力霉素吸附在光催化剂表面，当光催化剂吸收可见光，后可光催化降解吸附的盐酸强力霉素，并对生成的中间产物进行脱附。同时，恢复复合材料的吸附能力。在光催化降解方面，一方面，首先，盐酸强力霉素可以被氧化能力强的 h^+ 直接氧化，ILs 的引入增强了光生电子的迁移，有效促进了光生电子–空穴对的分离；其次，从·OH 捕获的实验结果来看，·OH 对盐酸强力霉素的光催化降解效果甚微。IL_{DAc}/MIL-68(In)-NH$_2$ 上积累的空穴正电荷不足以氧化 H_2O 生成·OH，这是因为 IL_{DAc}/MIL-68(In)-NH$_2$ 的 HOMO 比 H_2O/·OH 低（2.40 V vs NHE）。另一方面，IL_{DAc}/MIL-68(In)-NH$_2$ 的 LUMO 上积累的电子（–0.57 V vs NHE）能够有效吸附 O_2 分子，生成·O_2^-。由于 IL_{DAc}/MIL-68(In)-NH$_2$ 的 LUMO 边缘电势大于 O_2/·O_2^-（–0.33 V vs NHE）的负电势，进一步氧化盐酸强力霉素。此外，功能化的离子液体 IL_{DAc}/MIL-68(In)-NH$_2$ 提供了更多的光催化活性位点和更多的吸附位点。因此，IL_{DAc}/MIL-68(In)-NH$_2$ 复合材料在光催化氧化还原反应中表现出更高的光催化效率。盐酸强力霉素的主要光催化降解过程如下。

$$IL_{DAc} / MIL\text{-}68(In)\text{-}NH_2 + hv \rightarrow h^+ + e^- \tag{4.9}$$

$$O_2 + e^- \rightarrow \cdot O_2^- \tag{4.10}$$

$$O_2 + 2H^+ + 2e^- \rightarrow H_2O_2 \tag{4.11}$$

$$H_2O_2 + e^- \rightarrow \cdot OH + OH^- \tag{4.12}$$

$$H_2O_2 + \cdot O_2^- \rightarrow \cdot OH + OH^- + O_2 \tag{4.13}$$

$$h^+ / \cdot O_2^- + 盐酸强力霉素 \rightarrow 中间产物 \rightarrow CO_2 + H_2O \tag{4.14}$$

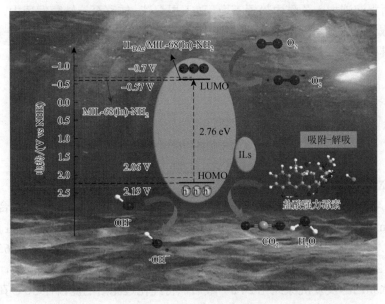

图 4.46　IL_{DAc}/MIL-68(In)-NH$_2$ 光催化降解盐酸强力霉素机理示意图

4.4　IL/GO/MIL-88A(Fe)复合材料光催化降解四环素

此节利用 ILs 辅助原位生长 IL/GO/MIL-88A(Fe)复合材料（下文简写为 IL/GO/88A），并利用 XRD、FTIR、SEM、XPS、N_2 吸附脱附、紫外-可见漫反射光谱、电化学阻抗谱、电导率等方法分析材料的形貌结构、化学组成和光电特性，从而评估复合材料的光催化性能。此外，比较不同 Fe 基 MOF 复合材料对四环素的降解效果，并考察 pH、光催化剂添加量、四环素初始浓度等因素对四环素去除率的影响，初步探讨了 IL/GO/88A 光催化的降解机理。

4.4.1　IL/GO/MIL-88A(Fe)复合材料的制备与表征

1. 材料的制备

1）三乙烯四胺乙酸盐的制备

使用酸碱中和法制备三乙烯四胺乙酸盐（[TETAH]⁺[Ac]⁻），化学反应式如图 4.47 所示。制备步骤如下：取 0.1 mol 三乙烯四胺溶于 50 ml 去离子水中得到三乙烯四胺溶液，取 0.1 mol 乙酸溶于 20 ml 去离子水得到乙酸溶液。在小于 15℃ 的冷水浴条件下，用恒压漏斗将乙酸溶液逐滴加入三乙烯四胺溶液中，持续搅拌 6 h。将所得溶液加入乙醚中静置萃取，取下层溶液，转移至旋转蒸发器中，在 80℃ 真空中浓缩，直到呈无水状态，得到 ILs。每次使用 ILs 前在 80℃ 真空干燥 24 h，以除去其吸收的二氧化碳。

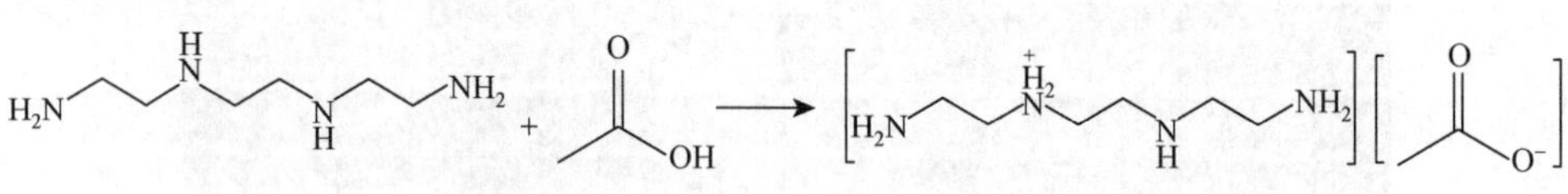

图 4.47　制备的化学反应式

2）MIL-88A(Fe)的制备

MIL-88A(Fe)采用溶剂热法制备。操作过程如下：取 1.5 mmol 六水合氯化铁和 1.5 mmol 反丁烯二酸加入到 7.5 ml $V_{乙醇} : V_水 = 1 : 2$ 的乙醇水溶液中进行超声、搅拌 6 h，直到固体完全溶解。将混合溶液移至 25 ml 反应釜密封，并在 65℃ 下反应。待 12 h 后取出高压反应釜在室温下冷却，经过抽滤得到橘红色滤饼，然后用去离子水和乙醇反复洗涤纯化 24 h。最后，将纯化过滤后的滤饼在 50℃ 真空干燥 12 h 后研磨得到粉末样品 MIL-88A(Fe)。

3）GO/88A、IL/GO/88A 和 IL/88A 的制备

采用溶剂热法制备 GO/88A。具体步骤如下：准确称取 5.9 mg GO（占总固体添加量的 1%），添加到 7.5 ml 上述比例的乙醇水溶液，超声 30 min 后得到均匀分散的混合溶液，继续加入 1.5 mmol 六水合氯化铁和 1.5 mmol 反丁烯二酸，超声、搅拌 6 h 至完全溶解，其余步骤与制备 MIL-88A(Fe) 相同。最终得到棕色粉末样品 GO/88A。

IL/GO/88A 复合材料的制备过程与 GO/88A 相似，其在加入 MIL-88A(Fe) 前驱体的同时，也加入一定量的 ILs，其余过程不变，即制得 IL/GO/88A 复合材料。其中，根据 ILs 的添加量（mmol）的不同，将所得的样品标记为 IL/GO/88A-n（n = 0.5, 1.0, 1.5, 2.0）。此外，作为对照，相同步骤下制备不含有 GO、ILs 添加量为 1.5 mmol 的 IL/88A 复合材料。

2. GO、MIL-88A(Fe)、IL/GO/MIL-88A(Fe) 等材料的表征

1）XRD 分析

图 4.48 为合成样品的 XRD 光谱图。可以看出，GO 在 10.9° 处出现了特征衍射峰，根据布拉格定律，它表示晶格间距为 7.90 Å。单体 MIL-88A(Fe) 在 8.6°、9.9°、10.5°、11.7°、11.9°、12.8°、15.6° 处出现特征衍射峰，与相关报道相符，表明 MIL-88A(Fe) 的成功制备。GO/88A 的特征衍射峰与 MIL-88A(Fe) 相似，并未出现 GO 的特征衍射峰，但 GO/88A 的峰强度有所减弱，这是因为 GO 在复合材料中的组分相对较低，但其引入使 MOF 结晶受到影响，导致 MIL-88A(Fe) 的轻微变形。而在 IL/GO/88A-n 复合材料中，其特征衍射峰发生明显变化，且强度随着 ILs 的增加而逐渐减弱，这表明了不同添加量的 ILs 在一定程度上会影响 IL/GO/88A 的晶型。值得注意的是，IL/GO/88A-2.0 没有出现特征衍射峰，表明过量的 ILs 会影响 MOF 的结晶度，使复合材料变为非晶状。

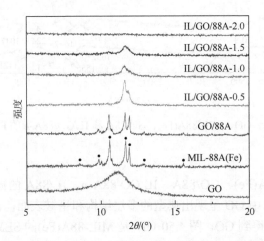

图 4.48　GO、MIL-88A(Fe)、GO/88A 和 IL/GO/88A-n 的 XRD 光谱图

2）FTIR 分析

图 4.49 为 ILs、GO、MIL-88A(Fe)、GO/88A 和 IL/GO/88A-n 的 FTIR 光谱。可以看到，GO 的 C=O 的伸缩振动峰出现在 1716 cm^{-1} 处，C—OH 的伸缩振动峰在 1642 cm^{-1} 处，此外，1224 cm^{-1}、1047 cm^{-1} 处是烷氧基 C—O、环氧基 C—O—C 的伸缩振动峰。对于 ILs 的阳离子，可以看到在 3274 cm^{-1} 处是—NH$_2$ 的伸缩振动峰，1555 cm^{-1} 处是 N—H 的伸缩振动峰，1121 cm^{-1} 处为 C—N 的伸缩振动峰，1652 cm^{-1} 和 1393 cm^{-1} 处分别是 ILs 阴离子中—COO$^-$ 的不对称伸缩振动峰和对称伸缩振动峰。在 MIL-88A(Fe)中，1599 cm^{-1} 和 1398 cm^{-1} 两处分别为配体中羧基的不对称伸缩振动峰和对称伸缩振动峰。而在 567 cm^{-1} 处的特征衍射峰，来自于 Fe 基 MOF 中 Fe—O 的伸缩振动。当 MIL-88A(Fe)引入 GO，GO/88A 红外光谱与单体 MOF 相似，但羧基的伸缩振动峰发生了微小的偏移。而在 IL/GO/88A-n 复合材料中，可以清楚地看到新增的 C—N—H 的伸缩振动峰（1538 cm^{-1} 处），这表明 ILs 已成功掺杂到复合材料中，并且使 MIL-88A(Fe)单元的官能团得到良好保持。

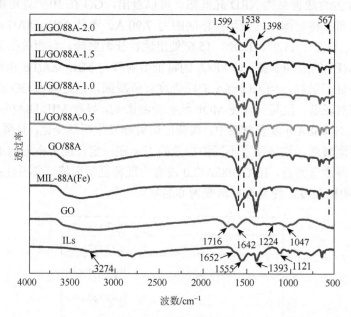

图 4.49　ILs、GO、MIL-88A(Fe)、GO/88A 和 IL/GO/88A-n 的 FTIR 光谱图

3）SEM 分析

GO、MIL-88A(Fe)、GO/88A、IL/GO/88A-n、IL/88A 的微观形貌如图 4.50 所示。图 4.50（a）中 GO 呈现出典型的多层结构和褶皱表面，表明成功地从鳞片石墨上剥离和氧化得到 GO。图 4.50（b）是 MIL-88A(Fe)的 SEM 图，其形貌如米粒状，表面略微粗糙，尺寸较为均匀，长度在 400nm 左右。从图 4.50（c）可以

看到 GO/88A 所含的 GO 的表面上附着了许多的 MIL-88A(Fe)晶体，且两者完整的保留。图 4.50（d）～（f）分别为复合材料 IL/GO/88A-0.5、IL/GO/88A-1.0、IL/GO/88A-1.5 的形貌结构，可以发现，随着 ILs 的添加量增多，MOF 晶型开始发生变化，尺寸逐渐变小，且表面更加粗糙，这是由于高度分散的 ILs 使 MOF 快速成核，并包裹在材料表面。通常，较小的尺寸可以缩短光生电子的传输距离，促进电荷转移效率，从而促进光催化进程。但当 ILs 过量时，如 IL/GO/88A-2.0[图 4.50（g）]，ILs 会严重影响 MOF 前驱体的金属离子和有机配体的结合机会，造成其无法结晶，并且致密堆叠，与其 XRD 光谱图未出峰现象相吻合。图 4.50（h）为 IL/88A 的 SEM 图，其表现出与 IL/GO/88A-n 相似的形貌。

图 4.50　GO、MIL-88A(Fe)、GO/88A、IL/GO/88A-n、IL/88A 的微观形貌

(a) GO；(b) MIL-88A(Fe)；(c) GO/88A；(d) IL/GO/88A-0.5；(e) IL/GO/88A-1.0；
(f) IL/GO/88A-1.5；(g) IL/GO/88A-2.0；(h) IL/88A

4）XPS 分析

XPS 用于分析材料的表面化学性质。在图 4.51（a）中，XPS 全扫结果表明 Fe 基 MOF 材料含有 C、O、Fe 元素。图 4.51（b）显示了 IL/GO/88A-1.5 由于引入了 ILs，因此也检测到 N 元素。IL/GO/88A-1.5 的 N 1s 的 XPS 表征，在结合能为 400.40 eV 和 399.60 eV 处出现明显的信号峰，分别与 N—C=O 和 C—N/N—H 相对应。图 4.51（c）是 C 1s 的能谱，在 MIL-88A(Fe)中，288.60 eV 和 284.80 eV 处的峰对应于反丁烯二酸的—COOH 和 C—C/C=C；GO/88A 中 286.50 eV 处的

峰,是来自 GO 丰富的 C—OH;IL/GO/88A-1.5 新增了在 288.20 eV 处的 N—C=O 的峰,证明了 ILs 是通过氨基与 GO 和反丁烯二酸的羧基共价连接的。在 O 1s 的 XPS 表征中[图 4.51(d)]可以看出 MIL-88A(Fe)在结合能为 532.10 eV 和 530.30 eV 处的氧分别是—COOR 和 Fe—O 的氧,随着 GO 中羟基的引入,GO/88A 和 IL/GO/88A-1.5 在 533.40 eV~533.20 eV 处观察到了 C—OH。对于图 4.51(e)的 Fe 2p 的 XPS 表征,在 724.91 eV、714.77 eV 和 711.16 eV 处的结合能分别归属于 Fe 2p$_{1/2}$、卫星信号和 Fe 2p$_{3/2}$。与 MIL-88A(Fe)相比,IL/GO/88A-1.5 和 GO/88A 中 Fe 2p 的双峰向低的结合能方向发生了偏移,这可归因于复合材料中 MOF 与 GO 之间的紧密界面结合。因此,XPS 结果均与 XRD 和 SEM 等结果一致,进一步证明成功利用了 ILs 辅助制备 IL/GO/88A。

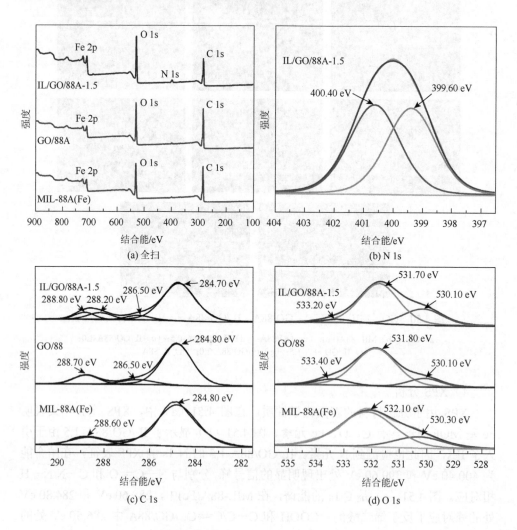

(a) 全扫

(b) N 1s

(c) C 1s

(d) O 1s

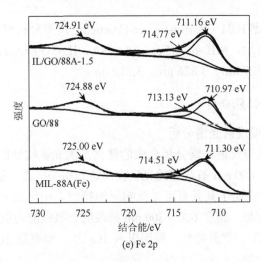

图 4.51　MIL-88A(Fe)、GO/88A 和 IL/GO/88A-1.5 的 XPS 表征

5）N₂ 吸附脱附等温线分析

使用全自动比表面积及孔隙度分析仪对 MIL-88A(Fe)、GO/88A、IL/GO/88A-1.5 进行测量。从图 4.52（a）氮气吸附脱附等温线可以发现，MIL-88A(Fe)、GO/88A、IL/GO/88A-1.5 的氮气吸附脱附等温线的类型相似，属于典型的 Ⅳ 型等温线，并且滞后环明显，表明材料存在介孔，同时也说明了在引入 GO 和 ILs 后，复合材料不会改变材料的吸附特性。利用比表面积方程计算得出 IL/GO/88A-1.5 的比表面积为 66.22 m²/g，分别是 MIL-88A(Fe)（25.17 m²/g）和 GO/88A（36.98 m²/g）的 2.64 倍和 1.79 倍，这是由于分散的 GO 片层上可以生长 MIL-88A(Fe)晶体，避免了 MOF 的团聚；而 ILs 的引入使 IL/GO/88A-1.5 的比表面积增大归因于其减小的晶体尺寸

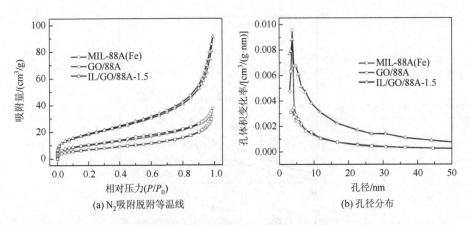

图 4.52　MIL-88A(Fe)、GO/88A 和 IL/GO/88A-1.5 的氮气吸附脱附等温线及孔径分布

和粗糙的表面。根据 BJH（Barret-Joyner-Halenda）模型分析材料的孔径分布，结果如图 4.52（b）所示，MIL-88A(Fe)、GO/88A、IL/GO/88A-1.5 都以介孔为主，平均孔径分别为 3.827 nm、3.826 nm、3.812 nm。

3. 材料的光电性能分析

1）紫外-可见漫反射光谱分析

利用紫外-可见漫反射光谱分析合成的催化剂的光吸收性能。如图 4.53（a）所示，GO 在 200~800 nm 有显著的光吸收，这与相关报道一致；MIL-88A(Fe)在 600 nm 的吸收带边说明了其具有可见光响应的特性。相比之下，GO/88A 吸收带边与 MIL-88A(Fe)相似，但在 600~800 nm 波段的光吸收能力明显改善，说明材料中引入了催化剂 GO 的优异特性。而当引入 ILs 后，观察到 IL/GO/88A-1.5 在可

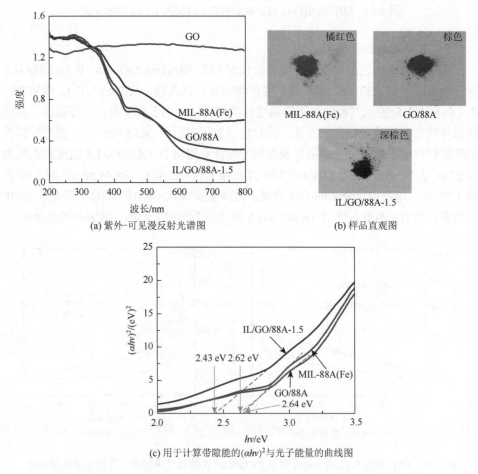

(a) 紫外-可见漫反射光谱图 (b) 样品直观图

(c) 用于计算带隙能的$(\alpha h\nu)^2$与光子能量的曲线图

图 4.53　GO、MIL-88A(Fe)、GO/88A 和 IL/GO/88A-1.5 的光电性能分析

见光区的光吸收强度显著增强，这意味着 ILs 的引入窄化了 IL/GO/88A-1.5 的带隙能。图 4.53（b）展示了 MIL-88A(Fe)、GO/88A、IL/GO/88A-1.5 样品颜色的变化，这与紫外-可见漫反射光谱的结果相适应。此外，如图 4.53（c）所示，利用 Kubelka-Munk 方程计算得出光催化剂的带隙能（E_g）为 0，其中 MIL-88A(Fe)、GO/88A、IL/GO/88A-1.5 的 hv 分别为 2.64 eV、2.62 eV 和 2.43 eV。IL/GO/88A-1.5 的带隙能表现出明显的窄化，表明 ILs 的引入可以有效调节光催化剂的吸收带边和禁带宽度，从而增强其光响应能力和光利用效率，有利于提升材料的光催化活性。

2）电化学阻抗谱分析

为了进一步评价 ILs 辅助生长 IL/GO/88A 优化光催化剂性能的可行性，使用电化学工作站对 MIL-88A(Fe)、GO/88A、IL/GO/88A-1.5 的电化学阻抗谱进行测量。通过奈奎斯特阻抗图的半圆直径与电解液和工作电极界面之间的电荷转移电阻一致，半径越小说明电阻更低；同时也意味着具有更高的电荷传输效率。电化学阻抗谱结果如图 4.54 所示，不难发现，相比于 MIL-88A(Fe) 和 GO/88A，IL/GO/88A-1.5 的阻抗圆弧半径更小，这说明具有优异导电性能的 ILs 可以提高 IL/GO/88A-1.5 的电荷传输效率，从而改善其光催化性能。另外，通过进行莫特-肖特基方程测量获得 IL/GO/88A-1.5 的平带电势（E_{FB}）。如图 4.54 所示，该图的位置斜率表明 IL/GO/88A-1.5 是 n 型半导体特性。由 Mott-Schottky 曲线得出的 IL/GO/88A-1.5 的平带电势为 –0.9 eV vs Ag/AgCl，可以换算导带电势（E_{CB}）为 –0.68 eV vs NHE，得出 IL/GO/88A-1.5 的价带电势（E_{VB}）为 1.75 eV vs NHE。

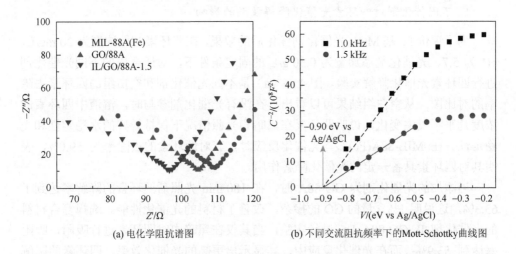

(a) 电化学阻抗谱图　　　　　(b) 不同交流阻抗频率下的Mott-Schottky曲线图

图 4.54　MIL-88A(Fe)、GO/88A 和 IL/GO/88A-1.5 的电化学阻抗谱分析

3) 电导率分析

表 4.5 列出了不同样品的水溶液（0.2 g/L）在常温下的电导率。其中，去离子水的平均电导率为 1.06 μS/cm，可以忽略不计。ILs 的平均电导率最高，展示出了离子液体本身的特性。MIL-88A(Fe)在水溶液中显示出的平均电导率最低。在掺杂 1%的 GO 后，GO/88A 的平均电导率得到了小幅提升，这与 GO 具有一定的导电性有关。而 IL/GO/88A-1.5 的平均电导率达到 34.33 μS/cm，这再次说明复合材料中引入 ILs 可以改善光催化剂的导电性能，有利于光催化过程中电荷的转移和传输，从而加快对污染物的光催化降解。

表 4.5　不同样品水溶液的电导率

样品	电导率测试/(μS/cm)			平均电导率/(μS/cm)
	1	2	3	
去离子水	1.06	1.05	1.06	1.06
ILs	57.8	57.9	57.9	57.87
GO	37.7	37.7	37.6	37.67
MIL-88A(Fe)	25.1	25.1	25.1	25.10
GO/88A	28.7	28.8	28.8	28.77
IL/GO/88A-1.5	34.1	34.3	34.6	34.33

4.4.2　IL/GO/MIL-88A(Fe)复合材料光催化降解四环素的性能研究

1. 不同催化剂对四环素光催化降解效果的影响

为了评价 Fe 基 MOF 光催化剂优化后的效果，在四环素初始浓度为 20 mg/L、pH 为 5.7、光催化剂添加量为 0.30 g/L 的固定条件下，对所合成的不同光催化剂进行四环素光催化降解实验。图 4.55（a）是不同光催化剂和空白组的四环素去除率的对比图。从空白组结果可以看出，在没有光催化剂参与时，溶液中四环素的浓度几乎不发生变化，说明四环素在黑暗和光照情况下保持较好的水稳定性和光稳定性。在 MIL-88A(Fe)参与光催化反应时，其对四环素的去除率为 59.0%，表明其对四环素具备一定的光催化降解作用。

当添加的光催化剂为 GO/88A 时，在 180 min 光照后四环素的降解率达到了63.3%，这说明 1%含量的 GO 的掺杂，改善了材料的光催化性能。选择复合材料的光催化剂 IL/GO/88A-1.5 进行实验，当其仅在黑暗中对四环素进行吸附，吸附率达到 53.9%；而在光催化反应中，其显示出更高的光催化效率，四环素的降解率可以达到 88.8%。以 IL/88A 作为比较，可以发现 IL/88A 对四环素的降解率为78.9%，大于 MIL-88A(Fe)和 GO/88A，但小于 IL/GO/88A-1.5，这说明 GO 和 ILs

与 MIL-88A(Fe)掺杂可以共同增强 MOF 的光催化性能。

此外,对 IL/GO/88A-n 复合材料也进行了光催化活性探究,如图 4.55(b)所示。随着 ILs 添加量的增加,IL/GO/88A-n 对四环素的降解率也逐渐增加,当 $n = 1.5$ 时达到最佳效果,此时 ILs 与 MOF 的前驱体的摩尔比恰好为 1∶1,这说明适量带氨基的 ILs 能够增大材料的比表面积,提供更多的活性位点,从而进一步加强催化剂的吸附性能和光催化性能。但是当 ILs 过量时,四坏素的降解率急剧下降,这很有可能是 IL/GO/88A-2.0 致密的结构造成的,这可以从 SEM 的分析结果来解释。

同时,对不同光催化剂的四环素光催化降解动力学进行线性拟合,如图 4.55(c)所示。所拟合的曲线遵循准一级动力学模型,其中 IL/GO/88A-1.5 对四环素的光催化降解速率最大($k = 0.00788$ min^{-1}),分别是 MIL-88A(Fe)、GO/88A、IL/88A 的 3.01 倍、2.45 倍和 1.70 倍。这再次证明,GO 和 ILs 的掺杂共同优化了 MIL-88A(Fe) 的光催化性能。

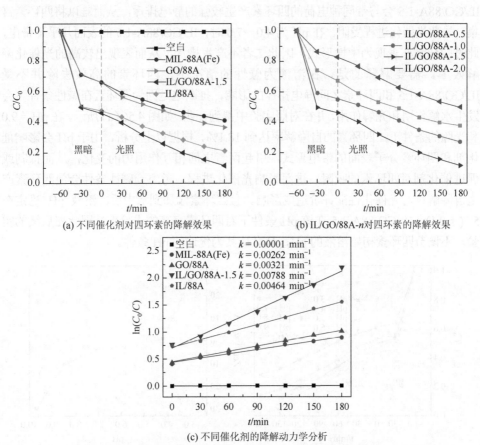

(a) 不同催化剂对四环素的降解效果　　　　(b) IL/GO/88A-n对四环素的降解效果

(c) 不同催化剂的降解动力学分析

图 4.55　不同光催化剂对四环素光催化降解效果的影响

2. pH 对四环素光催化降解效果的影响

通常情况下，pH 是影响光催化反应的重要参数之一。四环素的带电形式也受反应体系 pH 的影响，根据四环素的离解常数可分为三类：$pH < pK_{a1}$ 时为阳离子形式，$pK_{a1} < pH < pK_{a2}$ 时为中性形式，$pH > pK_{a2}$ 时为阴离子形式。图 4.56（a）给出了不同 pH 的四环素初始溶液下（光催化剂添加量为 0.30 g/L，四环素初始浓度为 20 mg/L），IL/GO/88A-1.5 对四环素的光催化降解情况。据图可知，当溶液的 pH 介于 4.0~9.0 时，在光照 180 min 后，四环素的去除率保持在 85.7%~94.2% 的较高水平范围。而在 pH = 3.0 时，四环素的去除率降低为 71.1%。为了进一步探索上述的实验现象，使用固体表面 Zeta 电位分析仪测定 IL/GO/88A-1.5 的表面荷电情况，其 Zeta 电势和 pH 的关系如图 4.56（b）所示。可以注意到，在 pH = 3.0 时，IL/GO/88A-1.5 的 Zeta 电势为正且数值较大，而相同条件下，四环素在溶液中以带正电的形式存在。此时 IL/GO/88A-1.5 会与带同种电荷的四环素产生较强的静电排斥，从而难以将四环素富集，导致光催化进程受阻。在 pH 为 4.0~7.0 时，IL/GO/88A-1.5 的表面几乎不带电，此时四环素亦表现为中性形式，因此二者不产生排斥，从而表现出较高的光催化降解效率。需要解释的是，在溶液为碱性的情况下，四环素的高效去除并不受 IL/GO/88A-1.5 和四环素之间静电排斥的影响，推断这是因为四环素在碱性条件下会发生水解作用和光解作用，并在对照实验中得到证明。如图 4.56（a）所示，在 pH = 9.0 和光照的条件下，四环素的自降解率达到 18.1%。根据以上分析，由于 pH 会影响催化剂和四环素分子表面的带电形式，引起两者之间相互作用力的变化，从而抑制或促进催化剂对四环素的吸附，进而影响光催化进程。考虑到碱性条件会使四环素产生自降解，对光催化性能评价造成影响。且四环素添加到水中后，溶液 pH 稳定在 5.7(±0.1)，IL/GO/88A-1.5 在该 pH 条件下对四环素有高的去除率，因此在后续的实验，不调节四环素初始溶液的 pH，且默认其为优选的 pH 条件。

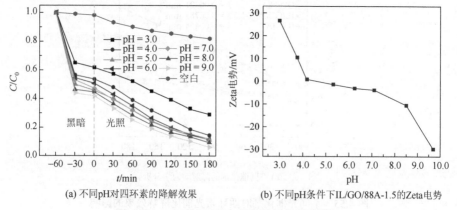

(a) 不同pH对四环素的降解效果　　　　(b) 不同pH条件下IL/GO/88A-1.5的Zeta电势

图 4.56　pH 对四环素光催化降解效果的影响

3. 光催化剂添加量对四环素光催化降解效果的影响

在实际工程应用中，光催化剂添加量不仅涉及到废水处理的效果，同时也涉及到经济成本的效益性。因此，通过研究光催化剂添加量对 IL/GO/88A-1.5 光催化降解四环素的影响，确定光催化反应体系中的经济优选解。在四环素溶液初始浓度为 20 mg/L、pH 为 5.7 的条件下，光催化剂添加量分别为 0.15 g/L、0.20 g/L、0.25 g/L、0.30 g/L、0.35 g/L 时的四环素降解实验，结果如图 4.57 所示。由图可知，四环素的降解率与光催化剂添加量呈正相关，即随着 IL/GO/88A-1.5 的添加量逐步增大，四环素的降解率也逐渐增大。这可归因于更多的光催化剂在单位四环素溶液体系中拥有更大的接触面积，提高了光催化剂和四环素的碰撞机会，也提供了更多吸附位点和光催化活性位点。同时还可以注意到，当光催化剂添加量从 0.30 g/L 增大到 0.35 g/L 时，相应的四环素降解率从 88.8% 提高到 91.5%，增幅较小。基于上述现象，可以从两个方面来解释：一方面，高浓度的光催化剂会充满溶液体系，由于实验装置中的光源为单一光源，因此靠近光源的光催化剂颗粒会导致光屏蔽效应，对其他颗粒造成光的遮挡，光的吸收减少，催化作用也会受到阻碍。另一方面，由于 IL/GO/88A-1.5 是尺寸为大约 100 nm 的微小颗粒，高浓度的光催化剂更易发生团聚，从而抑制其吸附作用的充分发挥，进而影响光催化降解的效果。因此，适当的 IL/GO/88A-1.5 添加量可以高效展现其对四环素的光催化降解能力，过多或过少都有可能影响其降解效果。鉴于四环素的降解效率和经济实用性，选择 0.30 g/L 的光催化剂添加量为光催化降解四环素的经济优选解。

4. 四环素初始浓度对四环素光催化降解效果的影响

污染物的初始浓度也是在废水处理工艺设计上的重要参考指标，研究 IL/GO/88A-1.5 降解四环素的优选四环素初始浓度，对于实际应用具有重要意义。控制四环素溶液的 pH 为 5.7、光催化剂的添加量为 0.30 g/L，分别研究 10 mg/L、20 mg/L、30 mg/L、40 mg/L 和 50 mg/L 的四环素初始浓度对 IL/GO/88A-1.5 光催化降解四环素的影响，结果如图 4.58 所示。显然，在 0~60 min 的黑暗吸附阶段，随着四环素初始浓度从 10 mg/L 增加到 50 mg/L，IL/GO/88A-1.5 对四环素的吸附率从 64.0% 骤降至 36.5%，这说明四环素初始浓度较大程度地影响了催化剂对四环素的吸附。而随着光照阶段的进行，最终初始浓度为 10 mg/L 的四环素降解率达到了 95.7%，而初始浓度为 50 mg/L 时的四环素降解率仅为 75.1%，这说明初始浓度在影响吸附作用的基础上最终影响了四环素的降解率。根据分析，四环素初始浓度与四环素的降解率呈负相关。这可以归结为，当光催化剂添加量固定时，其所能提供的活性位点数量固定；随着四环素初始浓度的增大，光催化活性位点数量将低于四环素分子数量，因此吸附和光催化效果有所降低。此外，在光催化作用下，四环素分子会被不断降解为不同的中间产物，大量的中间产物同样会与四环素分子争夺有限的活性位点，从而进一步阻碍光催化降解四环素的进程。因此，较低的四环素初始浓度有助于 IL/GO/88A-1.5 对四环素的去除降解。鉴于四环素在实际废水中的浓度非常低，因此，本节中选用低浓度四环素（10 mg/L）进行光催化实验具有重要的现实意义。

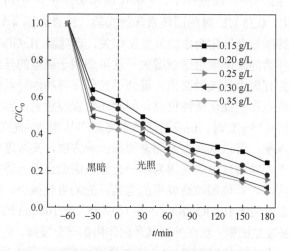

图 4.57　不同光催化剂添加量对四环素的降解效果

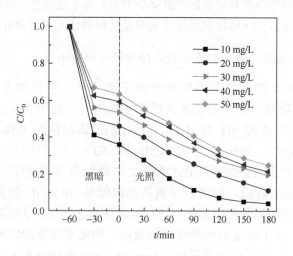

图 4.58　不同四环素初始浓度对四环素的降解效果

5. 光催化剂稳定性和循环使用性能分析

在实际水处理工程中，通常将光催化剂的稳定性和循环使用性能作为是否投入应用的重要参考依据。因此，本节探究 IL/GO/88A-1.5 在光催化降解四环素体系中的稳定性和循环使用性能，评估其在实际应用中的潜力。在循环当中，样品会出现损耗，但每次循环后，样品回收率仍可以达到 75%以上。经过循环 5 次后，如图 4.59（a）所示，IL/GO/88A-15 对四环素的光催化去除率保持在 80%左右，说明光催化剂具有良好的循环使用性能，对四环素保持高的光催化活性。对循环的 IL/GO/88A-1.5 进行 XRD 表征，结果如图 4.59（b）所示，循环前后光催化剂在 10.5°处的特征衍射峰有所减弱，这可能是由于材料经过多次吸附、光催化反应和洗涤引起的，但主要特征衍射峰的位置基本不变，这说明光催化剂具有较好的稳定性。综上分析，在本节中优选 pH、光催化剂添加量、四环素初始浓度下，IL/GO/88A-1.5 表现出结构上的稳定性、循环使用性能和对四环素的光催化降解上的高效性，是一种具有应用潜力的光催化材料。

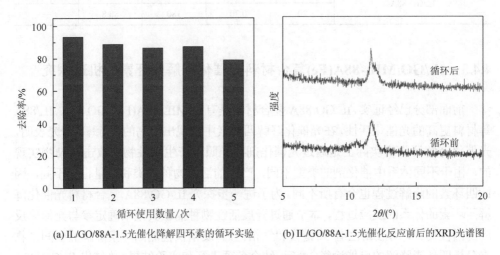

(a) IL/GO/88A-1.5光催化降解四环素的循环实验　　(b) IL/GO/88A-1.5光催化反应前后的XRD光谱图

图 4.59　光催化剂稳定性和循环使用性能分析

6. 与其他 MOF 复合材料光催化剂的比较

在光催化技术中，具有实际应用价值的 MOF 复合材料光催化剂应满足高效、绿色、经济、可持续等特点。为了进一步探究优化 MOF 复合材料光催化剂的可行途径，表 4.6 列出了相关报道的不同优化类型的 MOF 复合材料光催化剂和本节的 IL/GO/88A 对四环素光催化降解效果的比较。根据四环素初始浓度、光催化剂添加量、可见光的照射时间和循环使用数量进行综合评估，可以发现，IL/GO/88A 对四环素的降解效果较为突出。这表明，利用 ILs、GO 优化 MIL-88A(Fe)用于光催化降解水中四环素具有可行性，这为开发高效 MOF 复合材料光催化剂并用于处理含四环素废水提供了新思路。

表 4.6　IL/GO/88A 与其他光催化降解四环素的 MOF 复合材料光催化剂的比较

光催化剂	四环素初始浓度/(mg/L)	添加量/(g/L)	时间/min	去除率/%	循环使用数量/次
Fe-MIL-101	50	0.50	180	96.6	4
PI-UiO	10	0.20	100	88.0	3
M-MIL-101(Fe)/TiO$_2$	20	1.00	180	91.2	5
UiO-66@35WG	20	1.66	70	84.0	4
BiOI/MIL-125(Ti)	20	0.25	240	70.0	4
BiOI@UIO-66(NH$_2$@g-C$_3$N$_4$)	20	0.20	180	80.0	—
CFs/TiO$_2$/MIL-101(Fe)cloth	20	2.00	60	94.2	—
AgCl/Ag/I 氮气 O$_3$	15	1.00	180	77.9	4
IL/GO/88A	10	0.30	180	95.7	5
	20	0.30	180	88.8	—

4.4.3　IL/GO/MIL-88A(Fe)复合材料光催化降解四环素的机理探究

前面部分已经证实,IL/GO/88A 复合材料具有比 MIL-88A(Fe)、GO/88A、IL/88A 等材料更高的光催化活性,在光催化降解四环素中表现出更高的去除率。研究表明,光催化降解污染物实际上是通过光催化剂在光照下产生活性物种攻击污染物实现的,由于不同体系中催化剂的类型不同,产生的活性物种种类和数量也会不同,因此四环素的降解过程也会有所不同。为了进一步探究 IL/GO/88A 复合材料光催化降解四环素的体系的反应过程,本节通过开展活性物种捕获实验来确定参与光催化反应的活性物种,用液相色谱-质谱仪和气相色谱-质谱仪检测四环素降解的中间产物来分析四环素降解的可能途径。最后,结合各项表征和实验结果,总结出 IL/GO/88A 复合材料光催化降解四环素的反应机理。

1. 活性物种捕获实验分析

在这个过程中,通过对活性物种捕获实验的设计,来研究 IL/GO/88A-1.5 在光催化降解四环素过程中所产生的和起作用的活性物种。本节选用异丙醇、对苯醌和甲醇作为自由基捕获剂,分别捕获活性物种·OH、·O$_2^-$、h$^+$,所添加的浓度分别为 65 mmol/L、3 mmol/L 和 120 mmol/L。此外设置一组不添加捕获剂的空白组。

活性物种捕获的实验结果如图 4.60 所示。通过加入不同的自由基捕获剂,可以淬灭相应的自由基,从而抑制其对四环素的降解,因而可以根据四环素的去除率的变化,判断参与光催化进程的活性物种。由图可知,在对照中,IL/GO/88A-1.5 对四环素的去除率为 88.8%。将异丙醇或甲醇加入到反应体系后,四环素的去除率出现明显的降低，说明光催化反应受到了阻碍；当反应体系中加入对苯醌，四环素的去除率也有所降低，但降幅较小。根据实验结果可以得出，在添加不同的自由基捕获剂后，IL/GO/88A-1.5 的光催化作用均受到不同程度的抑制，这表明该光催化反应体系中·OH、·O$_2^-$、h$^+$作为活性物种共同参与光催化反应的进行，其中，·OH、h$^+$在四环素降解过程中起到主要贡献。

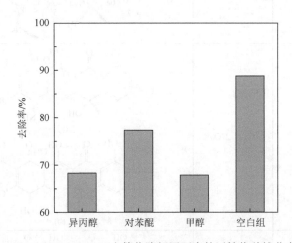

图 4.60　IL/GO/88A-1.5 光催化降解四环素的活性物种捕获实验

2. 四环素降解中间产物实验分析

在这个过程中，对四环素降解的中间产物通过 LC-MS 和气相色谱-质谱法（GC-MS）进行样品分析。LC-MS 的色谱检测条件为：选择超纯水为流动相 A，甲醇为流动相 B，进行梯度洗脱，流速为 0.3 ml/min；质谱检测条件为：在电喷雾正离子模式（ESI$^+$）下进行质谱检测，m/z 全扫范围为 100～3000。GC-MS 的检测条件设置为：柱温按 25℃/min、3℃/min、8℃/min 分步从 70℃升温至 150℃、200℃、280℃，并保持 5 min，采用不分流的模式，电子冲击能量为 70 eV。最后通过分析所得质谱数据，确定四环素降解的中间产物，进而推断 IL/GO/88A-1.5 对四环素可能的降解途径。

由于四环素分子具有双键、酚羟基、氨基等官能团，这些电子密度较高的官能团在·OH、·O$_2^-$等活性物种存在时易受攻击[38]。在活性物种捕获实验中已经证明 IL/GO/88A 光催化降解四环素的体系中产生了·OH、·O$_2^-$、h$^+$等自由基，因此四环素降解过程中可能经历官能团丢失、双键断裂等反应，产生了不同的中间产物。通过 LC-MS 和 GC-MS 对反应溶液检测得到质谱图，对所得的质谱数据进行质谱数据库匹配、文献对照和质谱规律分析判断，得出化合物的分子式和分子量，最终鉴定出 15 种降解中间产物（如表 4.7 所示）。

表 4.7 中间产物的信息

化合物	m/z	分子式	分子结构式
NO.1	445	$C_{22}H_{24}N_2O_8$	
NO.2	418	$C_{20}H_{19}NO_9$	(a) (b)
NO.3	427	$C_{22}H_{12}N_2O_7$	
NO.4	398	$C_{20}H_{15}NO_8$	
NO.5	461	$C_{22}H_{24}N_2O_9$	
NO.6	525	$C_{22}H_{24}N_2O_{13}$	

续表

化合物	m/z	分子式	分子结构式
NO.7	439	$C_{19}H_{18}O_{12}$	
NO.8	511	$C_{21}H_{22}N_2O_{13}$	
NO.9	497	$C_{20}H_{20}N_2O_{13}$	
NO.10	279	$C_{16}H_{22}O_4$	
NO.11	119	$C_6H_{14}O_2$	
NO.12	107	C_8H_{10}	
NO.13	103	$C_6H_{14}O$	
NO.14	75	$C_4H_{10}O$	
NO.15	74	C_3H_7NO	

从所分析的中间产物可以看出，这些物质均可以由四环素经过氧化、开环、羟基化、脱甲基化、脱氨基化、脱羟基化等一系列反应得到，因此提出 4 条 IL/GO/88A 对四环素的降解途径。分析可能的反应路径Ⅰ：NO.1（$m/z=445$）首先在经历脱甲

基化反应后，氨基所在位点受到·OH 攻击得到二级产物 NO.2(a)或(b)($m/z = 418$)。反应路径 II：在酸性条件下四环素会发生一个可逆的过程，在 C5a、C6 位置（见表 4.7 化合物 NO.1 的分子结构式，余同）的氢和羟基发生消去反应，脱去 H_2O后得到 NO.3（$m/z = 427$），再通过脱去—NH_3、—CH_3 得到二级产物 NO. 4（$m/z = 398$）。反应路径III：一级产物 NO.5（$m/z = 461$）是由四环素的 C11a══C12双键受到·OH 攻击形成，随后经历了与路径 II 相似的过程得到 NO.4。反应路径IV：在 NO.5 的基础上受到进一步羟基化，C6a══C7 的双键也在氧化作用下开环断裂，产生了酮基和羧基，得到的 NO.6（$m/z = 525$）又继续发生脱甲基化、脱氨基化、脱羧基化、脱羟基化等反应得到三级产物 NO.7（$m/z = 439$）。此外，还观察到 NO.10～NO.15 较低分子量的中间产物，这些主要是通过二级、三级产物的开环反应、裂解反应衍生，在活性物种的进一步氧化作用下将逐步降解并最终矿化为 CO_2、H_2O 和 NH_4^+ 等（NO.8 和 NO.9 非流程中重要部分，不作详述）。

3. 吸附-光催化协同降解机理分析

综上，IL/GO/88A-1.5 对四环素的去除涉及吸附富集作用和光催化降解作用。根据 N_2 吸附脱附分析可知，在引入 ILs 后，IL/GO/88A-1.5 表现出大的比表面积（66.22 m^2/g），且其平均孔径为 3.812 nm，略大于孔径为 1.7 nm 左右的四环素，因此四环素可以有效地进入 MOF 的孔道中且不易脱落。此外，由于 IL/GO/88A-1.5和四环素存在丰富的—NH_2 和—OH，在溶液中会发生氢键作用，同样会促进吸附的进行。由光电特性测试（紫外-可见漫反射光谱、电化学阻抗谱和电导率测试）分析，ILs 提升了 IL/GO/88A-1.5 的导电性能，有利于光生电子 e^- 和光生空穴 h^+的迁移；此外，ILs 降低了 IL/GO/88A-1.5 的带隙能，E_{CB} 和 E_{VB} 分别为 -0.68 eV vsNHE 和 1.75 eV vs NHE，相比于 $O_2/\cdot O_2^-$ 和 O_2/H_2O_2 的氧化还原电势（-0.33 eV vsNHE 和 0.69 eV vs NHE），其 E_{CB} 的负电势更高，因此导带上的 e^- 可以将 O_2 还原为$\cdot O_2^-$ 和 H_2O_2，所产生的 H_2O_2 也可以进一步捕获 e^- 或 $\cdot O_2^-$ 并转变为·OH。由于·OH/H_2O和·OH/OH$^-$ 的氧化还原电势（2.80 eV vs NHE 和 2.38 eV vs NHE）均高于IL/GO/88A/1.5 的 E_{VB}，因此价带上的 h^+ 无法通过氧化 H_2O 或者 OH 来产生·OH，但不断累积的 h^+ 仍具有强氧化性，可以直接氧化降解四环素及其衍生物。

根据以上分析，提出 IL/GO/88A 复合材料吸附-光催化协同降解四环素机理：在协同过程中，IL/GO/88A 利用大比表面积、介孔特性和氢键作用将四环素分子吸附富集在表面。在可见光照射下，IL/GO/88A 的 Fe—O 被激发，产生 e^- 和 h^+，e^- 从 MOF 的价带迁移到导带，又在高电导率 ILs 的引导下迅速转移到 GO 上，通过与光催化剂界面上的 O_2 发生还原反应产生·O_2^- 和·OH，这些自由基将与 h^+共同参与氧化、开环等反应对四环素分级降解，最终矿化为 CO_2、H_2O、NH_4^+ 等。

四环素分子降解完后将空出活性位点，用以吸附新的四环素分子和中间产物，并进一步完成降解。

参 考 文 献

[1] 杨草. MIL-68(In)-NH₂ 和 ZIF-8 衍生光催化剂的制备及降解 β-内酰胺类抗生素的研究[D]. 广州：华南理工大学，2018.

[2] Wu L，Xue M，Qiu S L，et al. Amino-modified MIL-68(In) with enhanced hydrogen and carbon dioxide sorption enthalpy[J]. Microporous and Mesoporous Materials，2012，157：75-81.

[3] Liang R，Shen L，Jing F，et al. NH₂-mediated indium metal-organic framework as a novel visible-light-driven photocatalyst for reduction of the aqueous Cr (VI)[J]. Applied Catalysis B：Environmental，2015，162：245-251.

[4] Spagnol V，Sutter E，Debienne-Chouvy C，et al. EIS study of photo-induced modifications of nano-columnar TiO₂ films[J]. Electrochimica Acta，2009，54（4）：1228-1232.

[5] Kong D S. The influence of fluoride on the physicochemical properties of anodic oxide films formed on titanium surfaces[J]. Langmuir，2008，24（10）：5324-5331.

[6] Ishikawa A，Takata T，Kondo J N，et al. Oxysulfide Sm₂Ti₂S₂O₅ as a stable photocatalyst for water oxidation and reduction under visible light irradiation（λ≤650 nm）[J]. Journal of the American Chemical Society，2002，124（45）：13547-13553.

[7] Andreozzi R，Canterino M，Marotta R，et al. Antibiotic removal from wastewaters：The ozonation of amoxicillin[J]. Journal of Hazardous Materials，2005，122（3）：243-250.

[8] Rodriguez R. New method for determination of â-lactam antibiotics by means of diffuse reflectance spectroscopy using polyurethane foam as sorbent[D]. Duisburg：University Duisburg-Essen，2005.

[9] Trovo A G，Nogueira R F P，Agüera A，et al. Degradation of the antibiotic amoxicillin by photo-Fenton process-chemical and toxicological assessment[J]. Water Research，2011，45（3）：1394-1402.

[10] Kanakaraju D，Kockler J，Motti C A，et al. Titanium dioxide/zeolite integrated photocatalytic adsorbents for the degradation of amoxicillin[J]. Applied Catalysis B：Environmental，2015，166：45-55.

[11] Ye L，Chen J，Tian L，et al. BiOI thin film via chemical vapor transport：Photocatalytic activity，durability，selectivity and mechanism[J]. Applied Catalysis B：Environmental，2013，130：1-7.

[12] Dong F，Li Q，Sun Y，et al. Noble metal-like behavior of plasmonic Bi particles as a cocatalyst deposited on (BiO)₂CO₃ microspheres for efficient visible light photocatalysis[J]. Acs Catalysis，2014，4（12）：4341-4350.

[13] Cheng H，Huang B，Dai Y，et al. One-step synthesis of the nanostructured AgI/BiOI composites with highly enhanced visible-light photocatalytic performances[J]. Langmuir，2010，26（9）：6618-6624.

[14] Cao W，Yuan Y，Yang C，et al. In-situ fabrication of g-C₃N₄/MIL-68(In)-NH₂ heterojunction composites with enhanced visible-light photocatalytic activity for degradation of ibuprofen[J]. Chemical Engineering Journal，2020，391：123608.

[15] Zhang Y，Zhou J，Feng Q，et al. Visible light photocatalytic degradation of MB using UiO-66/g-C₃N₄ heterojunction nanocatalyst[J]. Chemosphere，2018，212：523-532.

[16] Huang W，Liu N，Zhang X，et al. Metal organic framework g-C₃N₄/MIL-53(Fe) heterojunctions with enhanced photocatalytic activity for Cr(VI) reduction under visible light[J]. Applied Surface Science，2017，425：107-116.

[17] Xu J X，Lan X Q，Cheng J H，et al. Facile synthesis of g-C₃N₄/Ag₂C₂O₄ heterojunction composite membrane with efficient visible light photocatalytic activity for water disinfection[J]. Chemosphere，2022，295：133841.

[18] Lei Z D, Xue Y C, Chen W Q, et al. The influence of carbon nitride nanosheets doping on the crystalline formation of MIL-88B(Fe) and the photocatalytic activities[J]. Small, 2018, 14（35）: 1802045.

[19] Liu B, Wu Y, Han X, et al. Facile synthesis of g-C$_3$N$_4$/amine-functionalized MIL-101(Fe) composites with efficient photocatalytic activities under visible light irradiation[J]. Journal of Materials Science: Materials in Electronics, 2018, 29（20）: 17591-17601.

[20] Lv Y, Zhang R, Zeng S, et al. Removal of p-arsanilic acid by an amino-functionalized indium-based metal-organic framework: Adsorption behavior and synergetic mechanism[J]. Chemical Engineering Journal, 2018, 339: 359-368.

[21] Yang C, Wu S, Cheng J, et al. Indium-based metal-organic framework/graphite oxide composite as an efficient adsorbent in the adsorption of rhodamine B from aqueous solution[J]. Journal of Alloys and Compounds, 2016, 687: 804-812.

[22] Huang J, Zhang X, Song H, et al. Protonated graphitic carbon nitride coated metal-organic frameworks with enhanced visible-light photocatalytic activity for contaminants degradation[J]. Applied Surface Science, 2018, 441: 85-98.

[23] Tian L, Yang X, Liu Q, et al. Anchoring metal-organic framework nanoparticles on graphitic carbon nitrides for solar-driven photocatalytic hydrogen evolution[J]. Applied Surface Science, 2018, 455: 403-409.

[24] Wang H, Yuan X, Wu Y, et al. Synthesis and applications of novel graphitic carbon nitride/metal-organic frameworks mesoporous photocatalyst for dyes removal[J]. Applied Catalysis B: Environmental, 2015, 174: 445-454.

[25] Akbarzadeh R, Fung C S L, Rather R A, et al. One-pot hydrothermal synthesis of g-C$_3$N$_4$/Ag/AgCl/BiVO$_4$ micro-flower composite for the visible light degradation of ibuprofen[J]. Chemical Engineering Journal, 2018, 341: 248-261.

[26] Zhu Y, Wan T, Wen X, et al. Tunable type I and II heterojunction of CoO$_x$ nanoparticles confined in g-C$_3$N$_4$ nanotubes for photocatalytic hydrogen production[J]. Applied Catalysis B: Environmental, 2019, 244: 814-822.

[27] Wang H, Wu Y, Xiao T, et al. Formation of quasi-core-shell In$_2$S$_3$/anatase TiO$_2$@ metallic Ti$_3$C$_2$T$_x$ hybrids with favorable charge transfer channels for excellent visible-light-photocatalytic performance[J]. Applied Catalysis B: Environmental, 2018, 233: 213-225.

[28] Li X, Pi Y, Wu L, et al. Facilitation of the visible light-induced Fenton-like excitation of H$_2$O$_2$ via heterojunction of g-C$_3$N$_4$/NH$_2$-Iron terephthalate metal-organic framework for MB degradation[J]. Applied Catalysis B: Environmental, 2017, 202: 653-663.

[29] Liang R, Huang R, Wang X, et al. Functionalized MIL-68(In)for the photocatalytic treatment of Cr(Ⅵ)-containing simulation wastewater: Electronic effects of ligand substitution[J]. Applied Surface Science, 2019, 464: 396-403.

[30] Zhang Z, Pan Z, Guo Y, et al. In-situ growth of all-solid Z-scheme heterojunction photocatalyst of Bi$_7$O$_9$I$_3$/g-C$_3$N$_4$ and high efficient degradation of antibiotic under visible light[J]. Applied Catalysis B: Environmental, 2020, 261: 118212.

[31] Liu W, Li Z, Kang Q, et al. Efficient photocatalytic degradation of doxycycline by coupling α-Bi$_2$O$_3$/g-C$_3$N$_4$ composite and H$_2$O$_2$ under visible light[J]. Environmental Research, 2021, 197: 110925.

[32] Du Z, Feng L, Guo Z, et al. Ultrathin h-BN/Bi$_2$MoO$_6$ heterojunction with synergetic effect for visible-light photocatalytic tetracycline degradation[J]. Journal of Colloid and Interface Science, 2021, 589: 545-555.

[33] Liu J, Zhou S, Gu P, et al. Conjugate Polymer-clothed TiO$_2$@ V$_2$O$_5$ nanobelts and their enhanced visible light photocatalytic performance in water remediation[J]. Journal of Colloid and Interface Science, 2020, 578: 402-411.

[34]　Zhao Q，Long M，Li H，et al. Synthesis of MFeO₃/SBA-15（M=La or Bi）for peroxymonosulfate activation towards enhanced photocatalytic activity[J]. New Journal of Chemistry，2022，46（3）：1144-1157.

[35]　Yang K，Ye J，Zhao Y，et al. IO-TiO₂/PCN-222 heterostructure with a tightly connected interface and its photocatalytic activity[J]. Chemistry Select，2021，6（17）：4238-4246.

[36]　He J，Ye J，Zhang Y，et al. Synergistic RGO/Black TiO₂/2D-ZIF-8 ternary heterogeneous composite with highly efficient photocatalytic activity[J]. Chemistry Select，2020，5（12）：3746-3755.

[37]　Petit C，Burress J，Bandosz T J. The synthesis and characterization of copper-based metal-organic framework/graphite oxide composites[J]. Carbon，2011，49（2）：563-572.

[38]　Wang J，Zhi D，Zhou H，et al. Evaluating tetracycline degradation pathway and intermediate toxicity during the electrochemical oxidation over a Ti/Ti₄O₇ anode[J]. Water Research，2018，137：324-334.

第 5 章　金属有机骨架材料催化类芬顿体系降解去除水中难降解有机污染物的研究

由第 4 章相关内容可知，光催化反应具有高效降解性能的核心在于在光催化剂的作用下体系内活性氧（reactive oxygen species，ROS）的间接生成与反应。由此可见 ROS 的强氧化性可以达到难降解有机污染物物质的强去除效果。·OH 作为 ROS 的代表性活性物种，容易氧化目标污染物实现其降解。芬顿反应可以直接生成活性物种·OH。由于传统芬顿体系存在 H_2O_2 运输储存难、大量铁泥沉积等问题，因此衍生出了较多类芬顿体系，如光芬顿、电芬顿、光电芬顿等。它们可以协同其他外部能源提升芬顿反应的效率，克服了传统芬顿体系的缺点，具有更加经济有效的优点。由于 MOF 材料优越的结构和化学组成特性，近年来已经有较多相关研究报道了各种 MOF 材料及其衍生物作为类芬顿催化剂的应用。本章研究在此基础上进一步探究金属有机骨架材料催化类芬顿体系降解去除水中难降解有机污染物的构效关系及催化降解机理。

5.1　缺陷 MIL-88B(Fe)修饰阴极催化电芬顿体系降解去除磺胺甲噁唑

电芬顿技术的基本原理是通过电源连接电极，搭建降解池装置。在阴极通电后可以使溶解氧在阴极表面发生氧化还原反应生成 H_2O_2，H_2O_2 与体系内 Fe^{2+} 催化剂发生芬顿反应产生·OH，氧化去除难降解有机污染物。

MIL-88B(Fe)是由对苯二甲酸（BDC）和铁三聚八面体簇（Fe_3-μ_3-oxo）构成的一种三维多孔铁基 MOF 材料，MIL-88B(Fe)内部含有以 Fe^{3+} 为代表的反应活性位点，其可作为类芬顿催化剂用于催化降解难降解有机污染物，但单体 MIL-88B(Fe)存在导电性较差的问题，难以适用于更加绿色高效的电芬顿体系。本节采用甲酸对 MIL-88B(Fe)进行刻蚀，在晶体表面构造不饱和金属位点，对 MOF 材料的结构和表面性质进行调控，从而制备出高导电性、高活性且结构稳定的高效自组装的缺陷 MOF 催化剂，并将制得的缺陷 MIL-88B(Fe)修饰阴极催化电芬顿体系降解水中磺胺甲噁唑。

5.1.1　MIL-88B(Fe)及缺陷 MIL-88B(Fe)的制备与表征

1. MIL-88B(Fe)及缺陷 MIL-88B(Fe)的制备

MIL-88B(Fe)根据文献[1]报道的方法进行制备。

而缺陷 MIL-88B(Fe)制备方法如下：首先称量 0.756 g（2.770 mmol）FeCl$_3$·6H$_2$O、0.231 g（1.385 mmol）对苯二甲酸和 0.230～0.690 g（5.0～15.0 mmol）甲酸，溶解于 60 ml DMF 中。其次在室温下磁力搅拌 30 min，将混合溶液转移至高压反应釜中，置于 150℃的鼓风干燥箱中恒温加热 2 h。待加热结束后取出反应釜，自然冷却至室温。最后将所得固体离心分离并用乙醇洗涤数次。洗涤结束后将材料置于真空干燥箱中在 60℃条件下真空干燥 12 h，干燥结束后取出材料，使用玛瑙研钵研磨后得到缺陷 MOF 材料粉末。

使用 5.0 mmol 甲酸刻蚀制得的缺陷 MOF 催化剂命名为 5A-MIL-88(Fe)，使用 10.0 mmol 甲酸刻蚀制得的缺陷 MOF 催化剂命名为 10A-MIL-88(Fe)，使用 15.0 mmol 甲酸刻蚀制得的缺陷 MOF 催化剂命名为 15A-MIL-88(Fe)。

2. MIL-88B(Fe)及缺陷 MIL-88B(Fe)的表征

1）SEM 分析

采用 SEM 观察催化剂材料的晶体形貌与结构，如图 5.1 所示。由图 5.1（a）可以看到，MIL-88B(Fe)的晶体结构呈均匀、高度对称的纺锤体形状，这与相关研究中的描述一致。由图 5.1（b）可以看到，5A-MIL-88(Fe)的晶体表面粗糙，出现明显的缺陷与孔隙结构，纺锤体棱角被有机酸蚀去，比表面积较甲酸刻蚀前增大。由图 5.1（c）可以看到，随着甲酸刻蚀量的进一步增大，10A-MIL-88(Fe)晶体难以生长成完整的纺锤体形状，尺寸明显减小、晶粒逐渐成为球形且分布分散。

(a) MIL-88B(Fe)　　　(b) 5A-MIL-88(Fe)　　　(c) 10A-MIL-88(Fe)

图 5.1　不同催化剂材料的 SEM 图

2）XRD 分析

采用 XRD 对催化剂材料的晶体结构进行分析，如图 5.2 所示。由图 5.2 可知，MIL-88B(Fe)在 $2\theta = 8.9°$ 处的特征衍射峰强度最强，材料在 $2\theta = 8.9°$、$9.2°$、$10.2°$、$16.4°$、$18.7°$ 处特征衍射峰的位置及特征与相关研究中呈现的结果基本一致。

5A-MIL-88(Fe)、10A-MIL-88(Fe)特征衍射峰的位置及特征与 MIL-88B(Fe)基本一致，但强度有所减弱。结合 SEM 结果可知，缺陷 MOF 材料的结构完整性和结晶形态基本保留，甲酸刻蚀没有改变材料晶体特征；特征衍射峰强度减弱说明对苯二甲酸和甲酸竞争配位导致 MOF 材料内部成功引入缺陷位点，进一步影响了 MOF 结构的生长。

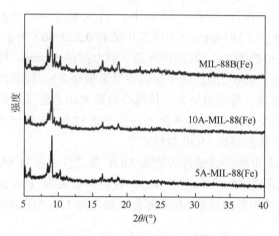

图 5.2　不同催化剂的 XRD 图谱

5.1.2　缺陷 MIL-88B(Fe)修饰阴极催化电芬顿体系降解去除磺胺甲噁唑的性能研究

1. 电芬顿体系构建

将催化剂材料涂附在 2 cm×2 cm 大小的碳毡（CF）上，具体步骤如下：称量 10 mg MIL-88B(Fe)粉末，溶解于 1 ml 无水乙醇中，超声 20 min，结束后加入 30 μl（5%）萘酚溶液，将混合液超声 20 min。超声结束后使用滴管将液体逐滴滴在碳毡上，使液滴均匀分布在碳毡表面，自然晾干后得到 5A-MIL-88(Fe)修饰阴极。

催化电芬顿体系在 150 ml 降解池中进行，降解池中共有 100 ml 溶液，内含 25 mg/L 磺胺甲噁唑溶液和 0.1 mol/L Na_2SO_4 溶液。金属铂片和 5A-MIL-88(Fe)修饰阴极插入到降解池液面以下，分别作为该电解体系的阳极和阴极连接电源，控制电流为 40 mA，电压保持在 3.5 V。降解过程中，使用磁力搅拌器低速搅拌降解池内溶液，持续在阴极附近通氧气。

降解实验进行到 0 min、10 min、20 min、30 min、40 min、60 min、90 min、120 min，从降解池中取样，取出的样品经 0.22 μm 玻璃纤维滤头过滤。使用高效液相色谱测量波长为 289 nm 处样品的吸光度，流动相为 1%冰乙酸，根据标准曲线计算样品浓度。

2. 电芬顿体系实验结果分析

1) 不同催化剂的对比研究

本节研究了 MIL-88B(Fe)催化剂和缺陷 MIL-88B(Fe)催化剂对 10 mg/L 磺胺甲噁唑的电芬顿降解效能实验。由图 5.3 (a) 可知，反应进行了 120 min，没有经过修饰的 MIL-88B(Fe)对磺胺甲噁唑的去除率为 87.67%，相比之下，缺陷 MIL-88B(Fe)对磺胺甲噁唑的去除率均高于 98%，其中 5.0 mmol 甲酸刻蚀制得的 5A-MIL-88(Fe)对磺胺甲噁唑的去除率最高，为 98.72%。这是因为甲酸对 MIL-88B(Fe)材料表面进行修饰后，会与对苯二甲酸竞争配位，导致材料表面出现不饱和金属位点，电子密度增大电荷转移能力增强，电化学性能和催化性能得到增强。但是甲酸的过量添加则会导致 MIL-88B(Fe)原有骨架的坍塌，影响其孔隙结构，使得催化性能下降，这与 SEM 测试结果相互佐证。由图 5.3 (b) 可知，MIL-88B(Fe)与缺陷 MIL-88B(Fe)催化降解磺胺甲噁唑反应的动力学拟合曲线属于准一级动力学模型，MIL-88B(Fe)对磺胺甲噁唑的催化降解速率为 $0.01694\ \mathrm{min}^{-1}$；相比之下，去除率最高的 5A-MIL-88(Fe)对磺胺甲噁唑的催化降解速率为 $0.03882\ \mathrm{min}^{-1}$，是 MIL-88B(Fe)催化降解速率的 2.29 倍。这同样证明了使用甲酸对 MIL-88B(Fe)刻蚀能够增强材料的电化学性能和催化性能。

基于上述实验结果，后续研究均采用 5A-MIL-88(Fe)作为最佳催化剂，分析 5A-MIL-88(Fe)催化降解磺胺甲噁唑的性能。

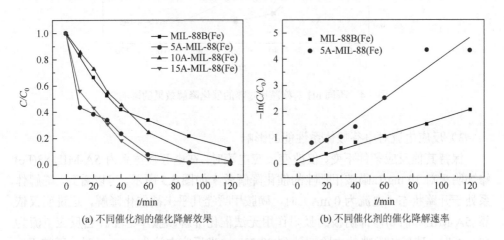

(a) 不同催化剂的催化降解效果　　　　　(b) 不同催化剂的催化降解速率

图 5.3　不同催化剂的催化降解分析

2) pH 对电芬顿体系性能的影响

保持其他反应条件不变,仅改变环境的pH时,在电芬顿体系内 5A-MIL-88(Fe)

修饰阴极对 10 mg/L 磺胺甲噁唑的催化降解效果如图 5.4 所示。通过计算，当 pH = 2 时，磺胺甲噁唑的去除率为 98.63%；当 pH = 3 时，磺胺甲噁唑的去除率最高，达到了 98.69%；当 pH = 4 时，磺胺甲噁唑的去除率开始大幅度降低，仅有 59.98%。随着环境 pH 继续升高，例如，当 5≤pH≤8 时，磺胺甲噁唑的去除率均未超过 65%。实验结果表明，5A-MIL-88(Fe) 仅能在较强酸性环境中高效降解抗生素污染物，在弱酸性、中性或碱性环境下降解抗生素污染物的效率较低。这是因为环境中的 pH 会影响溶液中磺胺甲噁唑的存在形态、催化剂表面电荷分布、电荷转移速率及电芬顿体系内活性基团的生成速率。当溶液 pH 呈弱酸性或碱性时，催化剂 5A-MIL-88(Fe) 表面不饱和金属位点的 Fe(Ⅲ)、Fe(Ⅱ) 的存在形态是氢氧化铁、氢氧化亚铁形态，不利于活性羟自由基、超氧自由基的产生。

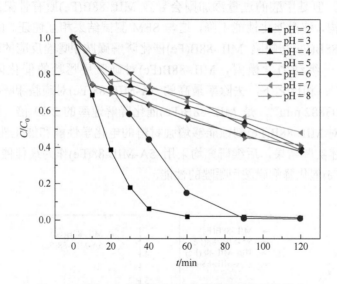

图 5.4　不同 pH 对磺胺甲噁唑的催化降解效果的影响

3）反应电流对电芬顿体系性能的影响

保持其他反应条件不变、仅改变反应电流时，在电芬顿体系内 5A-MIL-88(Fe) 修饰阴极对 10 mg/L 磺胺甲噁唑的催化降解效率如图 5.5 所示。可以看到，降解体系处于开路状态（电流为 0 mA）时，磺胺甲噁唑几乎未被催化降解，这说明仅依靠 5A-MIL-88(Fe) 修饰阴极的吸附作用无法催化降解磺胺甲噁唑。当反应电流为 40 mA 时，磺胺甲噁唑的去除率达到 98.72%；当反应电流为 80 mA 时，磺胺甲噁唑的去除率达到 98.14%；随着反应电流进一步提升，当反应电流为 120 mA 时，磺胺甲噁唑的去除率有所降低，为 86.37%。对比反应电流 40 mA 与 80 mA 两组降解体系，在反应 0~40 min 范围内、80 mA 电流条件下，磺胺甲噁唑的催化降解速率更快；在反应 40 min 后（包含 40 min）、40 mA 电流条件下，磺胺甲噁唑的催化降解速率更快。这是因为随着反应电流的加大，反应速率加快，催化降解效率不断提升，但反应电流过大会伴随着中间产物的快速生成，将在反应中期覆盖反应活性位点，导致后续反应动力不足。实验结果表明，5A-MIL-88(Fe)在不同反应电流下均有较高的稳定性及电化学活性，综合考虑能耗成本问题，优选反应电流为 40 ~ 80 mA。

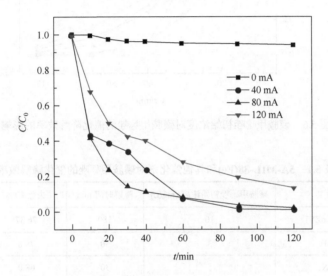

图 5.5　不同反应电流对磺胺甲噁唑的催化降解效率的影响

4）磺胺甲噁唑初始浓度对电芬顿体系性能的影响

保持其他反应条件不变，在电芬顿体系内 5A-MIL-88(Fe)修饰阴极对初始浓度为 8 mg/L、10 mg/L、12 mg/L、14 mg/L、16 mg/L 的磺胺甲噁唑的催化降解效率如图 5.6 所示。120 min 时间内，5A-MIL-88(Fe)修饰阴极对不同初始浓度的磺胺甲噁唑的去除率均超过 95%；对 14 mg/L 磺胺甲噁唑的去除率最高，达到了 99.04%。实验结果表明，以 5A-MIL-88(Fe)修饰阴极催化驱动的电化学降解体系对于在一定质量浓度范围内波动的磺胺甲噁唑，均有较高的催化降解效率，这显示出 5A-MIL-88(Fe)高效的催化降解活性及其在实际废水处理中潜在的应用前景。

表 5.1 列出了相关报道的其他催化剂及相关体系对磺胺甲噁唑的催化降解效率。可以看到，综合考虑磺胺甲噁唑初始浓度、降解时间与去除率的情况下，5A-MIL-88(Fe)催化降解磺胺甲噁唑的效果相比其他催化剂具有一定的优势，这表明 5A-MIL-88(Fe)具有处理水中抗生素污染物的应用潜能。

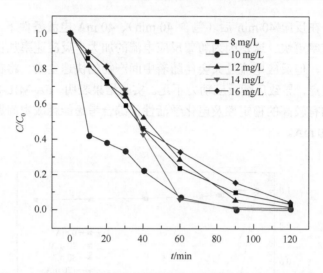

图 5.6　磺胺甲噁唑初始浓度对磺胺甲噁唑的催化降解效率的影响

表 5.1　5A-MIL-88(Fe)和其他催化剂对磺胺甲噁唑的催化降解效率

催化剂种类	磺胺甲噁唑初始浓度/(mg/L)	降解时间/min	去除率/%	来源文献
纳米零价铁（nZVI）	10	180	76.37	[2]
CuCo-BH	3	30	78.8	[3]
P@g-C$_3$N$_4$	5	30	68.0	[4]
K$_2$FeO$_4$/H$_2$O$_2$	2	90	70.81	[5]
Cu$_{1/3}$Fe$_{2/3}$NBDC-200/GF	10	75	69.2	[6]
5A-MIL-88(Fe)	10	120	98.72	本节

5.1.3　缺陷 MIL-88B(Fe)修饰阴极催化电芬顿体系降解去除磺胺甲噁唑的机理探究

本节研究使用 0.3 mmol 乙二胺四乙酸二钠（EDTA-2Na）、0.3 mmol 异丙醇（IPA）和 0.3 mmol 对苯醌（BQ）分别作为光生空穴（h$^+$）、羟自由基（·OH）和超氧自由基（·O$_2^-$）的捕获剂，以探究在磺胺甲噁唑的催化降解反应中起作用的活性物种及反应可能的发生机理。加入 0.3 mmol 各类捕获剂后，5A-MIL-88(Fe)对 10 mg/L 磺胺甲噁唑的催化降解效率如图 5.7 所示。可以看到，当反应进行 120 min 时，体系中加入 IPA 作为捕获剂后，磺胺甲噁唑的催化降解效率降低幅度最大，去除率仅为 70.86%；体系中加入 BQ 作为捕获剂后，磺胺甲噁唑的去除率为 90.14%；体系中加入 EDTA-2Na 作为捕获剂后，磺胺甲噁唑的去除率为 86.79%。整体来看，以磺胺甲噁唑的催化降解效率降低幅度由高至低对捕获剂进行排序：IPA＞EDTA-2Na＞BQ。实验结果表明，$\cdot OH$、h^+、$\cdot O_2^-$ 等自由基在催化电芬顿体系降解磺胺甲噁唑中都发挥了重要的作用，可对其发挥作用的重要程度进行排序：$\cdot OH > h^+ > \cdot O_2^-$。

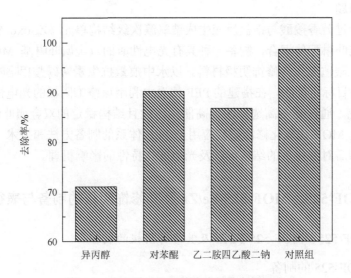

图 5.7　自由基捕获对催化降解效率的影响

由此可以推理出 5A-MIL-88(Fe)修饰阴极催化电芬顿体系降解去除磺胺甲噁唑的过程。首先，扩散的溶解氧被吸附到 5A-MIL-88(Fe)修饰阴极上，与电源负极流向阴极电子可发生单电子还原反应生成 $\cdot O_2^-$，也可发生双电子（$2e^-$）氧化还原反应生成 H_2O_2；其次，H_2O_2 与 5A-MIL-88(Fe)修饰阴极表面暴露的 Fe(Ⅱ)发生芬顿反应生成 $\cdot OH$；最后，电催化的条件加速了催化剂 5A-MIL-88(Fe)富含缺陷表面的价电子转移与反应消耗，留下了较多空穴 h^+。由于缺陷 5A-MIL-88(Fe)保留了 MIL-88B(Fe)较大的比表面积和孔隙率的特征，其可以在表面吸附富集磺胺甲噁唑分子，并被 h^+、$\cdot OH$、$\cdot O_2^-$ 等自由基氧化，达到降解去除的目的。由于缺陷 5A-MIL-88(Fe)不仅保留了原有 MIL-88B(Fe)材料的孔结构和内部骨架可调的性能，而且能够利用缺陷位点作为反应活性位点，大量产 h^+、$\cdot OH$、$\cdot O_2^-$ 等自由基，故而能高效催化降解水中以磺胺甲噁唑为代表的抗生素污染物。

5.2 双金属有机骨架材料耦合光电芬顿体系降解去除磺胺甲噁唑

光电芬顿体系作为电芬顿技术的光辅助升级工艺，可以协同光源与电源的作用促进芬顿反应的发生，进一步提高活性自由基的产量，从而高效降解污染物。目前缺乏稳定高效的双功能催化剂，限制了 PEF 体系在工业上的实际应用。可以通过调控 MOF 结构和化学组成，充分挖掘 MOF 材料潜在的光电化学活性来解决这一应用问题。

本节通过芳香羧酸与锆盐反应生成锆氧簇次级结构单元（Zr-oxo SBUs），进一步与金属卟啉配体混合，制备一种具有光电性质的双金属卟啉基 MOF 材料并将其负载于碳毡上作为修饰阴极材料。以水中痕量抗生素（磺胺甲噁唑为代表的污染物）为目标污染物，在搭建的 PEF 体系中利用该修饰阴极的光电性能进行催化降解反应。通过制备高选择性、高催化活性且结构稳定的双金属卟啉基 MOF 材料，探究 MOF 功能化修饰阴极应用于 PEF 体系的制备方法和技术，探索配体金属化修饰后对催化剂的结构形貌及光电催化特性的影响机理。

5.2.1 MOF-525、MOF-525-Fe/Zr 及其修饰阴极的制备与表征

1. MOF-525、MOF-525-Fe/Zr 及其修饰阴极的制备

1）MOF-525 的制备

对 Yu 等[7]的方法进行改进，具体操作方法如下：将 1.35 g 苯甲酸和 0.105 g $ZrOCl_2 \cdot 8H_2O$ 溶于 8 ml DMF 中，超声 20 min 后，在 100℃下溶剂热反应 2 h，冷却至室温后加入 47 mg 中-四（4-羧基苯基）卟吩（TCPP）。将得到的混合液超声溶解 20 min 后，移入 100 ml 反应釜中，设定温度 80℃进行溶剂热反应 24 h，冷却至室温后取出。将材料分别用 DMF、丙酮和乙醇洗涤三次，在 80℃条件下，真空干燥 12 h 得到 MOF-525。

2）MOF-525-Fe/Zr 的制备

MOF-525-Fe/Zr 与 MOF-525 的制备方法相似，但将前驱体溶液分为了流动相 A、流动相 B，A 制备 Zr-oxo SBUs，B 制备 Fe-TCPP。A：称量 1.35 g 苯甲酸和 0.105 g $ZrOCl_2 \cdot 8H_2O$ 溶于 6 ml DMF 中；B：称量 47 mg TCPP 和 0.136 g $FeSO_4 \cdot 7H_2O$ 溶于 6 ml DMF 中；将 A、B 分开超声溶解 20 min 后，放置于鼓风干燥箱中，均在 100℃条件下溶剂热反应 2 h，冷却至室温后取出。后将 A、B 混合，将混合溶液超声 20 min 互溶后，移入 100 ml 反应釜中，在设定温度 80℃的鼓风干燥箱中进行溶剂热反应 24 h，冷却至室温后取出。将材料分别用 DMF、丙酮和乙醇洗涤三次后，在 80℃条件下，真空干燥 12 h 后得到双金属卟啉基 MOF 材

料，命名为 MOF-525-Fe/Zr。

3）MOF-525 及 MOF-525-Fe/Zr 修饰阴极的制备

先将购买所得的碳毡进行清洗和表面活化，干燥后按照 1 cm×1.5 cm 的尺寸将碳毡进行裁剪。进一步称取一定质量的经干燥、研磨后的 MOF-525 或 MOF-525-Fe/Zr 粉末溶解于 1 ml 无水乙醇中，超声分散 10 min，再加入 30 μl 全氟磺酸型聚合物溶液，超声分散 30 min 后，将混合液均匀点涂在预处理后的碳毡上，自然晾干得到成膜后的 MOF-525 修饰阴极（可命名为 MOF-525@CF）或 MOF-525-Fe/Zr 修饰阴极（可命名为 MOF-525-Fe/Zr@CF）。

2. MOF-525、MOF-525-Fe/Zr 及其修饰阴极的组成及结构表征

1）SEM 分析

SEM 分析了催化剂的形貌特征。如图 5.8（a）～（c）所示，制备的 MOF-525 晶体是由边长尺寸约为 180 nm 的均匀立方体堆积形成，存在团聚现象。MOF-525-Fe/Zr 呈类立方体形貌，晶胞边长尺寸约为 250 nm，具有比 MOF-525 更好的分散性。在实际应用中，MOF-525 晶体团聚会对电荷转移速率产生负面影响。经卟啉金属化后增强了晶体之间的弥散，同时形成了更容易接近的反应活性位点，并降低了扩散势垒。通过 SEM 观察了 CF 和 MOF-525-Fe/Zr@CF 的形貌，如图 5.8（d）、（e）和（f）所示。MOF-525-Fe/Zr 均匀分布在 CF 表面，表明 MOF-525-Fe/Zr 可以很好地与 CF 结合形成修饰阴极。透射电子显微镜（TEM）和能量色散 X 射线谱（EDS）线扫描元素映射图 [图 5.8（g）～（j）] 证实了 MOF-525、MOF-525-Fe/Zr 之间的形态相似，各元素均匀分布并且存在两个金属位点。图 5.8（j）表示 MOF-525-Fe/Zr 表面检测到 Fe 强信号区域与 N 强信号区域高度叠加，表明游离的铁离子可能已经通过孤对电子与 N 连接形成了 Fe-TCPP。

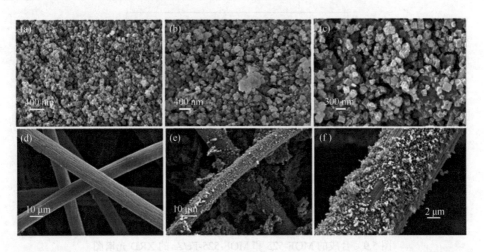

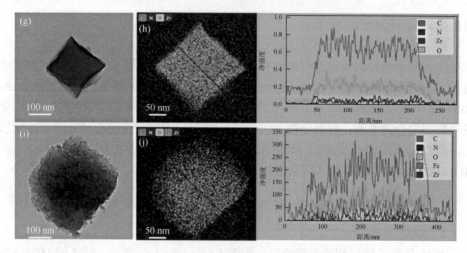

图 5.8　各催化剂的分析

（a）MOF-525 的 SEM 图像；（b）～（c）MOF-525-Fe/Zr 的 SEM 图像；（d）CF 的 SEM 图像；（e）、（f）MOF-525-Fe/Zr@CF 的 SEM 图像；（g）MOF-525 的 TEM 图像；（h）MOF-525 的 TEM-EDS 线扫描及其归一化 C、N、Zr 和 O 信号；（i）MOF-525-Fe/Zr 的 TEM 图像；（j）MOF-525-Fe/Zr 的 TEM-EDS 扫描及其归一化 C、N、O、Fe 和 Zr 信号

2）XRD 分析

XRD 光谱确定了催化剂的晶体结构。如图 5.9 所示，MOF-525 在 $2\theta = 4.5°$、$6.4°$、$7.8°$、$9.1°$ 处具有明确的特征衍射峰，这与相关报道的结果一致。而 MOF-525-Fe/Zr 的结晶度由于铁离子配位卟啉基团部分改变原有 MOF-525 的骨架结构，故而相较于 MOF-525 的峰强度降低。且在 XRD 图谱中能观察到一个额外的明显的峰，查阅文献可知这是铁与卟吩环中四个氮原子配位得到的新峰（$2\theta = 32.2°$）。这表明，卟啉环上的 N—H 易脱氢形成新的金属卟啉配体，而且

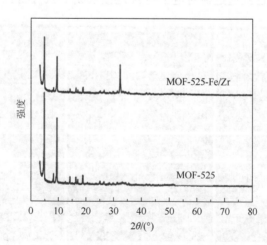

图 5.9　合成的 MOF-525 和 MOF-525-Fe/Zr 的 XRD 光谱图

Fe-TCPP 与 Zr-oxo SBUs 的成功配位不会导致金属有机骨架结构的崩塌，使得 MOF-525-Fe/Zr 具有更加独特的、高度共轭的芳香环。

3）FTIR 分析

MOF 拓扑结构中每个官能团的分析可基于 FTIR 分析，如图 5.10 所示。在 1633 cm^{-1} 处观察到 MOF-525 和 MOF-525-Fe/Zr 的峰值差异，可以将其归因于中心卟啉坏业胺基团的 C=N 的拉伸和配体苯环的 C=C 的伸缩振动。在 1005 cm^{-1} 处，MOF-525-Fe/Zr 的峰强度明显弱于 MOF-525，可能是由于 C=N 的拉伸形成了一个新的 Fe—N 共价键及卟啉环中通过金属-配体解离出了部分铁离子。在 1390 cm^{-1} 处出现的峰是由 C—O 的伸缩振动引起的，在 1100 cm^{-1} 和 1200 cm^{-1} 处出现的两个明显的峰是由与 Zr—O—H 结合的羟基的弯曲振动引起的，这也表明了新的配体的成功配位。650 cm^{-1} 和 720 cm^{-1} 处的峰与芳香环 C—H 的伸缩振动有关；骨架有机部分的低频模式消失，可能是因直接涉及 Fe(II) 和 Zr(IV) 物种的频率相同的伸缩振动峰重叠导致的；有机连接剂价键的变化可以区分 MOF 中不同类型的金属节点。这些结果表明，MOF-525-Fe/Zr 增加了金属节点与有机配体之间新的共价键，Fe—N 共价键稳定且不易被破坏，是光催化反应的活性位点，促进了更多电子-空穴对的生成。而 Fe-TCPP 作为光捕获天线发色团的成功合成不仅改变了 MOF-525 中 Zr-oxo SBUs 与有机配体之间的配位模式，还可以提高电荷转移速率和质子转移速率。

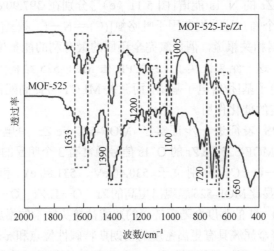

图 5.10　合成的 MOF-525 和 MOF-525-Fe/Zr 的 FTIR 光谱

4）XPS 分析

对 MOF-525 和 MOF-525-Fe/Zr 进行 XPS 分析，可以进一步研究表面元素的化学环境和电子间的相互作用。图 5.11（a）显示了 MOF-525 和 MOF-525-Fe/Zr 的全扫 XPS 表征，显示了共同元素 C、O、N、Zr 和 MOF-525-Fe/Zr 中独特的 Fe 的存在。Zr 3d 能谱图 [图 5.11（b）] 主要包括 Zr $3d_{3/5}$ 在 184.60 eV（MOF-525）、185.40 eV（MOF-525-Fe/Zr）处和 Zr $3d_{2/5}$ 在 182.40 eV（MOF-525）、183.20 eV（MOF-525-Fe/Zr）处的特征衍射峰。相比之下，MOF-525-Fe/Zr 的 Zr 三维特征衍射峰的结合能向高结合能方向转移，这清楚地证明了由于 Zr-oxo SBUs 作为高正电荷密度的金属氧簇，容易形成内层电子丢失的氧空位；金属卟啉环具有强给电子能力，可以诱导配体-簇电荷转移跃迁（ligand-to-cluster charge-transfer，LCCT），因此，电子极有可能由 Fe-TCPP 向 Zr-oxo SBUs 中心发生了转移。图 5.11（c）可以进一步证明，Fe $2p_{1/2}$ 和 Fe $2p_{3/2}$ 的 Fe 2p 在 711.50 eV 和 724.80 eV 处的组成特征衍射峰可以认为是 Fe(Ⅱ) 的特征衍射峰；在 715.80 eV 和 728.40 eV 处的特征衍射峰可以认为是 Fe(Ⅲ) 的特征衍射峰。这些混合价态 MOF-525-Fe/Zr 的峰与 Fe 基 MOF 或 Fe-oxo SBUs 的峰相比，特征衍射峰结合能的大小发生了改变。结合能的变化进一步表明 Zr 和 Fe 节点之间通过氧簇和桥联配体路径进行了强界面电子转移，这为 MLCT 与 LCCT 可被协同激发提供了具体证据。

　　图 5.11（d）为测试得到 C 1s 的 XPS 表征，可以分析出 284.10 eV 处对应—C—C/—CH—的特征衍射峰，284.80 eV 处对应—C—(N)的特征衍射峰，而 288.10 eV 处对应 O—C＝O 的特征衍射峰。与 MOF-525 相比，MOF-525-Fe/Zr 的 [—C—(N)]/[O—C＝O] 峰分量的面积比更小，说明—C—(N)上电子确实有转移。MOF-525-Fe/Zr 的 N 1s 能谱 [图 5.11（e）] 分别在 397.90 eV、400.11 eV 和 401.80 eV 处有三个峰，这分别归因于吡咯氮[(C)＝N—]、胺基[—N—(C)]和共价键（Fe—N）。根据相关报道，催化氧完全还原的最有利的能量位置是原子分散的金属与氮的配位。这一结果证实了 Fe-TCPP 在 MOF-525 结构中的引入改变了芳香卟啉环上的吸电子基团/给电子基团，而激发 MLCT 可提高配体电子共轭度，对氧的还原具有一定的催化作用。

　　O 1s 的 XPS 表征进一步证实了 MOF-525-Fe/Zr 中电子占据率的变化 [图 5.11（f）]，MOF-525-Fe/Zr 的 O 1s 信号通常有 3 个明显的峰，Zr—O—Zr、Zr—O—H 和 Zr—O—C，分别位于 530.40 eV、531.80 eV 和 533.68 eV 处。MOF-525-Fe/Zr 明显比 MOF-525 表现出更高的 Zr—O—H/Zr—O—C 峰的相对密度，有研究表明 Zr—O—H 的强度会随着链接的羧酸盐接头数量的增加而逐渐增强，说明激发 LCCT 使得金属簇具有更高密度的勃朗斯特碱性位点和 π-π 共轭域。

　　通过 XPS 分析，可以了解到各种 MOF 内部结构化学键的变化和电子转移情况，可以推出 Zr-oxo 通过羧酸混合链接作为 MOF 桨轮簇 SBUs，而 TCPP 与 Fe 通过 Fe—N 共价键卟啉金属化形成 Fe-TCPP 配合成为内部金属节点。这种网状化学结构能支撑 MLCT 与 LCCT 的协同激发，提升 MOF 材料的氧化还原活性和载流子传输效率。

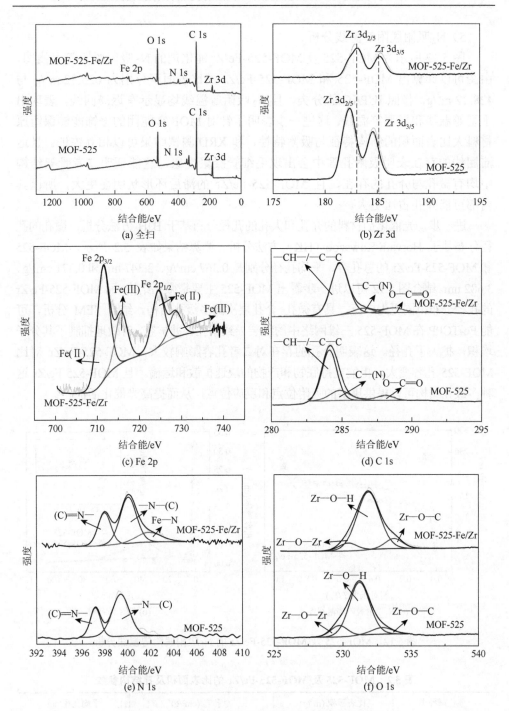

图 5.11 MOF-525 及 MOF-525-Fe/Zr 的 XPS 表征

5）N$_2$ 吸附脱附等温线分析

图 5.12 所示为 MOF-525 及 MOF-525-Fe/Zr 催化剂的 N$_2$ 吸附脱附等温线图，由图可以计算出 MOF-525 和 MOF-525-Fe/Zr 的比表面积分别为 625.32 m^2/g 与 428.22 m^2/g。按照 IUPAC 的分类，且 N$_2$ 吸附等温线均显示有迟滞回线，表现出 I 型等温线和 IV 型等温线。这进一步表明了针对 MOF 官能团的修饰能够保留原材料大比表面积的结构特征与吸附特性，和 XRD 测试结果可以相互佐证。且迟滞回线的存在表明吸附孔隙中会出现毛细管凝聚现象，这能证明二者骨架结构中均有微孔与介孔的存在，且 MOF-525-Fe/Zr 的滞后环形状明显更大，所以其内部可能介孔占比更大。

进一步，光催化剂材料的介孔和大孔的孔径分布基于 BJH 方法分析，微孔的孔径分布基于 Horvath-Kawazoe（HK）方法分析。测算结果如表 5.2 所示，MOF-525 和 MOF-525-Fe/Zr 的总孔容、平均孔径分别是 0.367 cm^3/g、2.347 nm 和 0.371 cm^3/g、3.682 nm。结合图 5.12 可以进一步看出 MOF-525 主要是微孔结构，而 MOF-525-Fe/Zr 的孔径分布范围更为广泛，具有微孔-介孔层次的多级孔结构。结合 SEM 分析，可能 Fe-TCPP 在 MOF-525 三维网络中的组装导致微孔合并扩容，有效地抑制了其分子堆积，扩大了孔径。这表明介孔的存在对二者孔容影响较大，MOF-525-Fe/Zr 对比 MOF-525 孔容变大，更能支持底物和产物的快速扩散和运输。且 MOF-525-Fe/Zr 这种多级孔结构可以提供更多的吸附位点和反应位点，从而提高光催化活性。

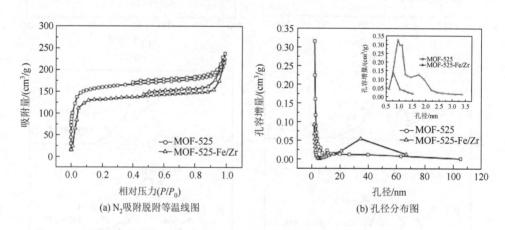

(a) N$_2$ 吸附脱附等温线图　　　　　(b) 孔径分布图

图 5.12　MOF-525 及 MOF-525-Fe/Zr 的 N$_2$ 吸附脱附等温线分析

表 5.2　MOF-525 及 MOF-525-Fe/Zr 的比表面积及孔结构参数

催化剂种类	比表面积/(m^2/g)	总孔容/(cm^3/g)	平均孔径/nm
MOF-525	625.32	0.367	2.347
MOF-525-Fe/Zr	428.22	0.371	3.682

3. MOF-525、MOF-525-Fe/Zr 及其修饰阴极的电化学分析

1）CV 曲线分析

为了了解材料的性能特征，借助电化学工作站（上海辰华仪器有限公司）进一步测试了 MOF-525-Fe/Zr 催化剂及其修饰阴极的电化学活性。循环伏安法通过控制三角波形式的脉冲电压加在工作电极上，一次扫描完成一次氧化还原，循环得到其电流-电势曲线[8]。

本节研究测试条件为：在 N_2 或者 O_2 饱和的 0.1 mol/L Na_2SO_4 溶液体系中，调节溶液 pH 为 3.0，扫描速度为 0.01 V/s，测试电压范围为-1.9~2.0 V vs SCE（相比于饱和甘汞电池），待工作电极活化 10 圈后，记录下循环伏安法（CV）曲线图。可通过对应感应电流的大小对比不同工作电极材料的氧化还原能力。

CV 曲线结果图 5.13（a）显示 MOF-525-Fe/Zr@CF 在 O_2 饱和溶液中有明显的氧化还原峰，而在 N_2 饱和溶液中没有，说明 MOF-525-Fe/Zr@CF 确实具有一定的氧化还原活性。此外，在 O_2 饱和条件下 CF 没有明显的氧化还原峰，而 MOF-525-Fe/Zr@CF 明显具有最高的氧化还原峰电流（两处氧化还原峰电流分别为-0.449 mA 与-0.534 mA），其次是 MOF-525@CF（仅一处氧化还原峰电流为-0.165 mA）。所以对比可得双金属卟啉基 MOF 材料具有更高的氧化还原活性。而在 0.446 V 和-0.575 V 电势处出现了 MOF-525@CF 氧化还原对，对应于 Zr^{IV}/Zr^{III}。MOF-525-Fe/Zr@CF 在 0.548 V/-0.669 V 和 1.588 V/-1.533 V 处有两个氧化还原对，对应于 Zr^{IV}/Zr^{III} 和 Fe^{III}/Fe^{II} 的转换。这种变化说明双金属活性位点可以暴露在溶液体系中参与反应，混合价态金属间的电子转移致使 Zr^{IV}/Zr^{III} 和 Fe^{III}/Fe^{II} 发生氧化还原反应。而双金属 MOF-525-Fe/Zr@CF 在 Zr 处具有比单金属 MOF-525@CF 更负的氧化还原峰电势，表明 Zr 位点接受电子能力增强，和 XPS 相互印证 Fe 和 Zr 之间的电子可能是通过 LCCT 和 MLCT 转移的。所以铁的掺入促进了氧化还原过程中的电子转移能力，这可能会大大提高 H_2O_2 活化的催化活性。

为了进一步找到 MOF-525-Fe/Zr 修饰阴极高氧化还原活性的原因，使用 CV 实验在 10 mmol/L $K_3[Fe(CN)_6]$ 和 1.0 mol/L 范围内以不同扫描速度测定电化学活性面积（electrochemical active surface area，ECSA）[9]。在直径为 5 mm 的玻碳电极接触面上涂覆了不同种类的光催化剂。如图 5.13（b）所示，MOF-525-Fe/Zr 修饰阴极的氧化还原峰电流（1.77×10^{-5} A）是 MOF-525 修饰阴极（1.12×10^{-6} A）的 15.8 倍。MOF-525-Fe/Zr 修饰阴极的 ECSA 通过使用 Randles-Sevcik 公式（5.1）并插入上述峰值电流来计算。

$$I_p = 2.69 \times 10^5 AD^{\frac{1}{2}} n^{\frac{3}{2}} v^{\frac{1}{2}} c \qquad (5.1)$$

式中，I_p、A、v 和 n 分别指代峰值电流（mA）、电化学活性面积（cm^2）、扫描速

度（V/s）和平均电子转移数（本测试中 $n=1$）；c 和 D 分别是反应物的浓度（mol/cm^3）和反应物 $[Fe(CN)_6]^{4-}/[Fe(CN)_6]^{3-}$ 的扩散系数（6.67×10^{-6} cm^2/s）。

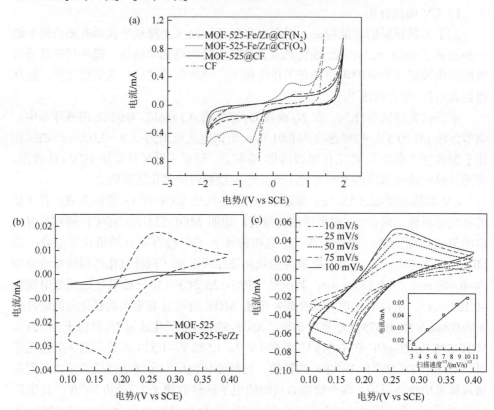

图 5.13　不同催化剂的 CV 曲线分析

（a）在 O$_2$ 或 N$_2$ 饱和气氛下，CF 和 MOF-525@CF，MOF-525-Fe/Zr@CF 催化剂的混合物修饰阴极的 CV 曲线；（b）在扫描速度为 0.01 V/s 时，在玻碳电极上测定了不同催化剂的 CV 曲线；（c）MOF-525-Fe/Zr 在玻碳电极上以 1.0 mol/L 的 KCl 作为电解质，在 10 mmol/L K$_3$[Fe(CN)$_6$] 中以不同扫描速度测量的 CV 曲线（插图为不同扫描速度下的峰值电流）

由此计算得到的 MOF-525 修饰阴极和 MOF-525-Fe/Zr 修饰阴极的 ECSA 分别为 0.00161 cm^2 和 0.02548 cm^2。MOF-525-Fe/Zr 修饰阴极的 ECSA 显著增加。而 MOF-525 的 ECSA 较低则会导致其电流效率低，这降低了离子进入孔表面的可能性。为了探究 MOF-525-Fe/Zr 修饰阴极的氧化还原反应控制机制，绘制了峰值电流关于扫描速度开平方根的函数。结果显示在 10～100 mV/s 的扫描速度范围内，二者之间存在稳定的线性关系 $R^2=0.992$。图 5.13（c）内插图表明关于 $[Fe(CN)_6]^{3-}/[Fe(CN)_6]^{4-}$ 的氧化还原反应在 MOF-525-Fe/Zr 上主要是一个扩散控制过程，并且由于混合价态金属 Fe 和 Zr 之间的电子转移，MOF-525-Fe/Zr 修饰阴极表现出了更强的氧化还原活性。

2）LSV 曲线分析

线性扫描伏安法曲线又称为极化曲线，典型的极化曲线包括动力学控制区、混合动力区及扩散控制区。为了消除扩散限制，可以在一定转速下通过旋转圆盘电极（rotating disk electrode，RDE）进行 LSV 测试，从而考察催化剂的氧的还原能力、催化能力及反应动力学。将 MOF-525 和 MOF-525-Fe/Zr 粉末涂覆在 RDE 上作为工作电极备用，浓度为 0.1 mol/L 的 Na_2SO_4 溶液中不断通入氧气，测试的旋转速度、扫描速度和电压范围分别为 225～1600 r/min、0.01 V/s 和 –0.2～–1.4 V vs SCE。结果如图 5.14（a）和（c）所示。在低转速下存在明显的极限电流，说明该反应过程主要受到扩散控制，而随着转速的增加，电极电流逐渐增大，说明高转速促进了反应的传质过程，在高转速下主要受电荷传递的控制。因此，MOF-525-Fe/Zr 和 MOF-525 的氧化还原过程是一个混合控制过程（传质和电荷传递）。

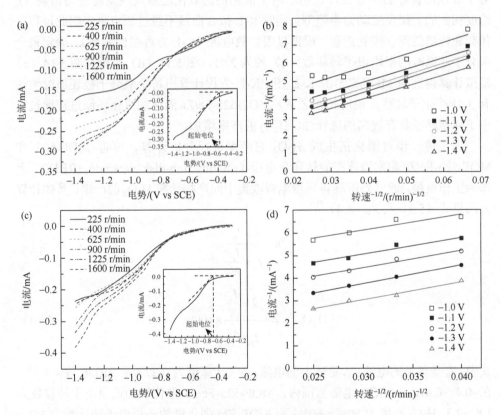

图 5.14　不同催化剂的 LSV 曲线分析

（a）MOF-525-Fe/Zr 催化剂在旋转圆盘电极上测量了不同转速下的 LSV 曲线；（b）MOF-525-Fe/Zr 催化剂在不同电势下的 K-L 拟合曲线；（c）MOF-525 催化剂在旋转圆盘电极上测量了不同转速下的 LSV 曲线；（d）MOF-525 催化剂在不同电势下的 K-L 拟合曲线

利用 Koutecky-Levich（K-L）公式（5.2）进行 Origin 软件线性拟合分析，进一步计算出 MOF-525 与 MOF-525-Fe/Zr 催化剂发生氧的还原反应时的电子转移数[9]。

$$\frac{1}{I}=\frac{1}{I_k}+\frac{1}{I_d}=\frac{1}{nFAkc^0}+\frac{1}{\{0.2nFAD_{O_2}^{\frac{2}{3}}\nu^{\frac{1}{6}}c^0\omega^{\frac{1}{2}}\}} \tag{5.2}$$

式中，I 为测试测得电流；I_k 和 I_d 分别为动力学限制电流和扩散限制电流；n 为平均电子转移数；F 是法拉第常数；A 为所用催化剂的电化学活性面积；k 是氧化还原反应的速率常数（拟合计算得到）；c^0 为溶液中氧的饱和浓度；D_{O_2} 为氧的扩散系数，ν 为溶液的运动黏度；ω 为旋转速度。

图 5.14（b）是根据图 5.14（a）模拟计算得到的 MOF-525-Fe/Zr 的 K-L 图。拟合曲线在相同电势下的不同转速下表现出良好的线性，在相同转速下的不同电势下表现出良好的平行性，说明了两个催化剂的氧化还原反应均符合与溶解 O_2 浓度相关的一级反应动力学模型；同时 K-L 拟合曲线不经过原点也表明此过程是传荷和传质的混合控制过程。根据极限扩散电流（K-L 方程线的斜率），确定每个氧分子还原时的平均电子转移数（n）约为 2.01。图 5.14（d）是根据图 5.14（c）模拟计算得到的 MOF-525 的 K-L 图。K-L 方程计算出每个氧分子被还原时大约有 3.41 个电子转移，说明相较之下，MOF-525-Fe/Zr 催化的氧化还原过程通过双电子转移路径具有较高的选择性，H_2O_2 的产率增加。

为了进一步对催化剂生成 H_2O_2 的产率进行分析计算。可将 MOF-525 和 MOF-525-Fe/Zr 粉末涂覆在旋转环盘电极（rotating ring-disk electrode，RRDE）上作为工作电极，通过外围旋转环盘电极收集中间产物计算 H_2O_2 的产率，具体计算方法见式（5.3）与式（5.4）[10]

$$n=\frac{4\times I_p}{I_p+\dfrac{I_r}{N}} \tag{5.3}$$

$$H_2O_2\text{产率}=\frac{2\times\dfrac{I_r}{N}}{I_p+\dfrac{I_r}{N}}\times 100\% \tag{5.4}$$

式中，I_p 是盘上的电流；I_r 是环上的电流；N（计算值为 0.37）是 RRDE 收集效率。在 $-0.4\sim0.4$ V vs SCE 电势范围内，MOF-525-Fe/Zr 催化氧的还原电子转移数为 $1.8\sim2.3$，H_2O_2 产率为 50%～60%；而 MOF-525 催化氧的还原电子转移数为 $3.2\sim3.6$，H_2O_2 产率为 30%～40%，表明在测试电势范围内，催化剂 MOF-525-Fe/Zr 的氧化还原主要是双电子氧化还原反应，双电子氧化还原反应具有更高的 H_2O_2 产率。MOF-525-Fe/Zr 相对较低的平均电子转移数和最高的 H_2O_2 产率显著提高了芬顿反应电极材料中双电子转移的选择性（表 5.3），可进一步提升磺胺甲噁唑在 PEF 体系中的去除率。

表 5.3　不同催化剂的电化学参数

催化剂种类	ECSA/cm^2	起始电势/(V vs SCE)	n	H$_2$O$_2$ 产率/%
MOF-525	0.00161	−0.66	3.41	37.89
MOF-525-Fe/Zr	0.02548	−0.53	2.01	52.33

3）电化学阻抗谱及莫特-肖特基曲线分析

EIS 和 Mott-Schottky 测量进一步揭示了催化剂的能带结构和载流子输运机制。如图 5.15（a）所示，不同催化剂的 EIS 曲线显示了电容回路和倾斜线。这一抑制半圆弧对应的界面电荷转移电阻（Rct）与实轴上的截距，可以用来比较催化剂的 Rct 的实际值。从两条曲线半径的比较中可以明显看出，MOF-525-Fe/Zr 是模拟电路中 Rct 较小的导体，电荷转移电阻相较于具有相似拓扑结构的 MOF-525 更低。因此，MOF-525-Fe/Zr 具有比 MOF-525 更高的电荷传输效率，这可能是由于在一定的电场电压下 Fe-TCPP 内部发生 MLCT，即电子可以从一个占据的金属局域轨道激发到一个空位配体局域轨道，使得 MOF 中有机配体的电荷转移电阻得以降低。

可以通过分析绘制莫特-肖特基曲线分析计算得到 MOF-525 和 MOF-525-Fe/Zr 的平带电势（E_{FB}）。如图 5.15（b）和（c）所示，由于 E_{FB} 上方拟合曲线的斜率为正，因此所有催化剂都可以被认为具有 n 型半导体的典型特征。这表明 MOF 导带中 e$^-$ 的数量超过价带中 h$^+$ 的数量，平带电势（E_{FB}）几乎等于导带电势（E_{CB}）。根据测线截距，MOF-525 和 MOF-525-Fe/Zr 的 E_{CB} 计算为−2.65 V vs Ag/AgCl 和−0.82 V vs Ag/AgCl，转换后为−2.45 V vs NHE 和−0.62 V vs NHE。这一结果证实了铁金属化卟啉的修饰可以改变 MOF-525 内部的电子排布，进而改变其导带结构。

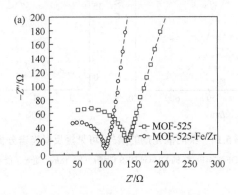

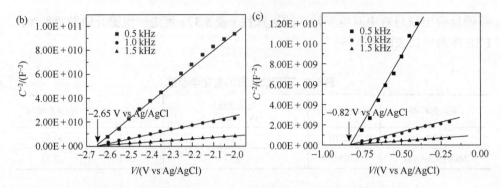

图 5.15　不同催化剂的电化学阻抗谱及莫特-肖特基曲线分析

（a）MOF-525 和 MOF-525-Fe/Zr 的 EIS 曲线；（b）不同频率 MOF-525 的 Mott-Schottky 曲线；（c）不同频率 MOF-525-Fe/Zr 的 Mott-Schottky 曲线

4. MOF-525、MOF-525-Fe/Zr 及其修饰阴极的光化学分析

1）紫外-可见漫反射光谱分析

为了进一步探究制备催化剂的光化学性能，采用了紫外-可见漫反射光谱仪对其光吸收特性进行表征分析。图 5.16（a）所显示的 MOF-525 和 MOF-525-Fe/Zr 中的 UV-vis DRS 测量光谱在 380 nm 和 390 nm 处显示出显著的吸收峰。相比之下，MOF-525-Fe/Zr 在紫外光到可见光区具有更宽的吸收带边和更大的光学响应能力。光催化剂的带隙能可用式（5.5）计算[11]。

$$\alpha h v = A(h - E_g)^n \tag{5.5}$$

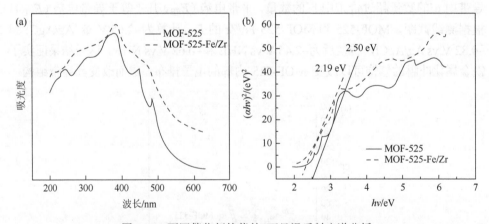

图 5.16　不同催化剂的紫外-可见漫反射光谱分析

（a）MOF-525 和 MOF-525-Fe/Zr 的 UV-vis DRS 图谱；（b）$(\alpha h v)^2$ 随光子能量（hv）的变化曲线

基于$(\alpha h v)^2$与光子能量（hv）的变化曲线如图 5.16（b）所示，计算出 MOF-525、MOF-525-Fe/Zr 的带隙能分别为 2.50 eV、2.19 eV。这种带隙能的减小可能是由于 Fe-TCPP 配体与 Zr-oxo SBUs 配位而导致的。MOF-525 和 MOF-525-Fe/Zr 在 400 nm 以下均表现出较强的吸收波段，主要归因于 Zr-oxo SBUs 和 Fe-TCPP 之间发生 $\pi \rightarrow \pi^*$ 轨道的电子转移。而 MOF-525-Fe/Zr 具有 400 nm 以上的弱吸收带，这可能是由于 Fe-TCPP 结构中发生 $d \rightarrow \pi^*$ 轨道的电子转移。这一结果也与 XPS 数据分析一致。由于催化剂的带隙能减小，光激发 MLCT 和 LCCT，导致了显著的光吸收效应，促进吸收带移向可见光区，并激发了更多的光生载流子的产生。结合 Mott-Schottky 关系估算的 E_{CB}，使用典型的经验公式（$E_{VB} = E_{CB} + E_g$）计算 MOF-525 和 MOF-525-Fe/Zr 的价带电势（E_{VB}）分别为 0.05 eV vs NHE 和 1.57 eV vs NHE。

2）荧光光谱分析

光催化效率还取决于光生电子和光生空穴的复合效率，可以使用 PL 光谱（图 5.17）来揭示这一点。结果显示，MOF-525 显示的主发射峰在 640～900 nm 范围内的发光强度高于 MOF-525-Fe/Zr，这与 Fe-TCPP 的 π 共轭域增强有关，见图 5.15（b）。结合 FTIR 光谱和 XPS 中空间位阻吸电子基团/供电子基团的分析，Zr-oxo SBUs 与 Fe-TCPP 的 π 共轭域之间的新匹配分子轨道具有光敏性，可以协同激发 LCCT 和 MLCT。跃迁后激发态光生电子转移和分离的过程将进一步提高 MOF-525-Fe/Zr 的荧光淬灭效率，这归因于这一完整的电子转移路径，使得光诱导电子转移过程抑制了光生电子-空穴对的复合。综上所述，我们可以确认 PL 过程是由 MLCT 和 LCCT 机制引导的，这也是 MOF-525-Fe/Zr 光催化性能提高的证据和原因。

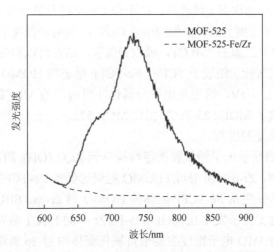

图 5.17　MOF-525 和 MOF-525-Fe/Zr 的 PL 光谱

5. MOF-525、MOF-525-Fe/Zr 及其修饰阴极的 DFT 模拟计算分析

为了深入了解 MOF-525 及 MOF-525-Fe/Zr 这种离散特征配位聚合物内部的电子结构和光学特性及电荷转移机制，利用密度泛函理论（density functional theory，DFT）模拟计算出 TCPP 与 Fe-TCPP 跃迁前线轨道。

密度泛函计算都是在 B3LYP 泛函基础上结合基于 BJ（Becke-Johnson）阻尼的 DFT-D3 色散校正进行的，计算任务交由 Gaussian16 程序包执行[12]。本节在 TCPP 和 Fe-TCPP 配体的几何优化过程中，利用 def2-SVP 基组来描述体系中的所有原子。在同样的理论水平上，对优化所得的结构进行了解析黑塞矩阵的计算，确定所得结构为局部极小点（没有虚频）。

配体的 HOMO-LUMO 能量计算是基于优化所得的几何结构，而锆氧簇的轨道能量计算则是基于晶体结构。为了获得更准确的轨道能量，在此计算任务中扩大了基组（def2-QZVPP）。采用了 def2 系列基组的相应赝势来描述 Zr 原子。本节研究利用 Multiwfn 程序计算的轨道波函数（由 Gaussian16 计算产生）的格点数据导出成 cube 文件，随后将其放入分子可视化程序作图。等值面的数值为 0.02 e/Å^3。

计算结果如图 5.18 所示。发现 TCPP 基态为单重态，而 Fe-TCPP 体系内电子密度增大基态的计算结果显示为三重态。在对三重态执行的自旋无限制 DFT 计算中，α 和 β 电子占据不同的空间轨道，所以比较最低三重态的相对能量是有意义的。TCPP 片段上的已占有电子的能级最高的轨道 HOMO（π）位于吡咯环的氮元素和前线分子轨道的中间位置，未占有电子的能级最低的轨道 LUMO（π^*）更多地定位在受体基团苯环上。因此，计算出的 TCPP 在较低的能量吸收带存在 HOMO→LUMO 配体内电荷转移跃迁（intraligand charge-transfer，ILCT）。而进一步通过吡咯环供体位点与铁离子结合后，由于分子内电荷分离导致 HOMO 和 LUMO 离域，HOMO 的电子密度分布显著偏向中心 Fe 原子，发射最低能量激发态由（$\pi \to \pi^*$）ILCT 变为（$d \to \pi^*$）三重态 ^{3}MLCT，吸收带红移，这也可以和图 5.16（a）的光吸收带的改变结果相对应。相较于 TCPP，Fe-TCPP 基态的 HOMO-LUMO 带隙能由 −2.65 eV 转变为 −2.51 eV，这也是由于金属化卟啉内部的 MLCT 所致。配体带隙的缩小进一步导致了 MOF-525-Fe/Zr 相比 MOF-525，价带与导带带隙的缩小，也说明了 π 电子共轭度的提高。

图 5.18 右侧则显示出了锆氧簇次级结构单元 Zr$_6$O$_4$(OH)$_4$ 的前线轨道图。由计算轨道能电势可知，Zr-oxo SBUs 的 LUMO 能级远低于 Fe-TCPP 的 LUMO 能级，因此激发时很容易发生从 Fe-TCPP 配体的 HOMO 到 Zr-oxo SBUs 的 LUMO 的低能跃迁，这很好地支持了发生在 MOF-525-Fe/Zr 中的 LCCT 激发的理论可行性。Zr$_6$O$_4$(OH)$_4$ 上的 HOMO 电子密度主要来自氧化配体的 O 2p 轨道，而较高能级的 LUMO 则以 Zr—O 核中的 Zr 4d 轨道为主。该结果表明 Zr$_6$O$_4$(OH)$_4$ 上 HOMO→

LUMO 的电子跃迁主要来自 O 2p →Zr 4d 的电荷转移，进一步对应于 π（Fe-TCPP 配体）→π*（Zr-oxo SBUs）轨道的 LCCT。因此，DFT 计算证明了 MOF-525-Fe/Zr 内部可通过 MLCT 和 LCCT 的协同激发构建周期性电子转移路径，提升电子分离与传输效率，改善 MOF 导电性差的问题。

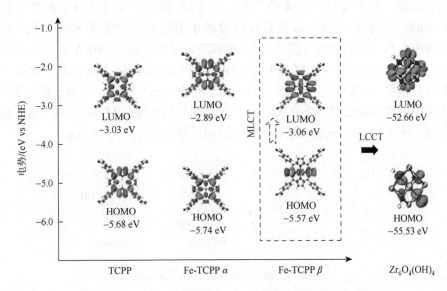

图 5.18　TCPP、Fe-TCPP 及 $Zr_6O_4(OH)_4$ 轨道能分布示意图

5.2.2　MOF-525-Fe/Zr 修饰阴极催化光电芬顿体系降解去除磺胺甲恶唑的探究

1. 光电芬顿体系性能评价方法

自主搭建光电芬顿体系，具体是选用 150 ml 降解池，以 100 ml 0.1 mol/L 的 Na_2SO_4 溶液作为电解液，一定浓度的磺胺甲恶唑为目标污染物。采用直流电源供电，分别以铂片电极（尺寸为 1.5 cm×1 cm）和不同催化剂修饰电极作为阳极和阴极，曝气管置于阴极附近为反应提供氧气，紫外光灯管悬挂于降解池上方。磺胺甲恶唑降解实验过程中，相隔一定时间移取 1 ml 的电解液，在 0.22 μm 玻璃纤维膜中过滤，用于测定磺胺甲恶唑浓度，降解反应共持续 180 min。样品溶液中磺胺甲恶唑的浓度由 HPLC 进行检测。

研究利用草酸钛钾比色法，测试不同反应时间点体系中 H_2O_2 浓度[13]。具体流程步骤为注射器取反应液 2 ml，利用 0.45 μm 微孔滤膜过滤后，依次加入 4 ml 3 mol/L 的 H_2SO_4 溶液和 4 ml 0.05 mol/L 的 $K_2TiO(C_2O_4)_2$ 溶液，摇匀后静置 10 min，使用紫外-可见分光光度计在 400 nm 处测定样品吸光度，使用标准工作曲线法进行定量，求得 H_2O_2 质量浓度。

本节通过水杨酸（SA）捕获法测定溶液中的·OH 浓度[14]。首先使用标准工作曲线法对 2, 3-二羟基苯甲酸（2, 3-DHBA）和 2, 5-二羟基苯甲酸（2, 5-DHBA）浓度进行定量。然后保持环境条件不变，在 PEF 反应开始时就向电解液中添加 10 mmol/L 水杨酸（SA）以捕获反应过程中阴极表面产生的·OH，从而生成 2, 3-DHBA 和 2, 5-DHBA（图 5.19）。根据测试得到的 2, 3-DHBA 和 2, 5-DHBA 浓度，推算出·OH 的产率。样品中 2, 3-DHBA 和 2, 5-DHBA 的羟基化产物浓度通过 HPLC 检测。分离柱选用 C-18 柱（4.6 mm×250 mm×5 μm），柱温设置为 30℃，二极管阵列检测器检测波长为 320 nm。流动相采用甲醇：0.5%冰乙酸（50：50）混合液。流速为 1 ml/min，进样体积为 10 μl，总分析时间为 15 min。

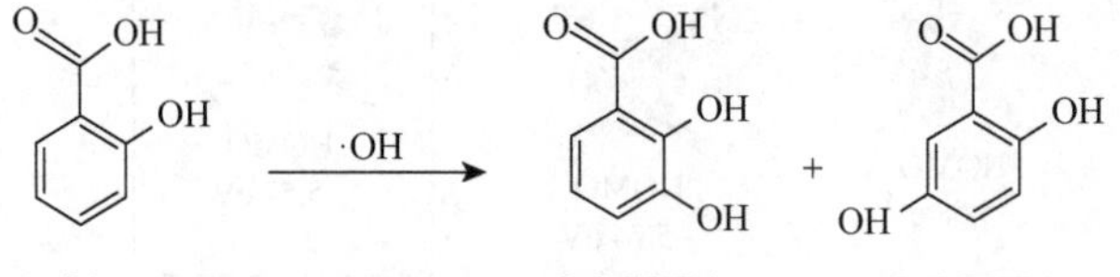

图 5.19　水杨酸与·OH 的化学反应式

2. 光电芬顿体系实验结果分析

1）不同体系的对比研究

为了对比双金属卟啉基 MOF-525-Fe/Zr 修饰阴极在不同体系内对磺胺甲噁唑的催化降解效果，以确定其催化光电芬顿体系发生的可能。首先开展了不同反应条件下的磺胺甲噁唑催化降解实验，包括吸附反应（无外部光源、电源条件）、电芬顿（electro Fenton，EF）反应（仅无外部光源）、光芬顿（photo Fenten，PF）反应（仅无外部电源）和 PEF 反应。其他各环境因素及使用的催化剂均保持一致。结果如图 5.20 所示。MOF-525-Fe/Zr 修饰阴极在纯吸附、EF、PF 及 PEF 体系内表现出了不同的催化降解效果，180 min 内磺胺甲噁唑的去除率分别达到了 55.0%、77.2%、73.8%及 97.3%。对比结果表明，MOF-525-Fe/Zr 修饰阴极具有一定的吸附能力，对于外加光源和电源均有响应能力。而且在 PEF 过程中这种吸附能力与光电催化能力可以协同作用，促进光电系统的耦合，提高催化活性与反应效率。所以，MOF-525-Fe/Zr 修饰阴极在 PEF 体系内发挥出了最佳的催化降解效果。

2）材料制备对催化光电芬顿体系性能的影响

在确定 MOF-525-Fe/Zr 修饰阴极具有良好的光电芬顿体系催化功能后，考虑到该催化剂的制备对于其催化性能可能会有比较大的影响。为了优选在 PEF 体系内表现稳定高效的催化剂，搭建 PEF 体系，降解池内保持溶液体积为 100 ml，磺胺甲噁唑初始浓度为 10 mg/L，电解质 Na_2SO_4 浓度为 0.1 mol/L，pH 为 3.0，电流为 40 mA，反应温度为室温，反应时间为 180 min，以不同的铁掺入方式、铁锆摩尔比、负载量得到的催化剂修饰电极为阴极，以铂片为阳极，进行探究性头验。

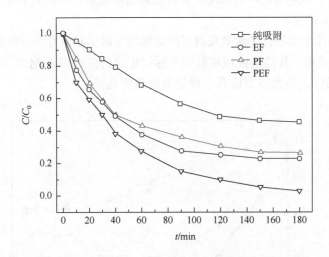

图 5.20　不同反应体系内磺胺甲噁唑的催化降解效果对比

　　首先，研究不同改性方法对制备得到的催化剂降解性能的影响。以 MOF-525(Zr) 为基体，参照 Chen 等[15]总结出的金属有机骨架内可调纳米结构的可控设计方案，设计了不同的 MOF 材料催化剂铁掺入的方式，制得了不同改性 MOF 材料修饰阴极用以进行磺胺甲噁唑的降解实验。采用"瓶中造船法"策略，将合成好的 MOF-525 与 $FeSO_4$ 混合，通过溶剂热法得到后金属化修饰的 Fe-MOF-525，将其涂覆于碳毡表面，将得到的修饰阴极命名为 Fe-MOF-525@CF；采用"船外造瓶法"策略，将合成好的 Fe_3O_4 与 MOF-525 的前驱体苯甲酸、$ZrOCl_2 \cdot 8H_2O$ 及 TCPP 混合，通过溶剂热法得到包封材料 MOF-525@ Fe_3O_4，将其涂覆于碳毡表面，得到的修饰阴极命名为 MOF-525-Fe_3O_4@CF。

　　比较 5 种不同材料的光电催化性能，得到的结果如图 5.21 所示。可以看出在光电芬顿体系中，通过前修饰金属卟啉制备的 MOF-525-Fe/Zr@CF 催化降解性能最佳，对磺胺甲噁唑的去除率达到了 97.3%；其次是 MOF-525-Fe_3O_4@CF，对磺胺甲噁唑的去除率达到了 70%。这可能是由于后组装合成的 MOF-525-Fe_3O_4@CF 能实现 MOF 的受控生长，但无法进一步实现突破界面能垒的电荷转移效果。通过后修饰方法制备的 Fe-MOF-525@CF 催化降解效果和 MOF-525@CF 及普通碳毡无太大差异，均在 50%以下，性能较差。这是由于在 MOF 结构外表面和内表面的扩散阻力不同，组装后再掺入金属离子，不可避免地导致金属离子团聚沉积在 MOF 晶体的外表面，空间分布随机且不可预测，催化剂活性不高。普通碳毡对磺胺甲噁唑仍有 36.6%的去除率，这是因为碳毡自身的吸附性能良好，部分磺胺甲噁唑通过吸附作用被去除。在碳毡上涂敷 MOF-525 后，磺胺甲噁唑的去除率有一定的提升，表明 MOF-525@CF 具有微弱的催化活性，但其氧化还原性能低，无法促进 H_2O_2 产生。

因此，最终采用催化降解效果最好的前修饰金属化卟啉方法制备的 MOF-525-Fe/Zr@CF 催化剂，其能很好地将铁离子通过配位的方式嵌入 MOF 结构中，充分发挥其催化活性，作为本节研究中催化剂的最优选择。

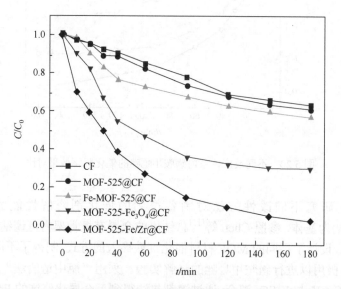

图 5.21　PEF 体系内不同催化剂修饰阴极催化降解磺胺甲噁唑的效率对比

进一步为了探究铁离子的最佳掺入量，研究了铁锆摩尔比对 MOF-525-Fe/Zr 材料降解性能的影响。制备时保持其他条件及锆离子质量不变，改变亚铁离子质量，制备了不同铁锆摩尔比的 MOF-525-Fe/Zr 催化剂修饰阴极（0∶1、0.5∶1、1∶1、1.5∶1、2∶1、3∶1）。实验结果如图 5.22 所示。反应 120 min 后，不同铁锆摩尔比的 MOF-525-Fe/Zr 修饰阴极都能在 PEF 体系内实现对磺胺甲噁唑一定程度的去除，且去除率均达到了 65%以上。随着铁加入比例的增加，MOF-525-Fe/Zr 修饰阴极对磺胺甲噁唑去除率增大，且在铁锆摩尔比达 1.5∶1 时对磺胺甲噁唑的催化活性达到最佳，去除率在 120 min 达到了 90.4%；而随着铁的比例继续增加，磺胺甲噁唑的去除率逐渐降低。这是因为低配比时随着 Fe 含量的增加，更多 Fe—N 共价键形成了 Fe-TCPP 配体，促进了光激发 MLCT，催化剂光催化活性增强，促进了 Fe^{III}/Fe^{II} 循环。在铁锆摩尔比为 1.5∶1 时配比最佳。随着 Fe 含量继续增加，出现配位饱和情况，较多游离的铁离子团聚沉积在 MOF 结构表面，影响了晶体的成核和生长，堵塞了反应活性位点，导致磺胺甲噁唑的催化降解速率下降。因此在后续实验中均以 Fe/Zr 摩尔比为 1.5∶1 制备的 MOF-525-Fe/Zr 修饰阴极进行研究。

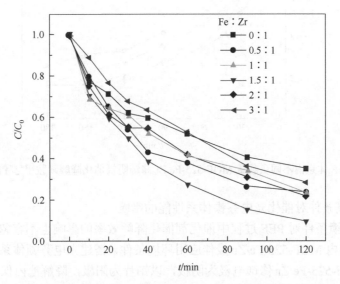

图 5.22　PEF 体系内不同 Fe/Zr 摩尔比制备的 MOF-525-Fe/Zr 修饰阴极催化降解磺胺甲噁唑的效率对比

　　为了探究在制备过程中碳毡基体上 MOF-525-Fe/Zr 材料负载量对磺胺甲噁唑的催化降解效率的影响，称量不同质量的 MOF-525-Fe/Zr（4 mg、8 mg、12 mg、16 mg、20 mg）涂覆在碳毡表面作为修饰阴极进行磺胺甲噁唑催化降解实验。结果如图 5.23 所示。反应 180 min 后，各不同负载量的 MOF-525-Fe/Zr 修饰阴极都能实现光电芬顿体系中对磺胺甲噁唑的去除，且去除率均达到了 70%以上。随着碳毡上 MOF-525-Fe/Zr 催化剂负载量增加，磺胺甲噁唑的去除率持续提升，在负载量达到 12 mg 时对磺胺甲噁唑的催化活性达到最佳。去除率在 180 min 达到了 97.3%，而后去除率随着催化剂负载量的增加开始下降。这是因为随着负载量增大，越来越多的 MOF-525-Fe/Zr 可以均匀负载在碳毡表面，修饰阴极催化活性增强，有效促进芬顿反应产生·OH；而当负载量过大时，碳毡表面催化剂过多，膜层变厚，电荷转移效率降低，这会导致 MOF-525-Fe/Zr 修饰阴极表面双电子氧化还原反应受到制约，H$_2$O$_2$ 的产率下降，造成磺胺甲噁唑的去除率降低。因此针对面积为 1.5 cm×1 cm 尺寸的碳毡，应选取负载量为 12 mg 的 MOF-525-Fe/Zr 修饰。

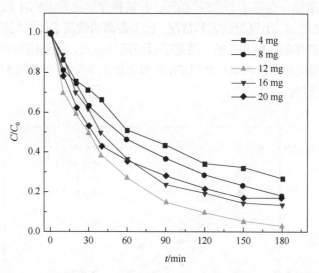

图 5.23   PEF 体系内不同负载量 MOF-525-Fe/Zr 修饰阴极催化降解磺胺甲噁唑的效率对比

3）环境条件对催化光电芬顿体系性能的影响

具体环境条件对 PEF 过程中催化剂催化降解效率的影响也不容忽视。为了考察 PEF 体系内 MOF-525-Fe/Zr 最佳应用环境条件，搭建光电芬顿体系，优选效果最佳的 MOF-525-Fe/Zr 修饰电极为阴极，以铂片为阳极，降解池内保持溶液体积为 100 ml，电解质 Na$_2$SO$_4$ 浓度为 0.1 mol/L，在控制单一变量的条件下，通过改变初始 pH（2~6）、应用电流（20~100 mA）、磺胺甲噁唑的初始浓度（5~15 mg/L）等环境参数，观察催化降解磺胺甲噁唑的效率变化。

图 5.24（a）~（b）显示了不同 pH 条件下 MOF-525-Fe/Zr 修饰阴极对磺胺甲噁唑的催化降解效果。随着 pH 从 2.0 增加到 9.0，磺胺甲噁唑的去除率呈现出先增大后减小的趋势。当 pH 为 3 时，去除率达到 97.3%，总体去除率保持在 60% 以上。从结果来看，MOF-525-Fe/Zr@CF 阴极对 PEF 过程中磺胺甲噁唑的催化降解具有广泛的 pH 适应性。它在偏中性条件下仍能实现磺胺甲噁唑的催化降解，克服了传统 PEF 催化剂在强酸、强碱环境下活性低、稳定性差的缺点。这可能是由于 Zr 基 MOF 自身的骨架稳定性及卟啉配体可以为结合的金属离子提供刚性和稳定的配位环境，使得 MOF-525-Fe/Zr 在酸性和碱性溶液中表现出较强的稳定性。这种独特的稳定性特征为其实际应用提供了可能性。此外，LCCT 和 MLCT 的协同激发催化剂的光反应活性，也进一步催化了 Zr^{IV}/Zr^{III} 和 Fe^{III}/Fe^{II} 的循环反应能力，避免了铁泥的产生。

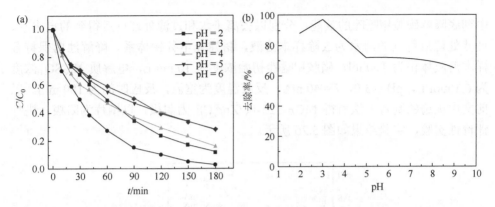

图 5.24　PEF 体系内 MOF-525-Fe/Zr 修饰阴极在不同 pH 下催化降解磺胺甲噁唑的效果图

图 5.25（a）显示了不同电流条件下，MOF-525-Fe/Zr 修饰阴极对磺胺甲噁唑的催化降解的效果。随着电流从 20 mA 增加到 40 mA，磺胺甲噁唑的去除率得到了显著提升。随后随着电流的增加，去除率的提升变得缓慢，电流增至 100 mA 时去除率增长至 100%。准一级动力学方程和催化降解曲线呈现出较高的拟合度，图 5.25（b）可以看出，电流从 20 mA 增加到 100 mA 时，磺胺甲噁唑的速率呈现先快速增长后慢速增长的趋势（从 0.00809 min^{-1} 增至 0.02985 min^{-1}）。这是因为电流能驱动光电芬顿体系电解液内离子向两极移动，电流增大，离子移动的速率增加，促进反应发生，使得磺胺甲噁唑的去除率上升。而当电流增大到一定程度后，反应提前到达终点，同时反应的中间产物占据了活性位点，导致 PEF 反应速率的上升程度减缓。式（5.6）及式（5.7）可以计算 PEF 过程中磺胺甲噁唑催化降解的能耗 $W[(kW·h)/m^3]$ 和每次单位数量级能耗 E_{EO} 的能耗比，计算图像如图 5.25（c）所示。

$$W = \frac{UIt}{V} \tag{5.6}$$

$$E_{EO} = \frac{W}{\log(\frac{C_0}{C})} \tag{5.7}$$

式中，U、I、t、V 分别代表电压（V）、电流（A）、反应时间（h）、体积（m^3）；C_0 和 C 分别代表磺胺甲噁唑的初始浓度和最终浓度（mg/L）。随着电流从 20 mA 增加到 80 mA，能耗从 2.316 (kW·h)/m^3 增加到 17.28 (kW·h)/m^3，增加了 7.5 倍，E_{EO} 随电流的增大呈现先减小后增大的趋势。综合基于磺胺甲噁唑的催化降解反应能耗低、反应速率高的考虑，磺胺甲噁唑的催化降解反应的最佳应用电流为 40 mA。

4）TOC 测定及在实际废水中的应用分析

为了进一步考察 MOF-525-Fe/Zr 修饰阴极催化光电芬顿体系、在实际应用中彻底降解磺胺甲噁唑的效能，分别以去离子水和过滤处理过后得到的自来水、过滤处理后得到的河水为去除样本溶液，搭建光电芬顿体系。降解池内保持各样本溶液体积为 100 ml，磺胺甲噁唑初始浓度为 10 mg/L，电解质 Na_2SO_4 浓度为 0.1 mol/L，pH = 3.0，I = 40 mA，反应温度为室温，反应时间为 180 min。以前文中优选的制备方法所得 MOF-525-Fe/Zr@CF 为阴极，以铂片为阳极，进行评价性实验，实验结果如图 5.26 所示。

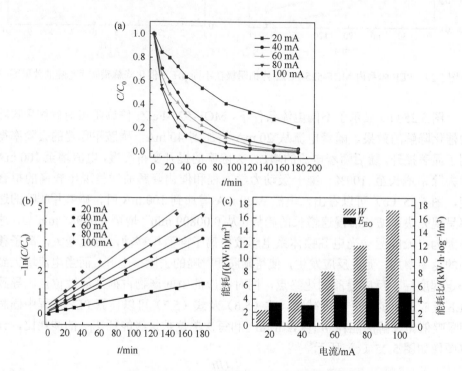

图 5.25　不同电流对催化降解效果的影响

（a）PEF 体系内 MOF-525-Fe/Zr 修饰阴极在不同电流条件下催化降解磺胺甲噁唑的效果图；（b）磺胺甲噁唑催化降解的准一级动力学拟合图；（c）不同电流条件下的能耗与能耗比

　　由图 5.26（a）可得，在 180 min 反应结束后，MOF-525-Fe/Zr 修饰阴极催化光电芬顿体系对去离子水、自来水和河水的磺胺甲噁唑去除率分别为 97.3%、90.2% 和 82.0%。去除率下降的原因可能是自来水及河水中存在的其他有机污染物与体系内活性自由基等氧化性物质反应，与磺胺甲噁唑产生了竞争作用。进一步对各反应溶液样本 TOC 去除率进行测试，结果如图 5.26（b）和表 5.4 所示。该结果进一步证实了自来水和河水的初始 TOC 去除率偏高，有机污染物浓度更大。尽管在两种不同的实际水中存在多种有机污染物及阴、阳离子的干扰，但在图 5.26（b）中可以看出随着反应时间的延长，MOF-525-Fe/Zr 修饰阴极的 TOC 去除率不断提升，反应 180 min 时三种水体汇总 TOC 去除率均达到了 75%以上。且与以往研究者描述的芬顿体系催化降解磺胺甲噁唑的效率相比，磺胺甲噁唑的矿化率显著提高[15-17]。这说明该催化剂具有解决实际水污染问题的优越应用性能。

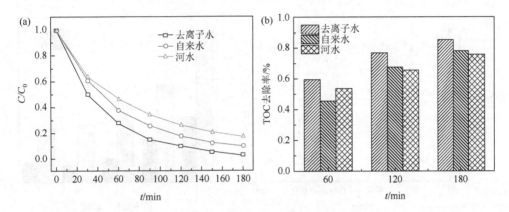

图 5.26　不同废水的催化降解分析

（a）PEF 体系内 MOF-525-Fe/Zr 修饰阴极催化降解不同废水中磺胺甲噁唑的效果图；（b）TOC 去除率图

表 5.4　不同芬顿工艺对磺胺甲噁唑矿化效果的比较与总结

催化剂类别	工艺技术	时间/min	起始的磺胺甲噁唑浓度/(mg/L)	磺胺甲噁唑的去除率/%	TOC 去除率/%	参考文献
MOF-525-Fe/Zr@CF	PEF	180	10	97.3	85	本节
NiFe-CNT	PF	120	5	100	68	[16]
Cu^0/Zn^0 纳米粒	类芬顿	40	20	87.8	45.5	[17]
活性炭纤维阴极	PEF	6h	300	100	80	[18]

5）催化剂的循环使用性能及稳定性分析

除了提高去除率问题，目前 PEF 工艺实际应用面临的关键问题是催化剂在水中过度缺乏稳定性导致其无法重复利用，增加了使用成本。为了进一步探究本节所制 MOF-525-Fe/Zr 修饰阴极的循环使用性能及稳定性，在相同的实验条件下，进行了连续性实验研究其稳定性。每次循环使用结束，用丙酮冲洗阴极表面晾干后待下次循环使用。5 次循环的实验结果如图 5.27（a）所示，磺胺甲噁唑在 5 次循环中去除率均保持在 95%以上，说明 MOF-525-Fe/Zr@CF 具有持续稳定的催化降解能力。用电感耦合等离子体原子发射光谱仪在溶液体系内中监测了每次循环中 MOF-525-Fe/Zr@CF 阴极中的金属（铁和锆离子）浸出浓度，结果如图 5.27（b）所示。在第一次循环实验中，Fe 离子和 Zr 离子的浸出浓度分别为 0.72 mg/L 和

0.31 mg/L，远低于欧盟水环境标准（2 mg/L）。随着循环使用数量的增加，浸出浓度逐渐降低。这进一步说明 MOF-525-Fe/Zr 修饰阴极在 PEF 体系中具有良好的水稳定性和较好的循环使用性能，且对环境友好、成本低廉，具有很强的实际应用潜力。

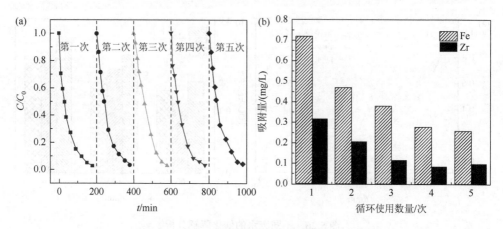

图 5.27　催化剂的循环使用性能和稳定性分析

（a）PEF 体系内 MOF-525-Fe/Zr 修饰阴极降解磺胺甲噁唑在 5 次循环中的降解效果；（b）在每次循环反应后 Fe 和 Zr 离子的浸出浓度

5.2.3　MOF-525-Fe/Zr 修饰阴极催化光电芬顿体系活性增强机理及途径探究

1. 活性物种捕获实验及电子自旋共振实验

为了探究 PEF 体系内双金属卟啉基 MOF-525-Fe/Zr 修饰阴极催化降解磺胺甲噁唑的机理，确定体系中参与 PEF 反应过程的活性物种及其重要程度，进行了自由基淬灭实验。实验主要通过加入一定浓度的乙二胺四乙酸二钠（EDTA-2Na）、叔丁醇（TBA）和对苯醌（BQ）进行，分别淬灭光生空穴（h^+）、羟自由基（·OH）和超氧自由基（$·O_2^-$），在其他实验条件不变的情况下，在反应开始时分别加入足够浓度的三种化学试剂，可以相对应淬灭 PEF 过程中产生的相应三种活性自由基。结合图 5.28（a）所示的实验结果，磺胺甲噁唑的去除率按 TBA、EDTA-2Na、BQ 的顺序降低。因此，证明了·OH 和 h^+ 是催化降解磺胺甲噁唑的主要活性自由基，而 $·O_2^-$ 也有助于磺胺甲噁唑的催化降解。

进一步使用 ESR 技术鉴定 PE/PF/PEF 体系中主要发挥作用的活性氧（ROS）物种。如图 5.28（b）所示，在紫外光和电源刺激下，PEF 体系内 MOF-525-Fe/Zr 修饰阴极的 DMPO（5, 5-二甲基-1-吡咯啉 N-氧化物)-·OH 的强度比为 1∶2∶2∶1，强度明显高于 PF 体系和 EF 体系产生的 DMPO-·OH 信号。TEMPO 捕获 h^+ 实验的

ESR 结果显示其在黑暗中表现出更强的信号，而强度随着光照的产生而降低，结果见图 5.28（c）。这是因为伴随 TEMPO 基团的分子被 h^+ 氧化，其信号强度逐渐降低，表明反应体系中有 h^+ 的生成与累积。而对比 EF 体系与 PF 体系中的信号强度，明显发现在 PEF 体系内，TEMPO 信号强度下降得更为明显。基于上述分析，MOF-525-Fe/Zr 修饰阴极在 PEF 体系中比 EF 体系和 PF 体系具有更强大的 h^+ 和 ·OH 生成能力，而这两种活性自由基也在该体系内发挥了主要的催化作用。这与上述活性物种捕获实验的实验结果一致。

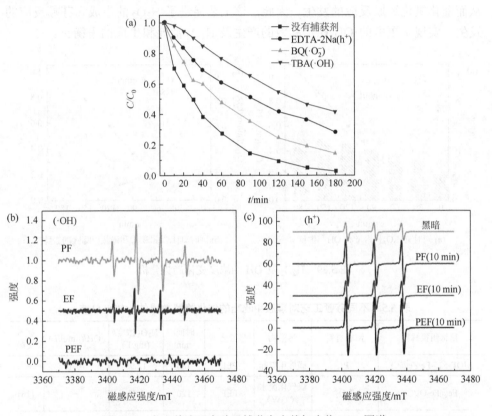

图 5.28　自由基淬灭实验及捕获自由基加合物 ESR 图谱

（a）MOF-525-Fe/Zr 修饰阴极催化降解磺胺甲唑的自由基淬灭实验；（b）MOF-525-Fe/Zr@CF 在不同体系内 DMPO 捕获·OH 的自由基加合物 ESR 图谱；（c）MOF-525-Fe/Zr@CF 在不同体系内 TEMPO 捕获 h^+ 的自由基加合物 ESR 图谱

2. H_2O_2 及·OH 的浓度变化趋势分析

为了研究 MOF-525-Fe/Zr 修饰阴极催化 PEF 过程中主要活性自由基的生成和转化机制，进一步评估了相同条件下 H_2O_2、·OH 的浓度。测量结果数据如图 5.29（a）所示。随着电解时间的延长，H_2O_2 的分解速率与生成速率趋于一致，故而浓度积累量达到平衡。反应 180min 后，在体系中 H_2O_2 的浓度达到 12.95 mg/L，·OH 的产量达到 1030 μmol/L。图 5.29（b）显示磺胺甲噁唑的去除率在 PEF 体系中随着·OH 浓度的增加而增大，这表明磺胺甲噁唑的催化降解主要依赖·OH 的产生。与学者们采用的不同芬顿工艺催化剂的性能相比，MOF-525-Fe/Zr 修饰阴极在 PEF 体系中的 H_2O_2 累积量和·OH 转化率具有明显的优越性（表 5.5）[18-21]。这是由于 MOF-525-Fe/Zr 修饰阴极在 PEF 体系内可以通过协同激发 MOF-525-Fe/Zr 表面 MLCT 与 LCCT 的跃迁，加速载流子传输过程从而催化氧化还原反应的发生。因此，该工艺促进了 H_2O_2 的生成和芬顿反应的发生，实现了更多的·OH 稳定高效的产生及 H_2O_2 消耗和生成的平衡。

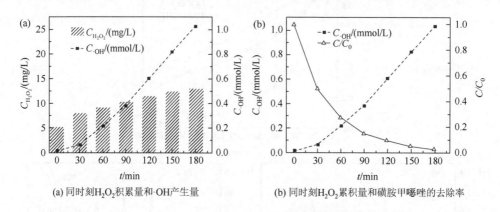

(a) 同时刻H_2O_2积累量和·OH产生量　　　　(b) 同时刻H_2O_2累积量和磺胺甲噁唑的去除率

图 5.29　H_2O_2 及·OH 的浓度变化趋势分析

表 5.5　不同芬顿工艺对磺胺甲噁唑的催化降解效果的比较与总结

修饰阴极材料	阳极材料	污染物	工艺	时间/min	H_2O_2 浓度/(mg/L)	·OH/(μmol/L)	参考文献
MOF-525-Fe/Ze@CF	Pt	磺胺甲噁唑	PEF	180	12.95	1030	本节
Fe@Fe₂O₃/CF	TiO₂	煤气化废水（CGW）	PEF	120	1.43	—	[18]
CoSxPy/MWCNTs 气体扩散电极	RuO₂ 基阳极	溴硝丙二醇	PEF	360	0.088	—	[19]
活性炭纤维毡	RuO₂/Ti 网	磺胺甲噁唑	PEF	120	0.023	—	[20]
Fe₃O₄/GDE	Pt	四环素	EF	60	几乎没有	34.5	[18]
Mn/Fe@PC-CP	Pt	三氯生	EF	120	14.5	130	[8]

3. 光电耦合催化芬顿反应机理分析

根据上述实验结果和相关研究，可以推理出 MOF-525-Fe/Zr 修饰阴极催化光电芬顿反应发生的过程。首先，在紫外光（$hv \geqslant E_g$）照射下，MOF-525-Fe/Zr 中金属卟啉配体 Fe-TCPP 吸收光能并产生光生电子（e_{CB}^-）。由于光电协同激发催化剂内部 MLCT 和 LCCT 的跃迁，光生电子可以从 Fe 核跃迁到金属卟啉配体进而转移到 Zr-oxo SBUs，表现为由价带跃迁至导带，导致光生空穴（h_{VB}^+）自由基信号增强。电子和空穴实现初步分离，光电效应导致部分光生电子逸出催化剂表面[式（5.8）]。其次，扩散的溶解氧被吸附到修饰过的阴极表面，与电源负极流向阴极电子及催化剂表面的光电子之间可发生单电子还原反应生成 $\cdot O_2^-$，也可发生双电子（$2e^-$）氧化还原反应生成 H_2O_2[式（5.9）和式（5.10）]。而转移到 Zr-oxo SBUs 的电子将$\equiv Zr^{IV}$ 还原为$\equiv Zr^{III}$，同时聚集在 MOF 周围的 H_2O_2 将立即与$\equiv Fe^{II}$ 和$\equiv Zr^{III}$ 在催化剂表面反应生成$\cdot OH$ [式（5.11）]。芬顿反应生成的 OH^- 进一步消耗 h_{VB}^+，也可以通过反应生成$\cdot OH$[式（5.12）]。因此，电催化产生的 H_2O_2 能够抑制光生电子-空穴对的复合，有利于 MOF-525-Fe/Zr 的光催化活性。$\cdot OH$ 的产量越多，磺胺甲噁唑的去除率也越高。

有趣的是，在 PEF 过程中，$\equiv Fe^{III}/\equiv Zr^{IV}$ 会随着$\equiv Fe^{II}/\equiv Zr^{II}$ 的再生在阴极上减少。UV 可以直接光解金属络合物，避免铁泥的沉积，进一步促进 Fe^{II} 和 Zr^{III} 的原位回收[式（5.13）和式（5.14）]。此外，一方面，通过式（5.15），在催化剂表面经电流和光生载流子传输的电子具有较强的还原能力，通过还原反应得到$\equiv Fe^{II}$ 和 $\equiv Zr^{III}$。另一方面，$\equiv Zr^{III}$ 具有显著的还原性能，可以通过混合价态双金属间的电子转移与$\equiv Fe^{III}$ 反应得到更多的$\equiv Fe^{II}$[式（5.16）]。这进一步反映了在 PEF 过程中添加光源对电催化反应连续运行的重要性及催化反应中双金属活性中心协同配合转化的重要性。总的来说，在整个 PEF 过程中，光源和电源在催化反应中起着不同的作用。所以双金属卟啉基 MOF-525-Fe/Zr 可以借助自身的组成和结构优势耦合光电芬顿体系的发生，进一步提高$\cdot OH$ 的生成量，从而提高有机污染物的矿化速率[式（5.17）]。具体的反应机理如图 5.30 所示。

$$\text{MOF-525-Fe}/\text{Zr} + hv \rightarrow e_{CB}^- + h_{VB}^+ \tag{5.8}$$

$$O_2 + e^-/e_{CB}^- \rightarrow \cdot O_2^- \tag{5.9}$$

$$O_2 + 2H^+ + 2e^- \rightarrow H_2O_2 \tag{5.10}$$

$$\equiv Fe^{II}/\equiv Zr^{III} + H_2O_2 \rightarrow \equiv Fe^{III}/\equiv Zr^{IV} + \cdot OH + OH^- \tag{5.11}$$

$$h_{VB}^+ + OH^- \rightarrow \cdot OH \tag{5.12}$$

$$\equiv Fe^{III}/\equiv Zr^{IV} + OH^- \rightarrow [Fe(OH)]^{2+}/[Zr(OH)]^{3+} \tag{5.13}$$

$$[Fe(OH)]^{2+}/[Zr(OH)]^{3+} + hv \rightarrow Fe^{II}/Zr^{III} + \cdot OH \tag{5.14}$$

$$\equiv Fe^{III}/\equiv Zr^{IV} + e^-/e_{CB}^- \rightarrow \equiv Fe^{II}/\equiv Zr^{III} \tag{5.15}$$

$$\equiv Zr^{III} + \equiv Fe^{III} \rightarrow \equiv Fe^{II} + \equiv Zr^{IV} \tag{5.16}$$

$$\cdot OH/h_{VB}^+/\cdot O_2^- + 磺胺甲噁唑 \rightarrow CO_2 + H_2O_2 \tag{5.17}$$

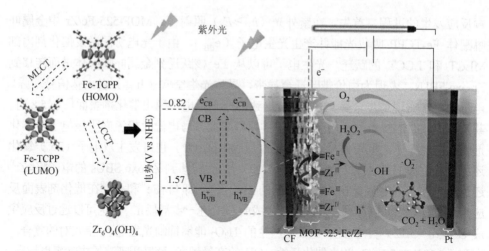

图 5.30　MOF-525-Fe/Zr 修饰阴极耦合 PEF 体系降解磺胺甲噁唑的简化机理示意图

4. 磺胺甲噁唑的催化降解途径分析

在较优的实验条件下，MOF-525-Fe/Zr 修饰阴极磺胺甲噁唑的去除率及 TOC 去除率在反应 180min 后分别达到 97.3%与 85%，未达到 100%，这说明在降解过程中有中间产物的生成。通过 LC-MS 在 MOF-525-Fe/Zr 催化光电芬顿体系中对磺胺甲噁唑的催化降解的中间产物进行测定分析，将得到的谱图与仪器数据库进行对比分析，得到相应的磺胺甲噁唑的催化降解途径如图 5.31 所示。

图 5.31 中提出了磺胺甲噁唑三种主要的催化降解途径（A、B 和 C）。首先在该光电芬顿体系内，光电芬顿体系产生的活性物种（·OH、h^+和·O_2^-）可以攻击磺胺甲噁唑中异噁唑环上的甲基（—CH_3），连接甲基的碳碳双键和芳环上的胺基位点。在途径 A 中，主要是·OH 和异噁唑环上的碳碳双键发生亲电加成反应，形成二羟基取代的磺胺甲噁唑衍生物 P1（$m/z = 288$），进一步地，异噁唑环上的 C—O 键继续受到氧化物质的进攻，异噁唑环被开环，并在 N—O 键位置形成单键肟中间产物 P2（$m/z = 246$）。肟可以和分子氧发生脱水反应，释放羟基形成中间产物 P3（$m/z = 198$）。途径 B 主要是通过·O_2^-攻击异噁唑环上的甲基，发生氧化反应导致 N—O 键位置裂解，同时释放甲基，分子通过结构重组可形成具有醛基侧链的中间产物 P4（$m/z = 227$）。在酸性条件下 N＝C 键极不稳定，·O_2^-进一步氧化会导致产物 P4 侧链的 N＝C 键断裂，产生中间产物 P5（$m/z = 178$）。而 P5 发生羟基化反应则可以生成羟基对氨基苯磺酸 P6（$m/z = 177$）与 P7（$m/z = 192$）。途径 C 是通过空穴和具有亲核性的·OH 吸引苯环上的给电子基团胺基，导致苯胺脱氨基化反应的发生，释放 NH_4^+并形成中间产物 P8（$m/z = 238$）。然后加成反应发生，羟基将会快速取代磺酰胺对位氢，生成羟基化中间产物 P9（$m/z = 254$）。进一步地，S—N 键作为中间产物 P9 的富电子位点，也将受到 h^+与·OH 的攻击，导致磺

酰胺键断裂，形成羟基对羟基苯磺酸 P10（$m/z = 174$）和 3-氨基-5-甲基异噁唑 P11（$m/z = 99$）。此外，产物 P10 之间还可以发生偶联反应形成偶氮化合物 P12（$m/z = 209$）。在途径 A、B、C 转化磺胺甲噁唑的基础上，强氧化剂·OH 可以进一步攻击 P3、P6、P7 及 P10～P12 上的氨基、磺酰基、苯环和异噁唑环。依据识别到的片段，可以推断生成的开环产物均为小分子化合物 S1～S4。在众多学者的研究中也证明过，这些短链酸可进一步氧化成 CO_2 和 H_2O 同时释放出 SO_4^{2-}、NH_4^+ 离子，实现磺胺甲噁唑的彻底矿化。

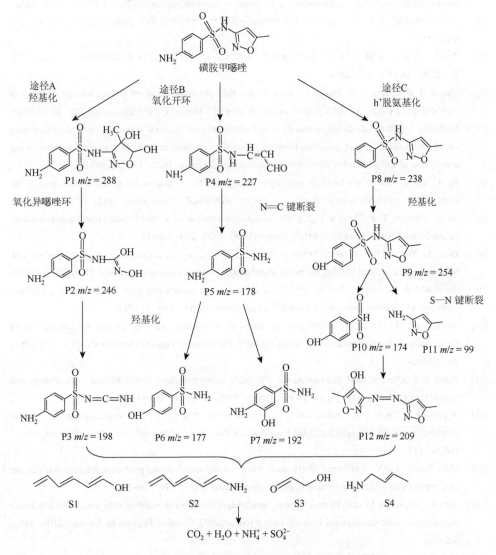

图 5.31　光电芬顿体系中磺胺甲噁唑去催化降解途径

　　基于以上分析，在该光电芬顿体系内，通过 MOF-525-Fe/Zr 修饰阴极催化产生的活性自由基选择性及非选择性攻击磺胺甲噁唑各位点，羟基化、氧化、脱氨基化、开环和磺胺甲噁唑分子中键的裂解等反应会不断发生，中间产物不断转化，最终达成了磺胺甲噁唑的彻底矿化。

参 考 文 献

[1] Yi X，He X，Yin F，et al. NH$_2$-MIL-88B-Fe for electrocatalytic N$_2$ fixation to NH$_3$ with high faradaic efficiency under ambient conditions in neutral electrolyte[J]. Journal of Materials Science，2020，55（26）：12041-12052.

[2] 谢欣卓，钟金魁，李静，等. Fe$_3$O$_4$-nZVI 类 Fenton 法降解水中磺胺甲恶唑[J].中国环境科学，2022，42（7）：3103-3111.

[3] 曾佚浩，陈运进，卢耀斌，等.Cu-Co 双金属氢氧化物非均相类芬顿催化剂去除磺胺甲恶唑[J]. 环境工程学报，2020，14（9）：2474-2484.

[4] Nguyen T B，Huang C P，Doong R，et al. Visible-light photodegradation of sulfamethoxazole(SMX) over Ag-P-codoped g-C$_3$N$_4$（Ag-P@ UCN）photocatalyst in water[J]. Chemical Engineering Journal，2020，384：123383.

[5] Sheikhi S，Jebalbarezi B，Dehghanzadeh R，et al. Sulfamethoxazole oxidation in secondary treated effluent using Fe(VI)/PMS and Fe(VI)/H$_2$O$_2$ processes：Experimental parameters，transformation products，reaction pathways and toxicity evaluation[J]. Journal of Environmental Chemical Engineering，2022，10（3）：107446.

[6] Fu A，Liu Z，Sun Z. Cu/Fe oxide integrated on graphite felt for degradation of sulfamethoxazole in the heterogeneous electro-Fenton process under near-neutral conditions[J]. Chemosphere，2022，297：134257.

[7] Yu K，Ahmed I，Won D I，et al. Highly efficient adsorptive removal of sulfamethoxazole from aqueous solutions by porphyrinic MOF-525 and MOF-545[J]. Chemosphere，2020，250：126133.

[8] Zhou X，Xu D，Chen Y，et al. Enhanced degradation of triclosan in heterogeneous E-Fenton process with MOF-derived hierarchical Mn/Fe@ PC modified cathode[J]. Chemical Engineering Journal，2020，384：123324.

[9] Hasanzadeh A，Khataee A，Zarei M，et al. Photo-assisted electrochemical abatement of trifluralin using a cathode containing a C$_{60}$-carbon nanotubes composite[J]. Chemosphere，2018，199：510-523.

[10] Ramaswamy N，Mukerjee S. Influence of inner-and outer-sphere electron transfer mechanisms during electrocatalysis of oxygen reduction in alkaline media[J]. The Journal of Physical Chemistry C，2011，115（36）：18015-18026.

[11] Weber R S. Effect of local structure on the UV-visible absorption edges of molybdenum oxide clusters and supported molybdenum oxides[J]. Journal of Catalysis，1995，151（2）：470-474.

[12] Stephens P J，Devlin F J，Chabalowski C F，et al. Ab initio calculation of vibrational absorption and circular dichroism spectra using density functional force fields[J]. The Journal of Physical Chemistry，1994，98（45）：11623-11627.

[13] Li N，Tang S，Rao Y，et al. Improved dye removal and simultaneous electricity production in a photocatalytic fuel cell coupling with persulfate activation[J]. Electrochimica Acta，2018，270：330-338.

[14] Wang C，Niu J，Yin L，et al. Electrochemical degradation of fluoxetine on nanotube array intercalated anode with enhanced electronic transport and hydroxyl radical production[J]. Chemical Engineering Journal，2018，346：662-671.

[15] Chen L，Luque R，Li Y. Controllable design of tunable nanostructures inside meta-organic frameworks[J]. Chemical Society Reviews，2017，46（15）：4614-4630.

[16]　Nawaz M，Shahzad A，Tahir K，et al. Photo-Fenton reaction for the degradation of sulfamethoxazole using a multi-walled carbon nanotube-NiFe$_2$O$_4$ composite[J]. Chemical Engineering Journal，2020，382：123053.

[17]　Liu Y，Yang Z，Wang J. Fenton-like degradation of sulfamethoxazole in CuO/ZnO-air system over a broad pH range：Performance，kinetics and mechanism[J]. Chemical Engineering Journal，2021，403：126320.

[18]　Wang A，Li Y Y，Estrada A L. Mineralization of antibiotic sulfamethoxazole by photoelectro-Fenton treatment using activated carbon fiber cathode and under UVA irradiation[J]. Applied Catalysis B：Environmental，2011，102（3-4）：378-386.

[19]　Xu P，Xu H，Zheng D. The efficiency and mechanism in a novel electro-Fenton process assisted by anodic photocatalysis on advanced treatment of coal gasification wastewater[J]. Chemical Engineering Journal，2019，361：968-974.

[20]　Ye Z，Guelfi D R V，Álvarez G，et al. Enhanced electrocatalytic production of H$_2$O$_2$ at Co-based air-diffusion cathodes for the photoelectro-Fenton treatment of bronopol[J]. Applied Catalysis B：Environmental，2019，247：191-199.

[21]　Zhang Y，Gao M，Wang S G，et al. Integrated electro-Fenton process enabled by a rotating Fe$_3$O$_4$/gas diffusion cathode for simultaneous generation and activation of H$_2$O$_2$[J]. Electrochimica Acta，2017，231：694-704.

第 6 章　金属有机骨架材料负载生物酶降解去除酚类污染物的研究

酶降解去除酚类污染物是一种高效的生物方法,但游离酶易受到恶劣环境的影响,且易溶于水中,难以回收和再利用。为了克服这些局限性,研究者们提出了固定化酶的概念。传统的固定化酶材料,如介孔硅酸盐、溶胶-凝胶基质、多孔碳材料、磁性材料等,有着孔道尺寸不可调、低负载率、酶易渗出的缺点。MOF材料是一种含金属离子和有机配体的杂化材料,其大比表面积和高孔隙率可以负载更多的酶,紧凑的 MOF 网络也可以严格限制酶的构象变化,使酶具有极高的稳定性。同时,MOF 材料具有丰富多样且数量庞大的官能团,表面化学成分易于调整,这有利于酶在载体上固定,因此已成为一种理想的固定化酶载体。本章将重点介绍不同 MOF 材料负载生物酶的制备及其在去除水中酚类污染物的应用。

酚类污染物种类繁多,因其使用广泛,且具有挥发性,可以进行长距离迁移污染,令含酚废水成为现如今全球范围内危害最大的废水之一。酚类物质大多稳定性高,很难被生物降解,会随着人类活动进入到地表水、地下水和饮用水中,并经由皮肤、呼吸道、消化道等方式入侵人体,因其大多具有三致作用,长期在生物体内累积,会影响人和动物的内分泌、神经和免疫系统,对生物和人类有着持续性的危害。本章选取了两种典型的酚类物质,分别为合成塑料的主要原料——内分泌干扰物双酚 A(BPA)和有机合成中的重要中间产物——氯酚类化合物 2,4-二氯苯酚(2,4-dichlorophenol,2,4-DCP)来进行污染物降解研究。

6.1　MIL-88B(Fe)负载辣根过氧化物酶降解去除酚类污染物

辣根过氧化物酶(horseradish peroxidase,HRP)是一种生物酶催化剂,其活性中心 Fe^{3+} 原卟啉可以在 H_2O_2 的存在下氧化降解酚类、双酚类、苯胺类、联苯胺类等相关杂芳香污染物。对比其他功能相似的酶,HRP 的性质更稳定,催化活性更高,并且可以承受高盐度和高污染物浓度水体,因此特别适合降解处理酚类工业废水。

本节使用具有优异水稳定性和生物相容性的铁基 MOF 材料——MIL-88B(Fe)作为固定化酶的载体,制备具有良好稳定性和循环使用性能的固定化酶材料MIL-88B(Fe)/HRP(固定化 HRP),以水中 BPA 和 2,4-DCP 作为目标污染物,研究其降解性能。本节通过 XRD、SEM、CLSM、FTIR、TGA 和 N_2 吸附脱附等温线等表征手段对所合成的两种材料进行分析,探究了制备 MIL-88B(Fe)/HRP 材料的最佳固定化工艺,进行了酶促反应动力学研究,对比了游离 HRP 和固定化 HRP 的热稳定性、pH 稳定性和贮存稳定性。同时探究了不同条件下材料对 BPA 和 2,4-DCP 的降解效果,进行了降解过程的单因素分析和固定化酶的循环使用性能实验。

6.1.1　MIL-88B(Fe)及 MIL-88B(Fe)/HRP 的制备与表征

1. MIL-88B(Fe)及 MIL-88B(Fe)/HRP 的制备

MIL-88B(Fe)材料采用溶剂热法进行制备:将 0.756 g(2.770 mmol)三氯化铁和 0.231 g(1.385 mmol)对苯二甲酸溶解在 60 ml 的 DMF 中。搅拌 30 min 后,将溶液转移到反应釜中,置于 150℃的烘箱中反应 2 h。反应后冷却至室温,将所得固体离心分离并用乙醇洗涤,最后在真空干燥箱中 60℃真空干燥 12 h,得到黄色的 MIL-88B(Fe)材料。

MIL-88B(Fe)/HRP 的制备原理为:以 MIL-88B(Fe)为基础,添加 1-乙基-(3-二甲氨基丙基)碳二亚胺[1-ethyl-(3-dimethylaminopropyl) carbodiimide,EDC]盐酸盐作为交联剂,活化 MOF 材料上的羧基形成 O-酰基异脲中间产物,再添加 N-羟基琥珀酰亚胺(N-hydroxysuccinimide,NHS)形成酯类来增强体系稳定性。之后,活化中间产物再和 HRP 上的氨基形成酰胺键来完成固定化,而交联中间产物则可以被清洗下去。相比于其他交联剂如戊二醛等,EDC/NHS 体系本身不会参与到反应中,在最后固定化的材料中也不会有残留,具有无毒、生物相容性好的优点。交联原理如图 6.1 所示。

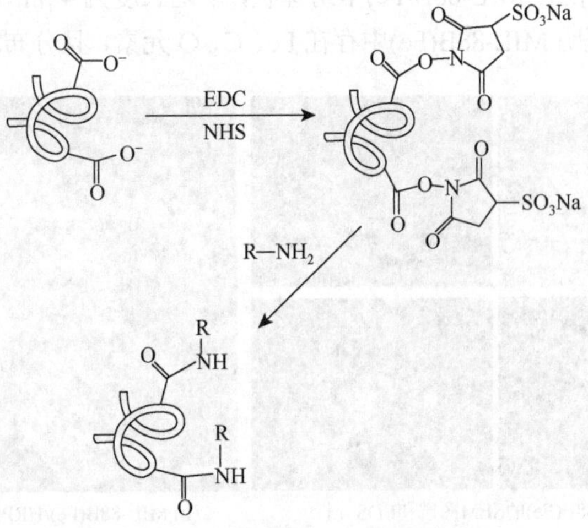

图 6.1　EDC/NHS 的交联原理图

2. MIL-88B(Fe)及 MIL-88B(Fe)/HRP 的表征

1）XRD 分析

图 6.2 显示了两种合成材料的 XRD 光谱图。可以看出，MIL-88B(Fe)的特征衍射峰与文献[1]中报道的（002）、（101）、（103）、（202）和（211）匹配良好，峰强度强说明合成材料的结晶度高。固定化酶之后，MIL-88B(Fe)/HRP 的特征衍射峰与固定前保持一致，表明 HRP 的存在不会影响原材料的结构完整性和结晶形态，在结合过程中没有导致相变。峰强度变弱可以说明酶的成功固定。

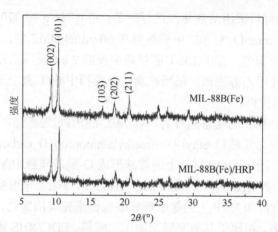

图 6.2　MIL-88B(Fe)和 MIL-88B(Fe)/HRP 的 XRD 光谱图

2）SEM 分析

如图 6.3（a）所示，MIL-88B(Fe)呈纺锤状，平均长度为 4 μm，平均宽度为 3 μm。通过 EDS 分析，证明 MIL-88B(Fe)中存在 Fe、C、O 元素，且分布均匀。从图 6.3（b）

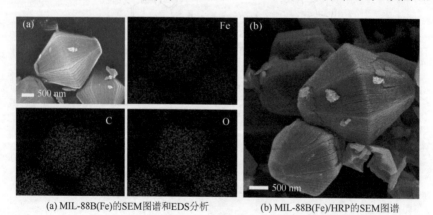

(a) MIL-88B(Fe)的SEM图谱和EDS分析　　　(b) MIL-88B(Fe)/HRP的SEM图谱

图 6.3　MIL-88B(Fe)与 MIL-88B(Fe)/HRP 的 SEM 分析

中可以发现，MIL-88B(Fe)负载了酶后，其形态并没有发生改变。利用能量色散 X 射线谱对 MIL-88B(Fe)/HRP 进行元素组成分析，如图 6.4 所示，在 Fe、C、O 元素的基础上同时检测到了 N 元素的存在，证明酶的成功负载。

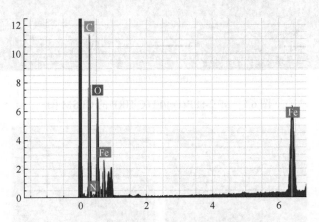

图 6.4　MIL-88B(Fe)/HRP 的元素组成图

3）CLSM 分析

进一步探究 HRP 是否成功负载在 MIL-88B(Fe)表面，采用异硫氰酸荧光素（fluorescein isothiocyanate，FITC）标记 HRP，用处理后的 FITC-HRP 制备 MIL-88B(Fe)/FITC-HRP 材料。将合成后的材料用去离子水进行数次清洗以去除表面未固定的 FITC 和 HRP，并在激光扫描共聚焦显微镜（confocal laser scanning microscope，CLSM）下观察分析。

图 6.5 显示了在不同放大倍数下 MIL-88B(Fe)/FITC-HRP 的激光扫描共聚焦图像，从左到右分别为暗场、明场和两者的叠加。从图 6.5（a）低放大倍数中可以观察到荧光斑点均匀附着在材料表面，从图 6.5（b）高放大倍数中可以看出 HRP 在 MOF 单个颗粒上也呈均匀分布。对比图 6.6 的暗场和明场，由于 MIL-88B(Fe) 自身不是荧光材料，因此图中所呈现的荧光信号均来自于 MIL-88B(Fe)中 FITC-HRP 的引入。实验表明成功制备了 MIL-88B(Fe)/HRP。

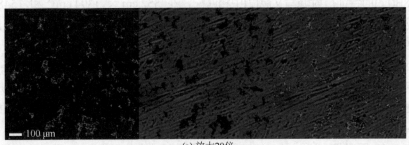

(a) 放大20倍

(b) 放大1000倍

图 6.5　MIL-88B(Fe)/FITC-HRP 的 CLSM 图

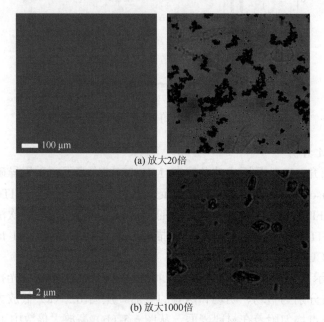

(a) 放大20倍

(b) 放大1000倍

图 6.6　MIL-88B(Fe)的 CLSM 图

4）FTIR 分析

图 6.7 为 HRP、MIL-88B(Fe)和 MIL-88B(Fe)/HRP 的 FTIR 光谱分析。MIL-88B(Fe)的特征衍射峰与文献[2]中相匹配，在 552 cm^{-1}、1394 cm^{-1} 和 1548 cm^{-1} 处出现了三个特征衍射峰，552 cm^{-1} 处的特征衍射峰归因于 Fe—O 的振动；1548 cm^{-1} 和 1394 cm^{-1} 处的强峰归因于羧基的不对称伸缩振动及对称伸缩振动，说明 MIL-88B(Fe)中含有二羧酸配体（即对苯二甲酸）。经过固定化酶后，MIL-88B(Fe)/HRP 复合催化剂的红外光谱图发生了一些变化，其中在 1029.93 cm^{-1} 处新增加的峰归因于酰胺键 N—H 的弯曲振动，存在于 1174～955 cm^{-1} 处的蛋白质特征结构范围中；3700～3000 cm^{-1} 处的峰为—OH 和—NH 基团的特征衍射峰。结果表明，MIL-88B(Fe)/HRP 同时拥有 MIL-88B(Fe)和酶的特征衍射峰，证明 HRP 已成功负载。

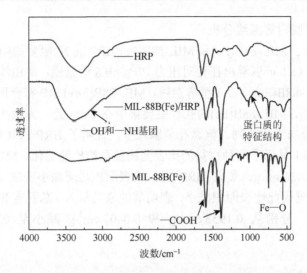

图 6.7　HRP、MIL-88B(Fe)和 MIL-88B(Fe)/HRP 的 FTIR 光谱

5）TGA

如图 6.8 所示，TGA 曲线表明 MIL-88B(Fe)拥有良好的热稳定性，可以承受 350℃的高温，这为固定化酶提供了条件。与 MIL-88B(Fe)相比，固定化酶材料发生了两次明显失重。第一次是在＜100℃内，这是因为吸附水的蒸发；第二次在 300℃左右，归因于 MOF 材料的结构坍塌，趋势与 MIL-88B(Fe)相同。当两种材料最终质量达到平衡时，MIL-88B(Fe)/HRP 剩余了原来质量的 29.9%，较 MIL-88B(Fe)的 25.3%略高，原因是热解过程中的有机物残留。

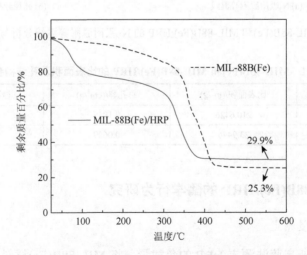

图 6.8　MIL-88B(Fe)和 MIL-88B(Fe)/HRP 的 TGA 曲线

6) N$_2$ 吸附脱附等温线分析

图 6.9 显示了 MIL-88B(Fe) 和 MIL-88B(Fe)/HRP 的 N$_2$ 吸附脱附等温线与孔径分布。从图 6.9（a）可以看出在相对压力 $P/P_0 > 0.8$ 的范围，两曲线均出现了明显的滞后环，MIL-88B(Fe) 符合 I 型等温线，MIL-88B(Fe)/HRP 符合 IV 型等温线。由图 6.9（b）可知，MIL-88B(Fe) 的孔径主要集中在 2 nm 处，为微孔结构；而负载酶材料的孔径分布大致相同，但微孔急剧减少，证明了 HRP 成功被固定在 MOF 的孔径中。表 6.1 显示了两种材料的比表面积及孔结构的变化。MIL-88B(Fe) 的比表面积为 210.6426 m^2/g，负载 HRP 后，比表面积显著减小变成 23.9446 m^2/g，MOF 孔径被占据因此比表面积减小，表明酶的成功引入。总孔容和微孔容也表现出相同的趋势，分别从 0.1958 cm^3/g 和 0.0407 cm^3/g 减小至 0.0629 cm^3/g 和 0.0017 cm^3/g。

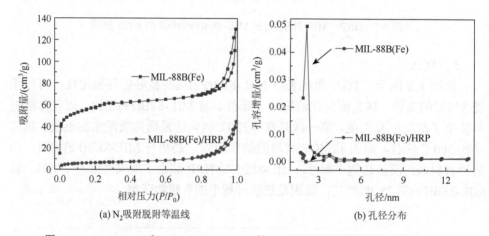

(a) N$_2$ 吸附脱附等温线　　　　　　　　　　(b) 孔径分布

图 6.9　MIL-88B(Fe) 和 MIL-88B(Fe)/HRP 的 N$_2$ 吸附脱附等温线分析与孔径分布

表 6.1　MIL-88B(Fe) 和 MIL-88B(Fe)/HRP 的比表面积及孔结构参数

样品	比表面积/(m^2/g)	总孔容/(cm^3/g)	微孔容/(cm^3/g)
MIL-88B(Fe)	210.6426	0.1958	0.0407
MIL-88B(Fe)/HRP	23.9446	0.0629	0.0017

6.1.2　MIL-88B(Fe)/HRP 的酶学行为研究

1. 酶负载量测定

采用考马斯亮蓝法测定 HRP 的负载量。将 MIL-88B(Fe) 材料加入到酶溶液中，固定化实验结束后将材料离心分离，收集离心后的上清液进行残留酶浓度

的测定，由式（6.1）来计算得出酶的负载量

$$q = \frac{(C_0 - C)V}{m}$$

（6.1）

式中，q 为 MIL-88B(Fe)材料对 HRP 的负载量（mg/g）；C_0 为酶溶液的初始浓度（mg/ml），本节为 0.04 mg/ml；C 为上清液中酶的浓度（mg/ml）；V 为加入酶溶液的体积（ml），本节为 10 ml；m 为加入 MIL-88B(Fe)材料的质量（mg），本节为 10 mg。

绘制标准曲线如图 6.10 所示，得出决定系数为 $R^2 = 0.9993$，实验根据此标准曲线来算出残留的酶浓度。

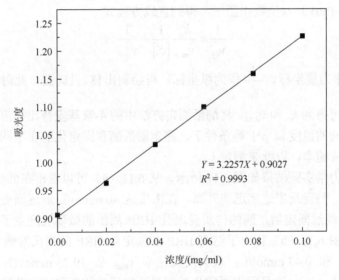

图 6.10　HRP 的紫外光吸收标准曲线

2. 固定化酶活测定

采用沃辛顿（Worthington）法，以 4-氨基安替比林（4-AAP）作为氢的供体，利用 HRP 催化 H_2O_2 的还原反应来测定酶的活力。由式（6.2）来计算酶的活力（酶活）（U/ml），并把每分钟分解 1 μmol 的 H_2O_2 所需的酶量定义为一个酶活单位。

$$\text{酶活} = \frac{E_{510} \times V}{6.58v}$$

（6.2）

式中，E_{510} 为 510 nm 处每分钟内吸光度的增大值；V 为反应液的总体积（ml），本节为 3 ml；6.58 为在 1 min 内，1 个酶活单位能使吸光度增大 6.58；v 为加入的游离酶或固定化酶溶液体积（ml），本节为 0.1 ml。

3. 米氏常数的测定

米氏常数（k_m）是酶的特征常数，表示当酶促反应速率达到最大反应速率一半时的底物浓度，其大小只与酶的性质有关，当 k_m 越大时，表示酶与底物之间的亲和力越小。米氏常数可由米氏方程来求解

$$v_{初} = \frac{v_{\max}[S]}{k_m + [S]} \tag{6.3}$$

式中，$v_{初}$ 为酶促反应初始速率；$v_{\max}$ 为最大反应速率；$[S]$ 为底物浓度；k_m 为米氏常数。

米氏方程显示了酶促反应中反应速率和底物浓度的关系，用林-贝氏（Lineweaver-Burk）双倒数作图法，得到直线方程式

$$\frac{1}{v_{初}} = \frac{k_m}{v_{\max}} \frac{1}{[S]} + \frac{1}{v_{\max}} \tag{6.4}$$

将 $\frac{1}{[S]}$ 作为横坐标，$\frac{1}{v_{初}}$ 作为纵坐标，可绘制出林-贝氏图，此时根据直线的斜率和截距可得到 k_m 和 $v_{\max}$。将酶活测定方法中的 4-氨基安替比林溶液进行梯度稀释，在相同的温度和 pH 等条件下，测定游离酶和固定化酶在不同的苯酚浓度下的酶促反应速率，以此来测定 k_m。

酶促动力学实验结果如图 6.11 所示。从 6.11（a）可以看出在低底物（苯酚）浓度范围内，酶促反应速率迅速升高，在浓度达 40 mmol/L 后逐渐变缓。相较于游离 HRP，经过固定后，酶的传质受限且 HRP 周围的微环境产生了变化，因此速率变慢。图 6.11（b）标出了游离 HRP 和固定化 HRP 的米氏常数 k_m，分别为 0.34 mmol/L 和 0.47 mmol/L；最大反应速率 $v_{\max}$ 从 19.23 mmol/(L·min) 降低为 14.28 mmol/(L·min)，这是因为固定化过程对酶的活性位点和底物苯酚的接触产生了一定的影响，使亲和力变弱，$v_{\max}$ 减小。

4. 固定化因素

1）固定化时间

固定化时间是影响酶活和负载率的一个重要因素。酶的负载率采用考马斯亮蓝法计算，固定化酶的相对活性以相同质量下游离酶的活性作为 100%进行对比。实验结果如图 6.12 所示。

从图 6.12 中可以看出，MIL-88B(Fe)/HRP 的负载率随着固定化时间的增加而增加，在固定化时间为 12 h 时达到了最高，为 97.2%，此时负载量为 38.9 mg/g。而酶的相对活性在固定化时间为 6 h 时达到最大，为 73.2%，随着时间的继续增加，固定化酶的相对活性开始下降，其原因在于随着材料上负载的酶逐渐增加，酶分

子之间发生聚集和堆积,使底物无法接触到 HRP 的反应位点,酶活降低。因此,实验中最优的固定化时间为 6 h。

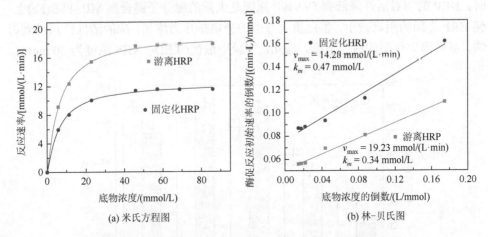

(a) 米氏方程图　　　　　　　　　　　(b) 林-贝氏图

图 6.11　游离 HRP 和固定化 HRP 的酶促动力学实验结果

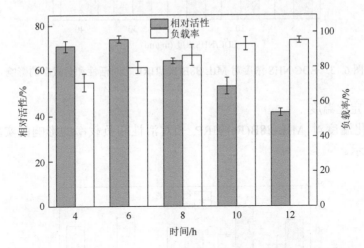

图 6.12　固定化时间对 MIL-88B(Fe)/HRP 相对活性和负载率的影响

2）交联剂 EDC/NHS 浓度

交联剂的 EDC/NHS 浓度是影响固定化过程的另一个重要因素。实验结果如图 6.13 所示。

从图 6.13 中可以看出,随着交联剂 EDC/NHS 浓度的增加,MIL-88B(Fe)/HRP 的负载率逐渐增大,固定化酶的相对活性先增大后减小,并且在 EDC/NHS 浓度为 30 mg/ml 时达到最大值,相对活性为 72.5%,此时负载率为 82.3%。当 EDC/NHS 浓度较低时,材料上的羧基与酶交联不完全,负载率较低,酶的活力较低;随着交联剂 EDC/NHS 浓度的增加，体系中的酶与材料结合得越来越多，负载率和固定化酶的相对活性出现增加的趋势。但当交联剂 EDC/NHS 浓度增加到 40 mg/ml 时，HRP 的相对活性降低到 59.9%，原因是大量的酶分子键合到 MIL-88B(Fe) 上，使 HRP 之间的距离减小，蛋白质大分子的静电排斥力增加，酶的活性位点受到影响，导致固定化酶的活力下降。因此，实验中最优的 EDC/NHS 浓度为 30 mg/ml。

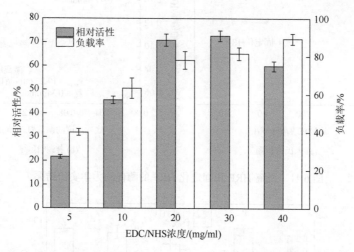

图 6.13　EDC/NHS 浓度对 MIL-88B(Fe)/HRP 相对活性和负载率的影响

3）固定化温度

固定化温度对 MIL-88B(Fe)/HRP 相对活性和负载率的影响的实验结果如图 6.14 所示。

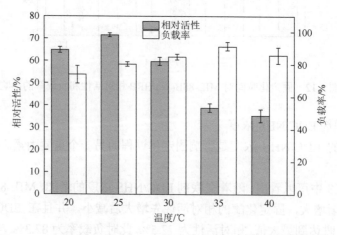

图 6.14　固定化温度对 MIL-88B(Fe)/HRP 相对活性和负载率的影响

从图 6.14 中可以看出，随着温度的升高，酶的相对活性和负载率均呈现先上升后下降的趋势，相对活性在 25℃达到最高，为 71.4%。这是由于 HRP 在此温度具有最高的催化活性。材料的最高负载率出现在 35℃，为 91.2%，这是由于 EDC 在此温度下可以更好地活化羧基，使交联效率更高。但此时酶的相对活性处于一个很低的水平，是因为较高的温度影响了蛋白质的空间结构，使部分酶失活。同时，较高的负载率会引起 HRP 的聚集导致活性位点的堵塞，使固定化酶的相对活性降低。因此，实验中最优的固定化温度为 25℃。

5. 环境温度稳定性

通过式（6.2）来计算不同温度下游离酶和固定化酶的活力变化，将酶溶液最高酶活视为 100%，计算 25～60℃温度条件下的相对酶活，以此来考察温度稳定性。

在 25～60℃的温度条件下水浴 1 h 来测定 HRP 和 MIL-88B(Fe)/HRP 的热失活动力学参数。热失活动力学参数 K_d、半衰期 $t_{1/2}$ 可根据式（6.5）和式（6.6）计算

$$a = a_0 \exp(-K_d t) \tag{6.5}$$

$$t_{1/2} = \ln 2 / K_d \tag{6.6}$$

热变性活化能 E_d，阿伦尼乌斯常数 A 和热变性焓变 ΔH（kJ/mol）可通过式（6.7）和式（6.8）求得

$$\ln K_d = \frac{-E_d}{R\Theta} + \ln A \tag{6.7}$$

$$\Delta H = E_d - R\Theta \tag{6.8}$$

上述式中，a_0 为水浴处理前固定化酶和游离酶的活性；a 为水浴处理后固定化酶和游离酶的活性；t 为水浴处理的时间（h），本节为 1 h；R 为摩尔气体常数，数值为 8.3145 J/(mol·K)；Θ 为热力学温度（K）。

从图 6.15 可以发现，在 60℃条件下水浴 1 h 后，游离酶的活性仅仅保留了 55.9%，相比之下，经过固定后的 HRP 可以保留初始活性的 70.2%。在梯度的热处理下，固定化酶的相对活性都比游离酶的高。实验得出，固定化 HRP 的热稳定性优于游离 HRP，这种增强是由于 MIL-88B(Fe)的刚性骨架可以在高温条件下保护酶的空间结构，使蛋白质不易展开或团聚。

6. 酶热失活动力学

根据前面温度稳定性研究的实验结果，可以计算出游离 HRP 和固定化 HRP

在 25～60℃温度范围内的热失活动力学参数 K_d、半衰期 $t_{1/2}$、热变性焓变 ΔH，用来进一步分析两者热稳定性的差异（表 6.2）。

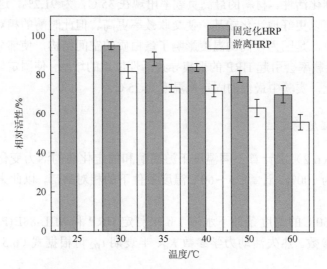

图 6.15　游离 HRP 和固定化 HRP 的温度稳定性

表 6.2　游离 HRP 和固定化 HRP 的热失活动力学参数 K_d、半衰期 $t_{1/2}$ 和热变性焓变 ΔH

温度/°C	K_d		$t_{1/2}$		ΔH/(kJ/mol)	
	固定化 HRP	游离 HRP	固定化 HRP	游离 HRP	固定化 HRP	游离 HRP
25	0.000	0.000	—	—	30.589	19.905
30	0.054	0.203	12.836	3.415	30.548	19.864
35	0.127	0.312	5.458	2.221	30.506	19.822
40	0.178	0.331	3.894	2.094	30.465	19.781
50	0.232	0.460	2.988	1.507	30.381	19.697
60	0.354	0.582	1.958	1.191	30.298	19.614

从表 6.2 中可以发现，在所有温度下，固定化 HRP 的热失活动力学参数 K_d 均低于游离 HRP，并且固定化 HRP 的半衰期 $t_{1/2}$ 在 30℃、35℃、40℃、50℃和 60℃时，与游离 HRP 对比分别增加 3.76 倍、2.46 倍、1.86 倍、1.98 倍和 1.64 倍。这一结果表明固定化 HRP 对高温有较好的适应性。

图 6.16 以 $-1/\Theta$ 和 $\ln K_d$ 为横、纵坐标，作图得出固定化 HRP 的 E_d 为 33.067 kJ/mol，游离 HRP 的 E_d 为 22.383 kJ/mol，这表明固定化 HRP 具有较好的高温稳定性。此外，在相同的温度下，固定化 HRP 的 ΔH 高于游离 HRP，说明固定化 HRP 的失活比游离 HRP 需要更高的能量。

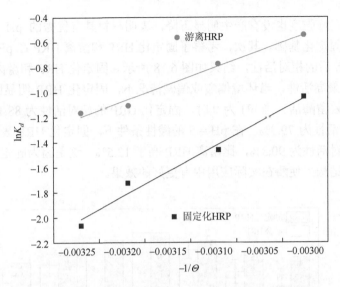

图 6.16　游离 HRP 和固定化 HRP 的热失活动力学研究

7. 环境 pH 稳定性

通过式（6.2）来计算不同 pH 下游离酶和固定化酶的活力变化，将酶溶液最高酶活视为 100%，计算 pH 为 5～9 条件下的相对酶活，以此来测定游离酶和固定化酶的 pH 稳定性。

图 6.17 为 MIL-88B(Fe)/HRP 分别在 pH 为 5、7、9 条件下浸泡 1 h 后的 XRD光谱图。首先，可以看出在酸性和碱性条件下，MIL-88B(Fe)/HRP 的特征衍射峰没

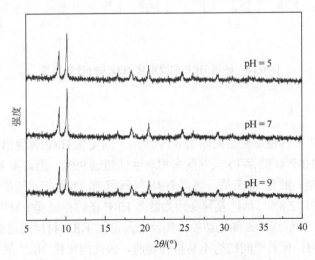

图 6.17　不同 pH 下 MIL-88B(Fe)/HRP 的 XRD 光谱图

有发生变化，峰强度也没有产生明显下降，表明材料具有优秀的 pH 稳定性，具有良好的酶固定化基础。其次，考察了固定化 HRP 和游离 HRP 在 pH 为 5～9 条件下浸泡 1 h 后的相对活性，结果如图 6.18 所示。固定化 HRP 和游离 HRP 均在 pH＝7 时有最高活性，当环境偏酸或偏碱情况下，固定化 HRP 明显比游离 HRP 具有更高的残留酶活。当 pH 为 9 时，固定化 HRP 的相对活性为 88.1%，而游离 HRP 的相对活性为 79.9%。在 pH＝5 的酸性条件下，固定化 HRP 表现出更好的稳定性，相对活性为 90.3%，比游离 HRP 高了 12.5%。这是因为固定化过程稳定了酶的空间结构，使酶在实际应用中有更好的效果。

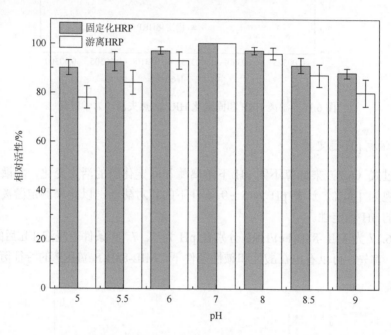

图 6.18　游离 HRP 和固定化 HRP 的 pH 稳定性

8. 贮存稳定性

合成样品的贮存稳定性结果如图 6.19 所示。固定化 HRP 表现出良好的贮存稳定性。固定化 HRP 在贮存 15 天的剩余相对活性超过 90%，而游离 HRP 仅仅保留了 64%的初始值。贮存 30 天后，游离 HRP 仅残留 26.2%的相对活性，远远低于复合生物催化剂的 72.8%。活性差异是因为游离 HRP 在贮存过程中发生了构象变化，导致 HRP 的活性位点失去催化功能。相反，固定化 HRP 材料通过交联剂和 HRP 形成强共价作用，使其空间结构不易折叠卷曲，因此固定化 HRP 展现了较长的耐久性，延长了 HRP 的使用寿命，降低了贮存难度。

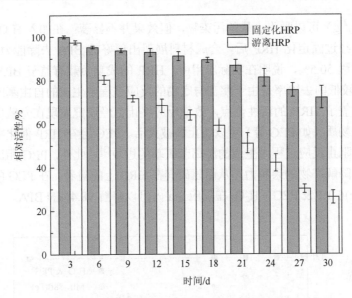

图 6.19　游离 HRP 和固定化 HRP 的贮存稳定性

6.1.3　MIL-88B(Fe)/HRP 降解去除酚类污染物的探究

1. 降解实验方法

所有降解实验均采用三组平行实验取平均值的方式，以此来确保实验结果的精确性。降解实验均在总体积为 50 ml 的反应体系中进行。采用 4-氨基安替比林法测定污染物残留浓度。固定化酶循环使用性能实验在最佳的降解实验条件及试剂添加量下进行，投加 10 ml 固定化酶溶液，将混合溶液用磁力搅拌器搅拌，待反应平衡后，将 MIL-88B(Fe)/HRP 材料通过离心过滤并用去离子水洗涤，随即在相同的实验条件下进行第 2 次循环实验，如此反复操作测定材料的循环使用性能。每次降解后均用 Worthington 法测定固定化酶材料的残留活性。

2. 对双酚 A 的催化降解性能研究

1）不同条件下材料对双酚 A 降解效果探究

实验测定了 H_2O_2 & PEG、MIL-88B(Fe)、MIL-88B(Fe)+H_2O_2、MIL-88B(Fe)/HRP + H_2O_2、MIL-88B(Fe)/HRP & PEG + H_2O_2 五种材料在不同条件下对 BPA 的降解效果。实验结果如图 6.20 所示。

在只添加过氧化氢（H_2O_2）和聚乙二醇（PEG）的情况下，BPA 浓度没有变化，说明单纯的 H_2O_2 & PEG 对 BPA 没有降解效果。除此之外，还测定了 MIL-88B(Fe) 对于 BPA 的吸附能力，发现反应 3 h 后去除率只有 22.6%，MOF 材料的大比表面积（210.6 m²/g）可以吸附少量的污染物，但效果并不显著；在加入 H_2O_2 后也没有明显变化。经过固定化 HRP 后，合成材料展现出更好的 BPA 去除能力，反应 1 h 后去除率可达 50.5%，说明在实际应用中，HRP 的成功负载有益于 BPA 的降解。然而，仍然较低的去除率是由于酶在与底物的反应过程中生成的自由基或降解后的聚合产物遮盖了 HRP 的活性位点，致使反应终止。经研究发现在光催化体系中添加高亲水性物质（如 PEG 等）可以防止酶被灭活。PEG 会在 HRP 催化中心附近形成保护层，阻止反应过程中生成的游离苯氧基的进攻[3]。此外，PEG 相比于酶，拥有更高的对降解产物的亲和力，从而阻碍其在 HRP 上的附着。在 PEG 的存在下，MIL-88B(Fe)/HRP & PEG + H_2O_2 在反应 3 h 内可以降解 98.4%的 BPA。

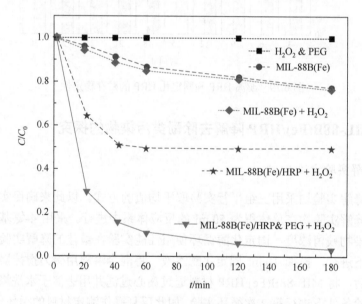

图 6.20 不同条件下材料对 BPA 的降解效果

$T = 25℃$，$V = 50$ ml，$C_0 = 20$ mg/L，$m = 0.06$ g/L，pH = 7.0

图 6.21 是对不同条件下的 BPA 去除曲线进行准二级动力学模型拟合，发现 MIL-88B(Fe)/HRP & PEG + H_2O_2 体系对 BPA 降解速率最快，降解速率 $k = 0.1651$ L/ (mg·min)，分别是 MIL-88B(Fe)和 MIL-88B(Fe)/HRP + H_2O_2 的 103.19 倍（$k = 0.0016$ L/(mg·min)）和 6.85 倍（$k = 0.0241$ L/(mg·min)）。

（1）反应时间对降解效果的影响

从图 6.20 中可以看出 MIL-88B(Fe)/HRP & PEG + H_2O_2 对 BPA 的降解速率在前 40 min 内较快，随后慢慢降低并在反应 3 h 时基本达到平衡，去除率为 98.4%。由此确定降解 BPA 实验的反应时间为 3 h。

（2）PEG 添加量对降解效果的影响

PEG 可以防止 HRP 在反应过程中被灭活，因此实验探究了 PEG 添加量对 BPA 降解效果的影响。

如图 6.22 所示，当 PEG 与 BPA 质量比为 0.1 时，BPA 去除率为 72.7%。随着添加 PEG 的量增大，去除率明显提升，这是因为有了 PEG 的保护，更多的 HRP 可以参与到反应中。当质量比上升到 0.4 时，去除率达到 98.4%，并且不再随着 PEG 添加量的增加而变化，因此实验确定最佳质量比为 0.4。

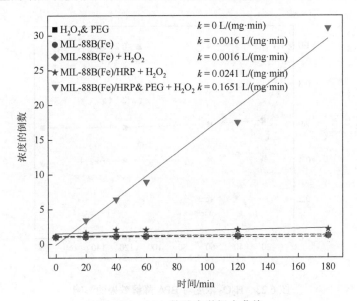

图 6.21　BPA 的动力学拟合曲线

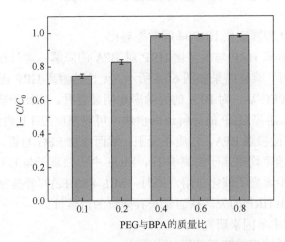

图 6.22　PEG 添加量对 BPA 降解效果的影响

$T = 25℃$，$V = 50$ ml，$C_0 = 20$ mg/L，$m = 0.06$ g/L，pH = 7.0

（3）H₂O₂ 浓度对降解效果的影响

H₂O₂ 能激活酶促反应，因此 BPA 去除率高度依赖于 H₂O₂ 浓度与底物浓度的比值。

从图 6.23 可以看出，当两者摩尔比为 0.25 时，去除率较低，仅为 42.6%，随着 H₂O₂ 浓度的增加，BPA 的去除率显著增加，说明在这个范围内 H₂O₂ 浓度是限制因素。当 H₂O₂ 和 BPA 的摩尔比在 1.5∶1～2∶1 之间时，去除率基本相同且均为最大值，这与相关文献报道的最佳比例为 1.5 或大于 1.5 的结果一致[4-5]。因此，之后的实验均在 H₂O₂ 和 BPA 的摩尔比为 1.5∶1 的条件下进行。

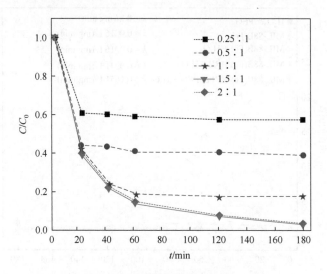

图 6.23　H₂O₂ 浓度对 BPA 降解效果的影响

$T = 25℃$，$V = 50\,\text{ml}$，$C_0 = 20\,\text{mg/L}$，$m = 0.06\,\text{g/L}$，pH = 7.0

2）游离 HRP 和固定化 HRP 降解效果对比

对比研究了游离 HRP 与固定化 HRP 对 BPA 的降解，实验在保证 HRP 质量相同的条件下进行，具体结果如图 6.24 所示。无论是游离 HRP 还是固定化 HRP，在体系中添加了 PEG 后，对 BPA 的去除率均明显提升。相比于固定化 HRP 实验的 3 h 降解平衡，游离 HRP 的降解速率很快，可以在反应 1 h 内达到平衡，这是由于游离 HRP 直接接触 BPA，传质不受阻。然而添加 PEG 与否，固定化 HRP 对 BPA 的最终降解速率均略高于游离 HRP，MOF 中的铁离子与 HRP 的活性位点之间协同作用进一步增强了催化作用，同时，MIL-88B(Fe)的骨架对 HRP 起到了保护作用，可以减少 HRP 的失活从而延长其降解的持续性。

3）降解过程中单因素研究

（1）BPA 初始浓度对降解效果的影响

由图 6.25 可以看出，当 BPA 浓度为 10 mg/L 时，固定化 HRP 的去除率最高，可达 99.4%。随着 BPA 浓度升高，去除率略有降低，这是由于体系中存在了过量的 BPA 分子聚集，致使部分底物没能接触到酶的活性位点。然而，即使在浓度很高（100 mg/L）的条件下，固定化 HRP 对 BPA 的去除率仍然可以在反应 4 h 内达到 93.1%，这说明材料具有较强的去除污染物能力及在净化废水领域的应用潜力。

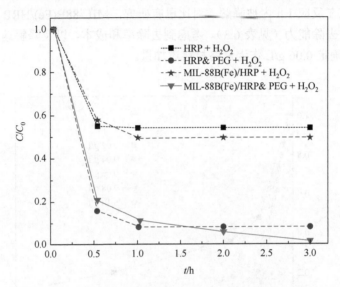

图 6.24　游离 HRP 和固定化 HRP 对 BPA 降解实验

$T = 25℃$，$V = 50\ ml$，$C_0 = 20\ mg/L$，pH = 7.0

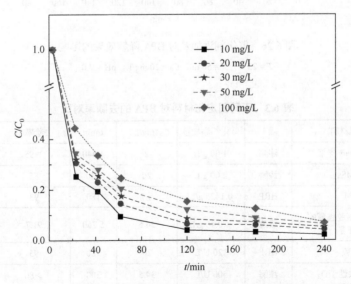

图 6.25　初始浓度对 BPA 降解效果的影响

$T = 25℃$，$V = 50\ ml$，$m = 0.06\ g/L$，pH = 7.0

（2）MIL-88B(Fe)/HRP 添加量对降解效果的影响

图 6.26 显示随着 MIL-88B(Fe)/HRP 添加量从 0.02 g/L 增加到 0.10 g/L，BPA 的去除速率和最终去除率均明显提升，这是由于随着酶量的增加，催化氧化 BPA 的活性位点也在逐渐增加。当 MIL-88B(Fe)/HRP 添加量达到 0.10 g/L 时，99.2% 的 BPA 可以在反应 1 h 内被降解，对比已有研究，MIL-88B(Fe)/HRP 材料展现了优异的 BPA 去除能力（见表 6.3）。考虑到去除率和成本，以及降解速率是否便于实验测定，确定 0.06 g/L 作为最终材料添加量。

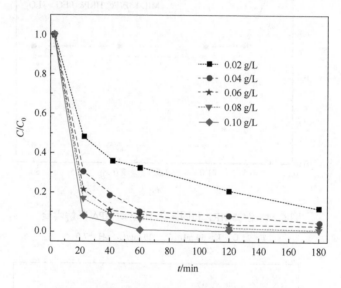

图 6.26　催化剂添加量对 BPA 降解效果的影响

$T = 25℃$，$V = 50$ ml，$C_0 = 20$ mg/L，pH = 7.0

表 6.3　不同固定化材料对 BPA 的去除率对比

固定化材料	酶	催化剂添加量	C_0/(mg/L)	t/min	去除率/%	参考文献
H. communis 支架	漆酶	1.00 g/L	2	1 440	＞95	[6]
MCMSs	漆酶	2.00 g/L	20	720	85	[7]
PFM	HRP	0.1425 g/L	8.7	180	93	[8]
TiO$_2$ 溶胶-凝胶包裹的 PVDF 膜	漆酶	＜0.40 g/L	34.5	5 760	91.7	[9]
NF 膜	HRP	120 U/L	20	180	95	[10]
APTES 改性 TiO$_2$	漆酶	500 U/L	34.5	300	＞80	[11]
磁性丝素蛋白纳米粒子	HRP	500 U/L	50	160	80.3	[12]

固定化材料	酶	催化剂添加量	C_0/(mg/L)	t/min	去除率/%	参考文献
MCN	HRP	0.5 g/L	10	50	85.7	[13]
MIL-88B(Fe)/HRP	HRP	0.10 g/L	20	60	99.2	本节

（3）温度对降解效果的影响

本书研究了合成材料降解 BPA 的最佳温度。从图 6.27 可以看出，在 15～35℃条件下，去除率相差不大，而 55℃时去除率较低，为 62.6%，这与酶长时间暴露在高温下导致部分活性丧失有关。与 45℃相比，15℃时反应的初始降解速率较慢，但最终降解程度较高，去除率可达到 97.5%，造成这一现象的原因是在低温条件下酶的活性受到抑制，而在高温条件下酶的活性随着时间的推移而下降，最终降解能力受到影响。从图 6.27 中观察到 25℃时去除率达到最大值，为 98.4%，因此 25℃为最终确定的反应温度。

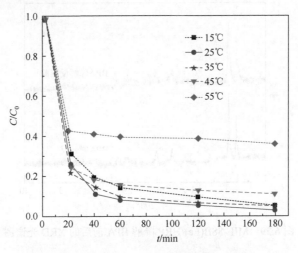

图 6.27　温度对 BPA 降解效果的影响

$V = 50$ ml，$C_0 = 20$ mg/L，$m = 0.06$ g/L，pH = 7.0

4）MIL-88B(Fe)/HRP 的循环使用性能

从图 6.28 可以看出，MIL-88B(Fe)/HRP 在 4 次降解反应后的相对活性仍然保留了初始值的 80.5%，固定化可以保护酶的催化活性，减缓重复使用带来的影响。但随着反应次数的增加，酶的相对活性逐渐减弱，在不断循环的过程中 HRP 的活性位点被 BPA 及中间产物堵塞，再加上酶的空间结构可能会在使用中发生部分改变，致使 HRP 失活。图 6.29 显示经过 4 次循环后，MIL-88B(Fe)/HRP 的 XRD 光谱图特征衍射峰基本相同，且峰强度变化不大，说明合成样品的结构稳定性强。

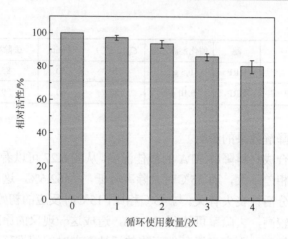

图 6.28 MIL-88B(Fe)/HRP 降解 BPA 的循环使用性能

$V = 50$ ml，$C_0 = 20$ mg/L，$t = 3$ h，pH = 7.0

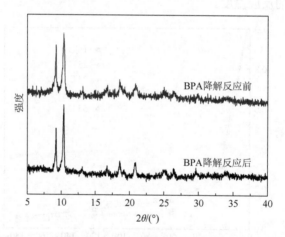

图 6.29 MIL-88B(Fe)/HRP 降解 BPA 前后的 XRD 光谱图

3. 对 2, 4-二氯苯酚的催化降解性能研究

1）不同条件下材料对 2, 4-二氯苯酚降解效果探究

实验测定了 H_2O_2 & PEG、MIL-88B(Fe)、MIL-88B(Fe) + H_2O_2、MIL-88B(Fe)/HRP + H_2O_2、MIL-88B(Fe)/HRP & PEG + H_2O_2 五种材料在不同条件下对 2, 4-DCP 的降解效果。实验结果如图 6.30 所示。

可以看出，H_2O_2 & PEG 对 2, 4-DCP 没有降解效果。MIL-88B(Fe)在反应 2 h 内对 2, 4-DCP 的去除率为 32.2%。在加入 H_2O_2 后没有明显变化。经过固定化 HRP 后，合成材料在反应 2 h 内可去除 95.1%的 2, 4-DCP。添加 PEG 后，降解速率变快，并且在相同时间内降解更完全，去除率达 99.0%。可以发现 MIL-88B(Fe)/HRP 材料在反应 1 h 后的去除率改变不大，由此设定降解 2, 4-DCP 实验的反应时间为 1 h。

　　图 6.31 是 2, 4-DCP 的准二级动力学拟合曲线，可见 MIL-88B(Fe)/HRP & PEG + H$_2$O$_2$ 体系的降解速率最快，其降解速率 k = 0.3698 L/(mg·min)，分别是 MIL-88B(Fe)和 MIL-88B(Fe)/HRP + H$_2$O$_2$ 的 24.17 倍[k = 0.0153 L/(mg·min)]和 1.78 倍 [k = 0.2072 L/(mg·min)]。

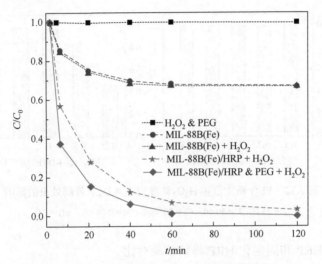

图 6.30　不同条件下材料对 2, 4-DCP 的降解效果

T = 25℃，V = 50 ml，C_0 = 20 mg/L，m = 0.04 g/L，pH = 7.0

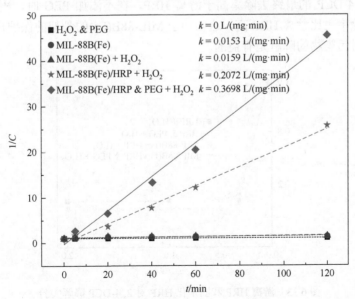

图 6.31　2, 4-DCP 的准二级动力学拟合曲线

　　如图 6.32 所示，当 PEG 和 2, 4-DCP 的质量比处于 0.1~0.8 范围时，去除率均处于较高的水平，并没有明显变化，因此实验设定降解条件是 PEG 和 2, 4-DCP 的质量比为 0.1。H_2O_2 浓度对 2, 4-DCP 去除率影响显著，随着 H_2O_2 和 2, 4-DCP 摩尔比的增加，去除率升高，并在比值为 1.5 时达到平衡，为 99.0%。因此，确定实验中两者摩尔比为 1.5。

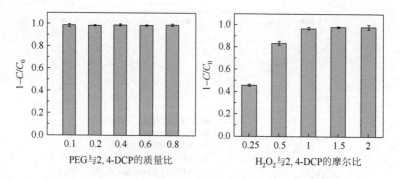

图 6.32　PEG 添加量和 H_2O_2 浓度对 2, 4-DCP 降解效果的影响

$T = 25℃$，$V = 50$ ml，$C_0 = 20$ mg/L，$m = 0.04$ g/L，pH = 7.0

2）游离 HRP 和固定化 HRP 降解效果对比

　　对比研究游离 HRP 与固定化 HRP 对 2, 4-DCP 的降解效果，两者分别在反应 0.5 h 和 2 h 达到降解平衡，结果如图 6.33 所示。在添加 PEG 的情况下，固定化 HRP 对 2, 4-DCP 的最终去除率高于游离 HRP，在不添加 PEG 时，固定化 HRP 的最终去除率也比游离 HRP 高，这归功于 MIL-88B(Fe) 的骨架的保护作用，证明了固定化对污染物的降解是有益的。

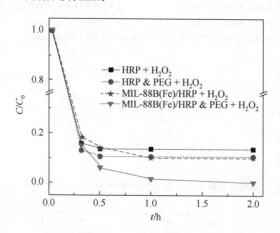

图 6.33　游离 HRP 和固定化 HRP 对 2, 4-DCP 降解实验

$T = 25℃$，$V = 50$ ml，$C_0 = 20$ mg/L，pH = 7.0

3）降解过程中单因素研究

（1）2,4-DCP 初始浓度对降解效果的影响

由图 6.34 所示，在 2,4-DCP 初始浓度较低的范围内（10~20 mg/L），固定化 HRP 的去除率很高，可超过 99%。随着浓度升高，去除率逐渐降低，但在 100 mg/L 的浓度条件下仍可以在反应 1 h 内达到 90.3%的去除率。图 6.35 显示了采用 4-氨基安替比林法测定污染物浓度的实验过程，颜色越深代表 2,4-DCP 浓度越高，可以看出在降解前 30 min 的 2,4-DCP 浓度迅速降低，这说明固定化 HRP 具有高效快速催化氧化水中污染物的能力。

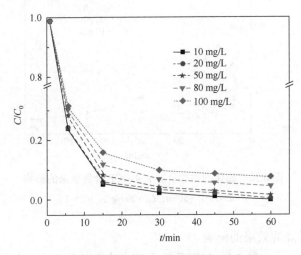

图 6.34　初始浓度对 2,4-DCP 降解效果的影响

$T = 25℃，V = 50$ ml，$m = 0.04$ g/L，pH = 7.0

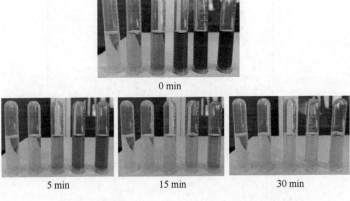

图 6.35　降解前 30 min 的 2,4-DCP 浓度变化图

$C_0 = 0$ mg/L、10 mg/L、20 mg/L、50 mg/L、80 mg/L、100 mg/L

（2）MIL-88B(Fe)/HRP 添加量对降解效果的影响

图 6.36 显示了 MIL-88B(Fe)/HRP 添加量的影响，当添加量从 0.02 g/L 增加到 0.10 g/L 时，2, 4-DCP 的最终去除率没有明显变化，均处于很高的水平，但降解速率明显提升，这是因为过量的 HRP 提供了丰富的反应位点。考虑到去除率和成本，以及降解速率，确定 0.04 g/L 作为最终材料添加量。

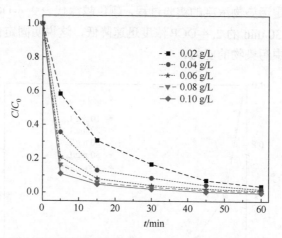

图 6.36　催化剂添加量对 2, 4-DCP 降解效果的影响

$T = 25℃$，$V = 50$ ml，$C_0 = 20$ mg/L，pH $= 7.0$

（3）温度对降解效果的影响

如图 6.37 所示，在 15～35℃条件下，去除率相差不大。与较高温度条件下（45～55℃）相比，15℃时反应的初始降解速率较慢，但最终降解程度较高，造成

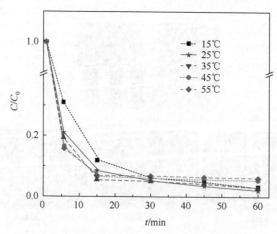

图 6.37　温度对 2, 4-DCP 降解效果的影响

$V = 50$ ml，$C_0 = 20$ mg/L，$m = 0.04$ g/L，pH $= 7.0$

这一现象的原因是低温条件下酶的活性受到抑制，而高温条件下酶的活性随着时间的推移而下降，最终降解能力受到影响。从图 6.37 中观察到在 25℃时去除率达到最大值，因此选择在常温 25℃下进行实验。

4）MIL-88B(Fe)/HRP 的循环使用性能

从图 6.38 可以看出，在材料前 3 次的循环过程中，每次下降的吸附量约为 1.3%～2.5%，3 次后的相对活性可以保持在初始值的 94.6%左右，且在 6 次循环降解反应后仍然能保留 81.6%，说明 MIL-88B(Fe)/HRP 材料的循环使用性能良好。MIL-88B(Fe)/HRP 拥有较好的循环使用性能，因为不同污染物的降解中间产物不同，导致酶在循环过程中的失活程度不同。图 6.39 为经过 6 次循环后，MIL-88B(Fe)/HRP 的 XRD 光谱图。图中降解反应前后特征衍射峰基本相同，且峰强度变化不大，说明合成样品的结构稳定性强。

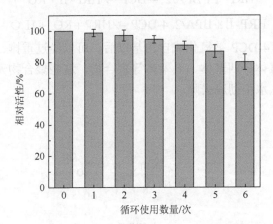

图 6.38　MIL-88B(Fe)/HRP 降解 2, 4-DCP 的循环使用性能

$V = 50$ ml，$C_0 = 20$ mg/L，$t = 1$ h，pH = 7.0

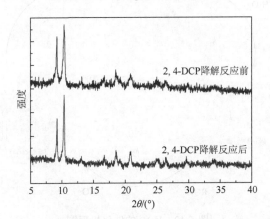

图 6.39　MIL-88B(Fe)/HRP 降解 2, 4-DCP 前后的 XRD 光谱图

5) 降解机理

HRP 的催化机理图如图 6.40 所示。HRP 可以在 H_2O_2 存在下发生催化反应，促使 ROH 参与反应，从而降解 BPA 和 2,4-DCP。HRP 的催化机理：第一步（k_1），基态 HRP 血红素辅基结构中的三价铁被一个 H_2O_2 分子氧化成为四价的过氢氧化铁和一个卟啉 π 阳离子自由基的 HRP-I，反应的这一步可通过普洛斯-克鲁特（Poulos-Kraut）机理解释[14]；第二步（k_2），HRP-I 从底物中得到一个电子，将卟啉 π 阳离子自由基还原为 HRP-II；第三步（k_3），HRP-II 通过氧化 BPA 和 2,4-DCP 发生单电子转移反应，同时酶恢复到基态。由于 k_3 的速度远慢于 k_1 和 k_2，所以为限速步骤，其反应式如下。

$$HRP + H_2O_2 \rightarrow HRP\text{-}I + H_2O$$

$$HRP\text{-}I + BPA/2,4\text{-}DCP \rightarrow HRP\text{-}II + RO\cdot$$

$$HRP\text{-}II + BPA/2,4\text{-}DCP \rightarrow HRP + RO\cdot + H_2O$$

当 BPA 和 2,4-DCP 被氧化成自由基以后，可以经过重排、氧化偶联等非酶反应过程形成三聚体、四聚体、五聚体等聚合物，这些聚合物无毒害作用，并可以通过沉积作用从水中彻底去除。

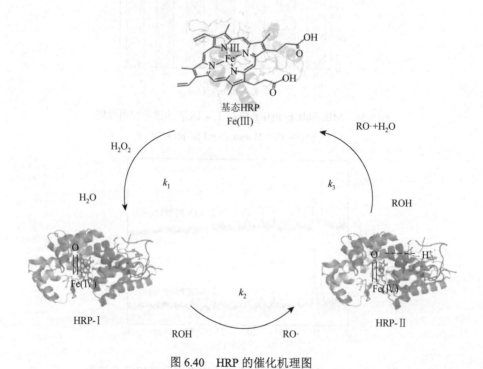

图 6.40　HRP 的催化机理图

6.2 Cu-PABA 负载漆酶降解去除双酚 A

漆酶（laccase，下文简写为 Lac）是一种含氧且可以氧化多种酚类物质的酶，依靠铜离子中心发挥催化作用。铜离子分为三种类型，分别为 I 型 Cu^{2+}（T1，蓝色）1 个、II 型 Cu^{2+}（T2，无色）1 个及 III 型 Cu^{2+}（T3，可吸收微弱的紫外光）2 个。其中，T1 和 T2 呈顺磁性，T3 呈反磁性。漆酶催化降解底物是通过活性位点铜离子之间的电子转移实现的：首先，来自反应物的电子被 T1 铜离子（氧化还原电势在 420~790 mV 之间）捕获，伴随着底物生成自由基，反应物被进一步降解，这是催化过程的主要限速阶段；其次，电子又通过铜-半胱氨酸-组氨酸（Cu-Cys-His）途径将电子从 T1 铜离子转移到 T2 铜离子和 T3 铜离子组成的铜离子簇；最后，与氧分子结合生成水。

选择耐酸 Cu 基 MOF 材料（Cu-PABA）作为固定化漆酶的载体，以匹配漆酶发挥最佳活性的 pH，并制备具有良好稳定性及循环使用性能的固定化漆酶生物复合材料（Cu-PABA@Lac），实际用于水中双酚 A 的去除，研究其催化降解性能。通过 XRD、FTIR、CLSM、TGA、SEM、TEM、N_2 吸附脱附等温线及 XPS 等表征手段对比研究了两种材料的差异，并通过单因素实验优化了固定化漆酶条件。通过将游离漆酶及固定化漆酶暴露于不同恶劣环境中，对比游离漆酶及固定化漆酶的酶学性质，考察了固定化漆酶的稳定性。同时，探究不同单因素对双酚 A 催化降解的影响，通过响应面模型优化得出最佳催化降解条件，推断 Cu-PABA@Lac 催化降解双酚 A 的机制。

6.2.1 Cu-PABA 及 Cu-PABA@Lac 的制备与表征

1. Cu-PABA 及 Cu-PABA@Lac 的制备

Cu-PABA 的制备过程均在室温室压下进行，具体步骤为：将乙酸铜超声溶于去离子水中制得溶液 A，浓度为 50 mmol/L；再将对氨基苯甲酸（para-amino benzoic acid，PABA）超声溶解于醋酸缓冲液（pH = 7.0，50 mmol/L）中，浓度为 12.5 mmol/L，制得溶液 B；然后将溶液 A 及溶液 B 缓慢混合，以 200 r/min 搅拌，8 h 后高速离心收集绿色固体，去离子水充分清洗材料三次，4℃ 保存。

Cu-PABA@Lac 的制备与 Cu-PABA 的制备方法类似，如图 6.41 所示，过程均在室温室压下操作，具体步骤为：将乙酸铜超声溶于去离子水中制得溶液 A，浓度为 50 mmol/L；将一定量 PVP、将漆酶溶解并溶于溶液 A，制得溶液 B；将对氨基苯甲酸（12.5 mmol/L）溶解在醋酸缓冲液（pH = 7.0，50 mmol/L）中，制得溶液 C；然后将溶液 B 及溶液 C 混合，以 200 r/min 搅拌，8 h 后高速离心收集绿色固体，去离子水充分清洗材料三次，4℃保存。

图 6.41　Cu-PABA@Lac 的制备过程示意图

2. Cu-PABA 及 Cu-PABA@Lac 的表征

1）XRD 分析

如图 6.42 所示，负载漆酶之后，Cu-PABA@Lac 的 XRD 光谱图变化不大。在 14.2°、15.1°、19.8°、20.1°、21.1°、25.5°、27.8°、29.5°等位置均出现特征衍射峰，峰强度有所变化，没有出现位移，证实了漆酶的成功引入，且漆酶的引入没有改变材料的晶体结构。

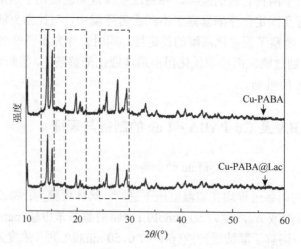

图 6.42　Cu-PABA 和 Cu-PABA@Lac 的 XRD 光谱图

2）SEM 与 TEM 分析

如 SEM 图像所示，Cu-PABA 及 Cu-PABA@Lac 的微观形态近球形，直径约为 3～5 μm（图 6.43）。进一步观察可以发现相比于 Cu-PABA@Lac，Cu-PABA 的微观形态更加规则，表明漆酶的引入仅仅轻微改变了材料的表面形态，此结果与 XRD 光谱图相符。

如图 6.43 所示，在 TEM 图像中的 Cu-PABA 及 Cu-PABA@Lac 的表面均为锯齿状，与 SEM 图表现相符。相比于 Cu-PABA，Cu-PABA@Lac 的微观形态呈椭圆形，且尺寸更大，这是由于漆酶的包裹导致材料形貌尺寸有所改变。

图 6.43　Cu-PABA 和 Cu-PABA@Lac 的 SEM 与 TEM 分析

（a）Cu-PABA 的 SEM 和 TEM 图像；（b）Cu-PABA@Lac 的 SEM 和 TEM 图像

3）CLSM 分析

如图 6.44 所示，图 6.44（a）和（c）为明场与荧光场叠加的图像及其局部放大图，图 6.44（b）和（d）为荧光场图像及其局部放大图，可以看出在材料存在的地方均有荧光，表明漆酶成功负载在 Cu-PABA 材料上。图 6.44（e）和（f）为 Cu-PABA 的共聚焦激光明场及荧光场叠加图和 Cu-PABA 的荧光场图，发现无荧光，表明材料本身并不具备荧光。

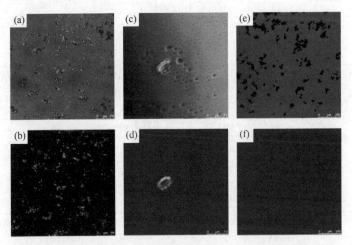

图 6.44　Cu-PABA 与 Cu-PABA@Lac 的 CLSM 分析

（a）Cu-PABA@Lac 的明场与荧光场叠加图；（b）荧光场图；（c）明场与荧光场叠加局部放大图；（d）荧光场局部放大图；（e）Cu-PABA 的共聚焦激光明场与荧光场叠加图；（f）Cu-PABA 的荧光场图

4）XPS 分析

图 6.45（a）为 C 1s 的能谱，固定化漆酶前后均可分出三个峰，分别对应苯环的 C—C/C＝C，C—N 及羧基的 O—C＝O[15]，其中 C—N 的结合能从 285.60 eV 升至 285.90 eV，O—C＝O 的结合能从 288.40 eV 降至 288.30 eV。观察图 6.45（b）O 1s 的能谱[16]，共两个信号峰，在固定化漆酶后，—OH 的结合能从 531.60 eV 降至 531.50 eV，而—COO⁻ 的结合能从 532.70 eV 降至 532.60 eV，且—COO⁻ 所占比例明显增加（26.2%升至 62.5%），说明成功负载了漆酶。图 6.45（c）为 N 1s 的能谱，400.00 eV 处对应为 C—N/N—H[17]。Cu 2p 的能谱图如图 6.45（d）所示[16]，Cu 2p$_{1/2}$ 的结合能从 953.50 eV 增至 953.90 eV，Cu 2p$_{3/2}$ 处所分出的两个峰对应醋酸铜，在固定化漆酶后，结合能位置发生了改变，且所占比例降低（42.0%＋17.7%降至 31.6%＋26.3%），证明了漆酶的成功负载。综合观察固定化漆酶前后 C 1s、O 1s、N 1s 及 Cu 2p 的能谱图可以发现 C—N、O—C＝O、—OH、—COO⁻、Cu 2p$_{1/2}$ 及 Cu 2p$_{3/2}$ 的峰位置均发生了变化，表明漆酶与 Cu-PABA 之间羧基、氨基、羟基及金属位点之间的相互作用使得漆酶成功负载。

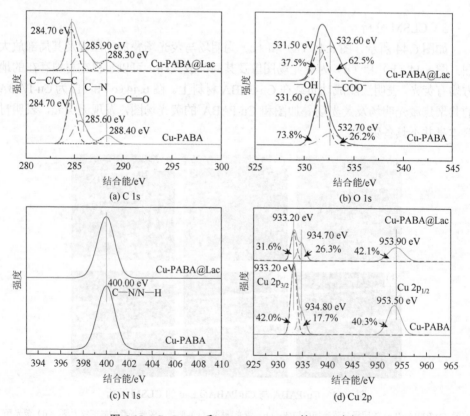

(a) C 1s

(b) O 1s

(c) N 1s

(d) Cu 2p

图 6.45　Cu-PABA 和 Cu-PABA@Lac 的 XPS 表征

5）FTIR 分析

图 6.46 为漆酶、Cu-PABA 及 Cu-PABA@Lac 的 FTIR 光谱。对于漆酶来说，在 3700～3000 cm^{-1} 处的特征衍射峰归属于—OH 和—NH 基团，2927 cm^{-1} 处的特征衍射峰是由 C—H 的拉伸产生的[18]。此外，1646 cm^{-1} 处的峰是由 C═O 的拉伸产生的，1174～955 cm^{-1} 处的特征衍射峰代表了蛋白质的特性结构[19]。Cu-PABA 在 433 cm^{-1} 处的峰是铜的伸缩振动峰，而 1390 cm^{-1} 和 1610 cm^{-1} 处是由于配位作用而产生的羧酸的伸缩振动峰[20]。经固定后 Cu-PABA@Lac 生物复合材料的特征衍射峰无明显变化。

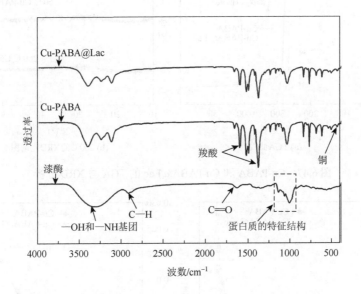

图 6.46　漆酶、Cu-PABA 和 Cu-PABA@Lac 的 FTIR 光谱图

6）TGA

图 6.47（a）为 Cu-PABA 及 Cu-PABA@Lac 的 TGA 曲线。从图 6.47（a）中可以看出，Cu-PABA 及 Cu-PABA@Lac 的曲线在 160℃以下均有约 10%的质量损失，这是由于材料孔隙中未烘干的水分蒸发所导致的质量损失。而当温度升到 260℃以上时 Cu-PABA 的质量出现大幅度的损失，这是因为 Cu-PABA 的金属节点与有机配体在高温条件下分解。而在 240～260℃之间，Cu-PABA@Lac 出现了一个显著的质量损失，这是由于固定化漆酶的在高温下分解所导致的质量损失。由图 6.47（b）可知在 260℃下材料晶型遭到破坏。

7）N$_2$ 吸附等温线分析

为了进一步分析 Cu-PABA 及 Cu-PABA@Lac 比表面积及孔结构的变化，进行了比表面积和孔结构测定。图 6.48 为 Cu-PABA 及 Cu-PABA@Lac 的 N$_2$ 吸附等温线及孔径分布, Cu-PABA 和 Cu-PABA@Lac 均为Ⅱ型等温线, 主要为介孔及大孔。表 6.4 为固定化漆酶前后材料比表面积及孔结构的改变。Cu-PABA 的比表面积为 14.02 m^2/g, 负载漆酶之后, 比表面积显著减小变成 8.13 m^2/g, 说明漆酶成功引入使得材料比表面积减小。总孔容也表现出相同的趋势, 从 0.027 cm^3/g 减小至 0.020 cm^3/g。

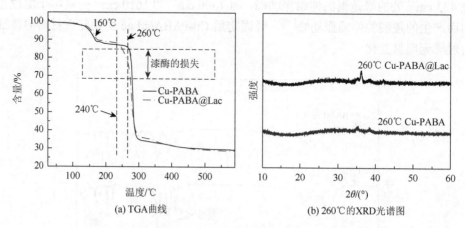

(a) TGA曲线 (b) 260℃的XRD光谱图

图 6.47 Cu-PABA 和 Cu-PABA@Lac 的 TGA 与 XRD 分析

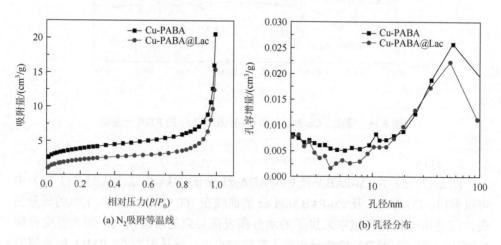

(a) N_2吸附等温线 (b) 孔径分布

图 6.48 Cu-PABA 和 Cu-PABA@Lac 的 N_2 吸附等温线及孔径分布

表 6.4 Cu-PABA 和 Cu-PABA@Lac 的比表面积及孔结构参数

样品	比表面积/(m^2/g)	总孔容/(cm^3/g)	微孔容/(cm^3/g)
Cu-PABA	14.02	0.027	0.0018
Cu-PABA@Lac	8.13	0.020	0.0011

6.2.2　Cu-PABA 及 Cu-PABA@Lac 的酶学行为研究

1. 漆酶含量测定方法

使用 BCA（bicinchoninic acid）法测定漆酶的浓度，并配制不同浓度漆酶溶液绘制标准曲线。

Cu-PABA@Lac 对漆酶的包封率用下式计算。

$$包封率 = [(C_t - C_0)/C_t] \times 100\% \tag{6.9}$$

式中，C_t 代表初始状态下漆酶的浓度；C_0 代表合成材料之后上清液中漆酶的浓度。

绘制标准曲线如图 6.49 所示，得出决定系数为 $R^2 = 0.99429$，实验根据此标准曲线用作后续漆酶浓度测定。

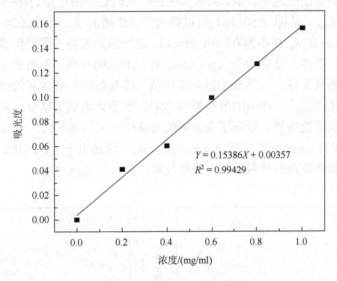

$$Y = 0.15386X + 0.00357$$
$$R^2 = 0.99429$$

图 6.49　漆酶的 BCA 标准曲线

2. 漆酶活性测定方法

通过紫外-可见分光光度法测定漆酶活性，1 个酶活单位（U）具体是指 1 min 内催化氧化 1 nmol 愈创木酚所需的酶量。

$$酶活单位 = (\Delta A \times V \times 10^6) / (\varepsilon \times L \times t) \tag{6.10}$$

式中，ΔA 为吸光度的变化；V 为总体积（ml）；ε 为摩尔吸光系数，取 12 100 mol/(L·cm)；L 为光程；t 为酶促反应时间。

利用愈创木酚法可以测定计算出漆酶的保留活性，保留活性是指相同量的酶固定化前后的活性的比值。

$$保留活性 = A_i/A_f \times 100\% \qquad (6.11)$$

式中，A_i 为固定化漆酶的活性；A_f 为同等质量游离漆酶的活性。

3. 米氏常数的测定

参照前述方法中测定漆酶的活性方法，调整加入的愈创木酚浓度分别为 0～0.040 mmol/ml，测定其活性。计算酶促反应初速度，绘制米氏曲线，将其横纵坐标取倒数之后绘制林–贝氏曲线。

从图 6.50（a）中可以看出，随着愈创木酚浓度的不断上升，酶促反应速率先上升后趋于平稳。此外，与游离漆酶相比，由于 Cu-PABA 外壳使得传质受限，固定化漆酶的酶促反应速率较低。将米氏图进行双倒数作图后得到林–贝氏图，并计算出 k_m 和 v_{max}。从图 6.50（b）可以得到游离漆酶的 k_m 为 0.0024 mmol/L，而 Cu-PABA@Lac 的 k_m 减小为 0.0014 mmol/L。这一结果表明了固定化漆酶与底物愈创木酚亲和力更高，这是由于 Cu-PABA 外壳为漆酶提供了适宜的微环境。Cu^{2+} 作为一种强路易斯酸，与漆酶的组氨酸残基（路易斯碱）有较高的结合倾向。在漆酶的固定化过程中，漆酶的酰胺基与 MOF 前驱体铜离子结合，从而促进酶促反应过程中电子的传递，增强了愈创木酚与漆酶之间的亲和力。而固定化后 v_{max} 从 1.80 mmol/(L·min) 下降到 0.76 mmol/(L·min)，这是由于 Cu-PABA 壳层阻碍了底物与漆酶活性位点的接触限制了酶促反应，降低了反应速率。

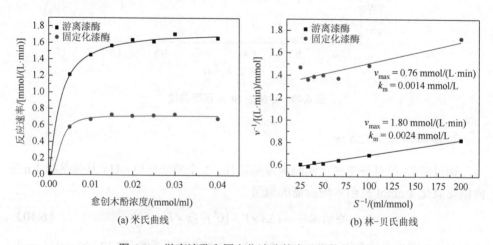

(a) 米氏曲线　　　　　　　　　　　(b) 林–贝氏曲线

图 6.50　游离漆酶和固定化漆酶的米氏常数的测定

4. 固定化因素

1）固定化 pH 因素

如图 6.51 所示，在 pH 等于 5 时 Cu-PABA 对漆酶的包封率达到最佳，为 67.0%。根据相关报道，漆酶的等电点为 4.2[21]，在 pH 为 5 的醋酸盐缓冲溶液中合成生物复合材料时，漆酶呈电负性。在这个 pH 条件下，带负电的漆酶与带正电 Cu^{2+} 之间的强烈的静电相互作用使它们更加容易结合，从而形成 Cu-PABA@Lac，并且可以负载更多的漆酶。在 pH 为 7 时，固定化漆酶保留活性达到最大（38.7%）。这个结果与漆酶发挥活性的最适 pH 相符，说明适宜的 pH 下漆酶能最大限度地保持漆酶的活性。从上述结果中，确定 pH 为 7 用于生物复合材料的合成。

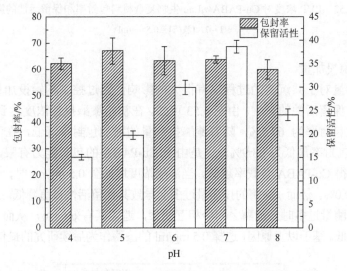

图 6.51　pH 对 Cu-PABA@Lac 生物复合材料包封率和保留活性的影响

[PVP] = 2 mg/ml，[漆酶] = 0.5 mg/ml

2）PVP 投加量

从图 6.52 可以看出，随着 PVP 浓度的增加，漆酶包封率从 91.5% 下降到 69.4%，PVP 的浓度与漆酶的包封率呈负相关。这表明 PVP 的加入限制了漆酶的负载。根据相关文献报道，PVP 加入体系之后，Cu-PABA@Lac 的形成由快速的生物矿化转变为较慢的共沉淀[22]，这将抑制 Cu-PABA 的成核，减缓结晶过程，从而抑制了漆酶负载。当 PVP 浓度为 2 mg/ml 时，漆酶的保留活性达到最高为 38.2%。这说明适当浓度的 PVP 可以在共沉淀过程中保护漆酶的构象减少变性，而过量的 PVP 投加反而会掩盖漆酶的活性位点，从而导致漆酶保留活性的降低。综合考虑包封率及保留活性，选择 2 mg/ml 浓度的 PVP 作为进一步实验的最适浓度。

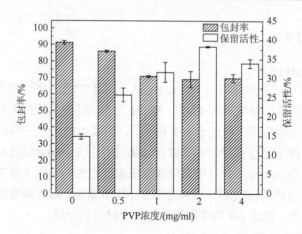

图 6.52　PVP 浓度对 Cu-PABA@Lac 生物复合材料包封率和保留活性的影响

pH = 7，[漆酶] = 0.5 mg/ml

3）漆酶投加量

漆酶的量对于共沉淀的过程也有很大的影响，通过控制初始投加量来探究其对包封率及保留活性的影响。由图 6.53 可知，在初始漆酶投加浓度达到 0.2 mg/ml 时达到最大包封率为 67.5%，随着漆酶投加量的增加包封率降低，在漆酶浓度为 3 mg/ml 时包封率最低为 53.9%。这是由于 Cu-PABA 的包封能力有限，漆酶的投加量越多使得 Cu-PABA 负载率越低。当漆酶浓度增加至 0.5 mg/ml 时，保留活性达到最高为 39.0%。然而，漆酶的投加量过多会导致其保留活性显著降低。这是由于整个体系中漆酶量过多时，漆酶之间会相互团聚，遮盖其有效位点，从而导致了漆酶保留活性降低。基于以上原因，选择 0.5 mg/ml 的漆酶作为后续研究的最佳漆酶浓度。

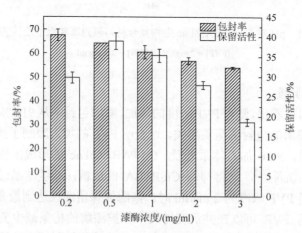

图 6.53　漆酶浓度对 Cu-PABA@Lac 生物复合材料包封率和保留活性的影响

pH = 7，[PVP] = 2 mg/ml

5. 环境 pH 稳定性

如图 6.54（a）所示，将游离漆酶及固定化漆酶浸泡在不同 pH 的缓冲溶液中 1 h，随着 pH 的升高，游离漆酶与固定化漆酶的保留活性表现出相似的趋势（先升后降）。在实验 pH 范围内（3.5～9.5），可以明显看到固定化漆酶比游离漆酶具有更高的稳定性。从图 6.54（b）可以得出，Cu-PABA@Lac 在不同 pH条件下均能保持良好的晶型，这种稳定的结构可以保护漆酶在不同酸碱条件下尽可能地保持活性。当 pH 为 9.5 时，固定化漆酶保留活性为 71.6%，而游离漆酶保留活性为 64.9%。特别是在酸性条件下，Cu-PABA@Lac 生物复合材料表现出更好的稳定性。pH 为 3.5 时，固定化漆酶保留活性可以达到 97.6%，而游离漆酶仅能保留 75.9% 的活性。固定化漆酶后，其最适 pH 从 6.5 变为 5.5，这可能是因为 Cu-PABA 载体固定化漆酶之后，漆酶周围的微环境与反应体系中氢离子的浓度差异所导致。

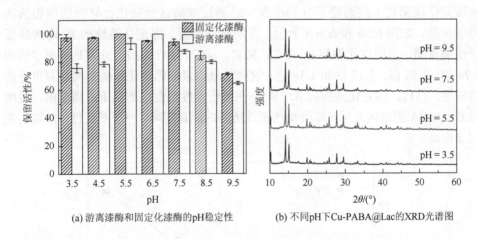

(a) 游离漆酶和固定化漆酶的pH稳定性　　　　(b) 不同pH下Cu-PABA@Lac的XRD光谱图

图 6.54　环境 pH 对保留活性和 XRD 的影响

6. 环境温度稳定性

从图 6.55 中可以看出，游离漆酶和固定化漆酶在 30℃ 条件下孵育 1 h 后的保留活性达到最大值，计作 100%。在 30℃ 增至 70℃ 的过程中，两者的保留活性均下降，Cu-PABA@Lac 生物复合材料下降的程度更加缓慢，具有更强的温度稳定性。在 70℃ 条件下，游离漆酶的保留活性仅为 5.4%，而固定化漆酶的保留活性为 12.1%。这种增强是由于 Cu-PABA 的刚性骨架与酶之间的多点连接，使其在高温条件下空间结构不易折叠卷曲，增强了漆酶的温度稳定性。

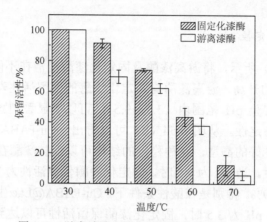

图 6.55　游离漆酶和固定化漆酶的温度稳定性

7. 酶热失活动力学

通过漆酶的热失活机理可以进一步分析漆酶的热稳定性。因此，将游离漆酶和固定化漆酶在不同温度下分别浸泡 1 h，通过漆酶活性变化计算得到热失活动力学参数，如图 6.56 和表 6.5 所示。在所有温度下，固定化漆酶的 K_d 均明显低于游离漆酶，而固定化漆酶在 40℃、50℃、60℃、70℃的 $t_{1/2}$ 分别是游离漆酶的 3.96 倍、1.58 倍、1.17 倍和 1.38 倍。这些结果均表明固定化漆酶对高温有更好的适应性。同样，固定化漆酶的 ΔH 和 E_d 在所给温度范围内均高于游离漆酶，说明经 Cu-PABA 固定化之后，漆酶受热变性所需的能量变高，更不易变性，热稳定性明显提高。

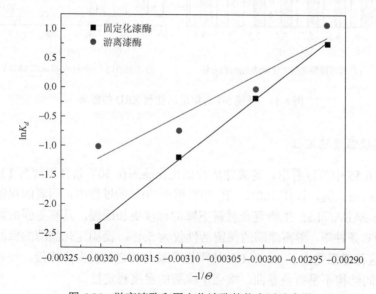

图 6.56　游离漆酶和固定化漆酶的热失活动力学

表 6.5　游离漆酶和固定化漆酶的热失活动力学参数 K_d、半衰期 $t_{1/2}$、热变性焓变 ΔH 和热变性活化能 E_d

温度 /°C	K_d		$t_{1/2}$		ΔH/(kJ/mol)		E_d/(kJ/mol)	
	固定化漆酶	游离漆酶	固定化漆酶	游离漆酶	固定化漆酶	游离漆酶	固定化漆酶	游离漆酶
30	0.00	0.00	—	—	90.26	58.91		
40	0.09	0.36	7.57	1.91	90.18	58.83		
50	0.30	0.48	2.30	1.46	90.09	58.74	92.77	61.42
60	0.84	0.98	0.83	0.71	90.01	58.66		
70	2.11	2.91	0.33	0.24	89.93	58.58		

8. 贮存稳定性

　　将固定化漆酶和游离漆酶在 4℃条件下保存 21 d，并测定其保留活性。正如预期的那样，固定化漆酶表现出更优异的贮存稳定性。固定化漆酶活性在前 9 d 几乎没有变化，而游离漆酶则损失了将近 15%的活性。在 21 d 后固定化漆酶保留了近 80%的活性，而游离漆酶失去了近一半的活性（图 6.57）。优异的贮存稳定性归功于酶与 MOF 的相互作用，使其空间结构不易折叠卷曲，延长了漆酶的使用寿命，降低了其贮存难度。

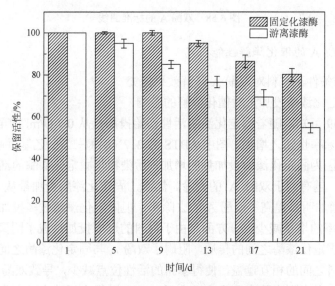

图 6.57　游离漆酶和固定化漆酶的贮存稳定性

6.2.3　Cu-PABA@Lac 降解去除双酚 A 的探究

1. 双酚 A 检测方法

采用 4-氨基安替比林法测定双酚 A 浓度。双酚 A 标准曲线（图 6.58）所需的浓度梯度由储备溶液稀释可得，浓度梯度设置为 0～100 mg/L。利用 4-氨基安替比林法测定吸光度，以双酚 A 浓度为横坐标，吸光度为纵坐标，绘制标准曲线，$R^2 = 0.99976$，用于后续计算双酚 A 浓度，计算去除率。

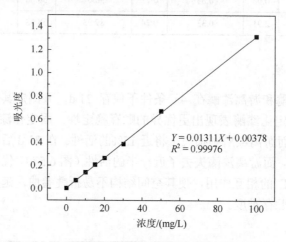

图 6.58　双酚 A 的标准曲线

2. 对双酚 A 的催化降解性能研究

1）不同条件下材料对双酚 A 降解效果探究

（1）固定化漆酶投加量对催化降解的影响

如图 6.59 可知，随着固定化漆酶活性初始投加量从 0.7 U/ml 增至 5.6 U/ml，双酚 A 的去除率也随之增加。图中 ABTS 为 2, 2'-联氮-二(3-乙基并噻唑啉-6-磺酸)二胺盐。因为固定化漆酶投加量的增加，污染物与固定化漆酶的活性位点接触的机会越多，越有利于双酚 A 的去除。然而，固定化漆酶投加量从 0.7 U/ml 到 2.1 U/ml 的增加明显提高了双酚 A 的去除率，但固定化漆酶过多投加量的会导致双酚 A 去除率的增量减少，一方面是由于材料的过多投加造成了团聚现象，限制了污染物与固定化漆酶之间的传质，阻碍了双酚 A 与固定化漆酶之间的接触；另一方面是材料之间的相互遮盖，使得暴露的活性位点减少，导致双酚 A 去除率的降低。因此，考虑到去除率和成本，选择 2.1 U/ml 作为后续实验中最合适的固定化漆酶活性初始投加量。

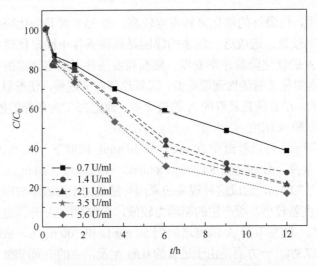

图 6.59　固定化漆酶活性初始投加量对双酚 A 催化降解的影响

$T = 35℃$，[BPA] = 20 mg/L，[ABTS] = 0.2 mmol/L

（2）温度对降解效果的影响

如图 6.60 所示，在 35℃时达到最大去除率（85.6%），且在 25℃、35℃和 45℃条件下，双酚 A 的去除率相近，分别为 79.1%、85.6%和 82.0%。在 15℃和 55℃条件下，双酚 A 的去除率分别为 65.2%和 57.1%。这是由于固定化漆酶在较低和较高温度条件下活性降低。与 55℃的催化降解过程相比，15℃时反应初期双酚 A

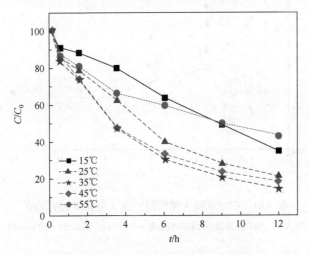

图 6.60　温度对双酚 A 催化降解的影响

固定化漆酶活性初始投加量 = 2.1 U/ml，[BPA] = 20 mg/L，[ABTS] = 0.2 mmol/L

的降解速率较慢，但最终的催化降解程度较高；而 55℃时其催化降解速率先快后慢，最终去除率较低。造成这一现象的原因是低温条件下固定化漆酶活性受到抑制，使得双酚 A 的催化降解速率变慢。然而高温条件下固定化漆酶活性丧失，随着时间的推移固定化漆酶活性逐渐降低，降解速率越来越慢，使得最终催化降解能力受到不利影响。结合能耗及双酚 A 的去除率，确定 35℃为最佳的催化降解温度。

（3）初始双酚 A 浓度

如图 6.61 所示，可以看出在 20 mg/L 和 30 mg/L 浓度下，Cu-PABA@Lac 对双酚 A 的去除率最高，分别达到 84.3%和 84.6%。在低浓度（10 mg/L）时，双酚 A 的去除率较低为 74.3%，造成这种现象的原因可能是由于溶液中与固定化漆酶周围的双酚 A 的浓度差较小，所产生的驱动力较低，导致双酚 A 与固定化漆酶接触受限，去除率较低。随着双酚 A 浓度增加到 50 mg/L 和 100 mg/L，去除率降低，分别为 73.9%和 47.3%，一方面是由于过量的双酚 A 及产生的中间产物（双酚 A 的二聚体、三聚体等）会遮盖、堵塞固定化漆酶的活性位点从而抑制了固定化漆酶对双酚 A 的催化降解；另一方面是固定化漆酶的投加量是一定的（2.1 U/ml），整个催化降解体系中可用的活性位点有限，因此在高浓度下双酚 A 的催化降解也受到了限制。

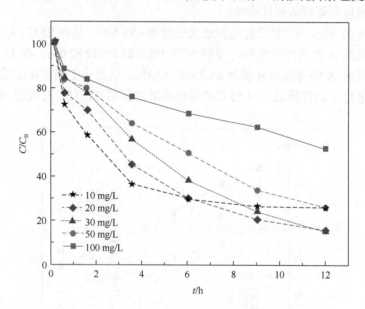

图 6.61　初始双酚 A 浓度对双酚 A 催化降解的影响

$T = 35℃$，固定化漆酶活性初始投加量 = 2.1 U/ml，[ABTS] = 0.2 mmol/L

（4）ABTS 投加量

如图 6.62 所示，随着 ABTS 浓度从 0 增加到 0.4 mmol/L，双酚 A 的去除率从

25.8%增加到 87.3%，这是由于 ABTS 的引入增强了整个体系中电子的转移，从而促进了双酚 A 的催化降解。而随着 ABTS 的继续增加，去除率几乎保持在一个恒定值。造成这个现象的原因是整个体系电子转移已经达到最大限值，而增加ABTS 不能进一步促进体系中电子的转移。综合考虑成本及双酚 A 的去除率，由图 6.62 可知在 0.2 mmol/L 和 0.4 mmol/L 的 ABTS 添加量下，对双酚 A 的去除率相近（分别为 84.7%和 87.3%），因此以 0.2 mmol/L 的 ABTS 为优化添加量进行后续的双酚 A 的催化降解研究。

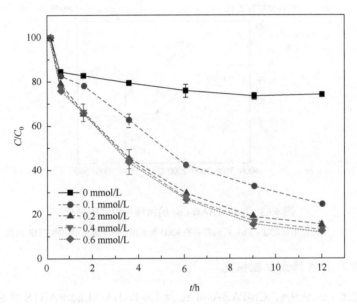

图 6.62　ABTS 浓度对双酚 A 催化降解的影响

固定化漆酶活性初始投加量 = 2.1 U/ml，T = 35℃，[BPA] = 20 mg/L

2）Cu-PABA@Lac 的循环使用性能

如图 6.63（a）所示，在第二次循环时去除率降低至初始的 87.1%，造成这个现象的原因可能是首次去除双酚 A 时 Cu-PABA@Lac 对双酚 A 的吸附导致孔道堵塞。随着循环使用数量的继续增加，双酚 A 去除率逐渐降低，在循环 4 次之后双酚 A 的去除率降低至初始的 85.5%，循环 8 次后去除率降低至初始的67.4%。一方面是因为材料颗粒太小，无法通过离心完全收集，在循环过程中会造成一定的损失；另一方面是因为在不断循环的过程中固定化漆酶活性位点被双酚 A 及中间产物堵塞，导致固定化漆酶的活性降低。对 Cu-PABA@Lac 催化降解双酚 A 前后进行了 XRD 和 FTIR 测试［图 6.62（b）和（c）］，可以看出光谱图几乎没有变化，说明 Cu-PABA@Lac 的结构没有发生改变。

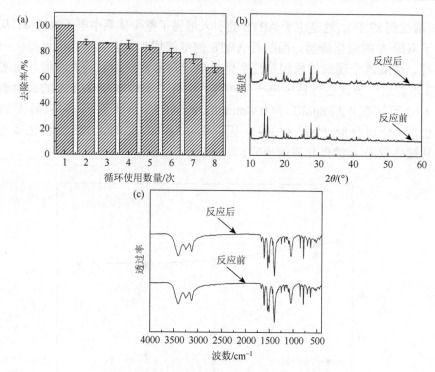

图 6.63 Cu-PABA@Lac 的循环使用性能分析

（a）循环使用稳定性；（b）反应前后的 XRD 光谱图；（c）反应前后的 FTIR 光谱

3. 催化双酚 A 降解机理探究

通过对比 Cu-PABA、Cu-PABA@Lac 及 Cu-PABA@Lac＋ABTS 体系对双酚 A 的催化降解，来确定该体系中电子转移的重要性。再对比检测游离漆酶与固定化漆酶对双酚 A 的催化降解，进一步确定了体系中电子转移对双酚 A 去除的促进作用。

1）催化降解动力学研究

图 6.64（a）为不同条件下双酚 A 催化降解的情况。可以明显看出，在只存在 ABTS 的情况下，双酚 A 的变化不明显，说明单纯的 ABTS 在体系中没有发生电子的转移，并不会催化降解双酚 A。除此之外，还测定了 Cu-PABA 对于双酚 A 的吸附去除能力，结果显示反应 12 h 后只去除约 10%的双酚 A，这是由于 Cu-PABA 的比表面积较小（14.02 m²/g）。经过固定化漆酶后，材料表现出更好的双酚 A 去除性能，反应 12 h 后去除率可达约 26%，说明漆酶的成功负载。在实际应用中，漆酶的存在对催化降解双酚 A 是有益的。当体系为 Cu-PABA@Lac+ABTS（终浓度为 0.2 mmol/L），反应 12 h 后双酚 A 的去除率大大提高，为 84.7%，这是由于 ABTS 的加入增强了整个体系的电子传递，使得双酚 A 更加容易被催化降解。如图 6.64（b）所示，对不同条件下双酚 A 降解曲线进行准一级动力学模型拟合，发现

Cu-PABA@Lac + ABTS 体系对双酚 A 的降解速率最快,其降解速率 $k = 0.160\,h^{-1}$,分别是 Cu-PABA 和 Cu-PABA@Lac 的 16.00 倍($k = 0.010\,h^{-1}$)和 8.42 倍($k = 0.019\,h^{-1}$)。

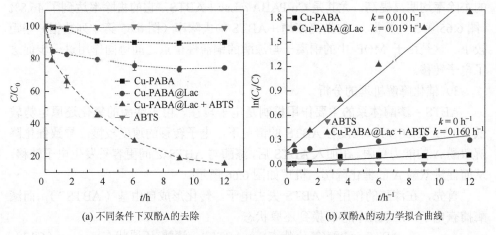

(a) 不同条件下双酚A的去除　　　　　　　(b) 双酚A的动力学拟合曲线

图 6.64　双酚 A 的催化降解动力学研究

固定化漆酶活性初始投加量 = 2.1 U/ml,[BPA] = 20 mg/L,[ABTS] = 0.2 mmol/L

2)不同条件下漆酶对双酚 A 催化降解探究

如图 6.65 所示,在 25℃、双酚 A 初始浓度为 20 mg/L 的条件下,无论是否添加 ABTS,游离漆酶催化降解双酚 A 的能力均优于固定化漆酶。这是由于游离漆酶直接接触双酚 A,传质不受阻。在不添加 ABTS 的时候,反应 3.5 h 后游离漆酶对双酚 A 的去除率为 37.0%(图 6.65 第 5 列数据),是同等活性条件下

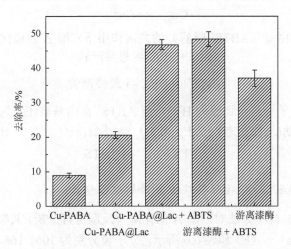

图 6.65　不同条件下双酚 A 催化降解实验

$T = 25℃$,初始双酚 A 浓度 = 20 mg/L,$t = 3.5\,h$

Cu-PABA@Lac 的去除率（20.6%，图 6.65 第 2 列数据）的 1.80 倍。投加 ABTS 建立漆酶＋ABTS 体系后，可以发现无论是游离漆酶还是固定化漆酶对于双酚 A 的去除率均明显提高，尤其是 Cu-PABA@Lac＋ABTS，它的去除率达到了 46.8%（图 6.65 第 3 列数据），与游离漆酶＋ABTS 的去除率（图 6.65 第 4 列数据）差距较小。这是由于 MOF 中的铜离子与漆酶的铜活性位点之间协同作用进一步促进了电子转移。

3）催化降解机理的分析

ABTS＋漆酶体系的主要作用机制是电子转移。由于漆酶的氧化还原电势较低（0.50～0.80 V），在没有 ABTS 的情况下，电子转移的速度较慢，导致催化降解双酚 A 的能力受限。在加入 ABTS 后，漆酶与 ABTS 之间更容易发生电子转移，从而促进双酚 A 的催化降解，机理如图 6.66 所示。

首先，在漆酶的作用下 ABTS 失去电子，转化形成自由基（ABTS$^{+\cdot}$），而漆酶捕获电子，从氧化状态转换到还原状态

$$\text{ABTS} + 漆酶(氧化状态) \rightarrow \text{ABTS}^{+\cdot} + 漆酶(还原状态) \quad (6.12)$$

其次，漆酶的状态发生变化，电子在漆酶的铜活性位点之间转移，T1 铜离子捕获 ABTS 的电子，该电子从 Cu-Cys-His 途径转移至由两个 T3 铜离子和一个 T2 铜离子组成的铜离子簇中。同时，Cu-PABA 中的铜离子与漆酶的铜活性位点之间协同作用，加速这一电子转移过程

$$Cu_{T1}^{2+} + e^- \rightarrow Cu_{T1}^+ \quad (6.13)$$

$$Cu_{T1}^+ + Cu_{T2,T3}^{2+} \rightarrow Cu_{T1}^{2+} + Cu_{T2,T3}^+ \quad (6.14)$$

$$Cu_{MOF}^{2+} \overset{e^-}{\leftrightarrow} Cu_{Lac}^{2+} \quad (6.15)$$

在漆酶和自由基（ABTS$^{+\cdot}$降解）的共同作用下双酚 A 被催化降解

$$漆酶 + \text{BPA} \rightarrow 最终产物 \quad (6.16)$$

$$\text{ABTS}^{+\cdot} + \text{BPA} \rightarrow 最终产物 \quad (6.17)$$

最后，氧分子被结合还原为 H$_2$O，而 ABTS$^{+\cdot}$自由基被还原为 ABTS。

$$漆酶(还原状态) + 2H^+ + 0.5O_2 \rightarrow 漆酶(氧化状态) + H_2O \quad (6.18)$$

$$\text{ABTS}^{+\cdot} + e^- \rightarrow \text{ABTS} \quad (6.19)$$

4. Cu-PABA@Lac 催化降解双酚 A 降解途径分析

利用 GC-MS 检测方法对双酚 A 催化降解反应进行分析，共检测出 8 种物质，具体如图 6.67（a）～（h）和表 6.6 所示，分子量分别为 106、166、94、122、152、134、206、228，其中分子量为 228 的物质是双酚 A，其他物质则为催化降解的中间产物。

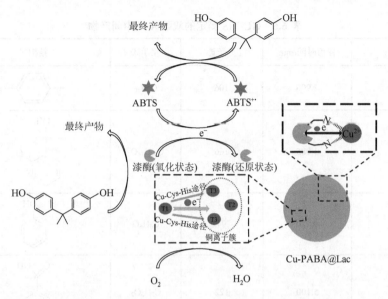

图 6.66 双酚 A 在 Cu-PABA@Lac 生物复合材料上催化降解机理示意图

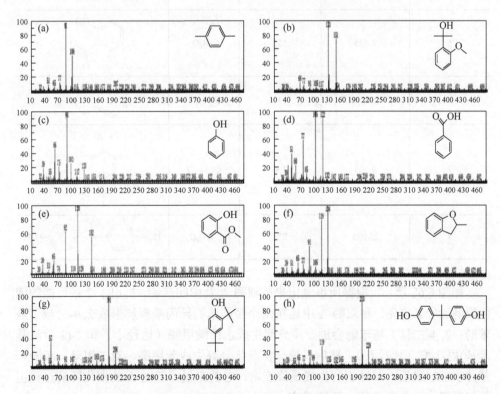

图 6.67 双酚 A 及中间产物质谱图

表 6.6　GC-MS 测定的双酚 A 及中间产物

序号	停留时间/min	分子量	化学式	结构式
1	2.900	106	C_8H_{10}	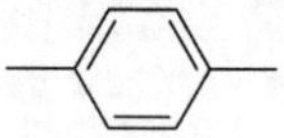
2	3.085	166	$C_{10}H_{14}O_2$	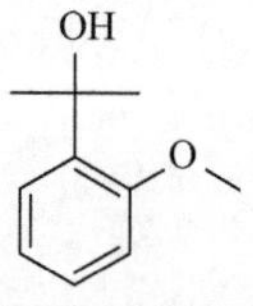
3	3.720	94	C_6H_6O	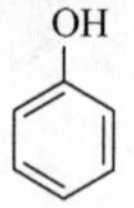
4	5.100	122	$C_7H_6O_2$	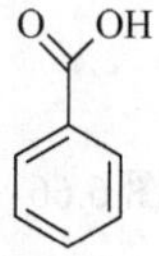
5	5.485	152	$C_8H_8O_3$	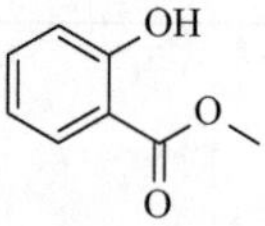
6	6.530	134	$C_9H_{10}O$	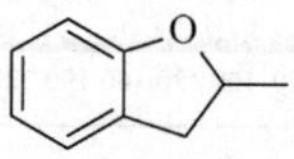
7	9.665	206	$C_{14}H_{22}O$	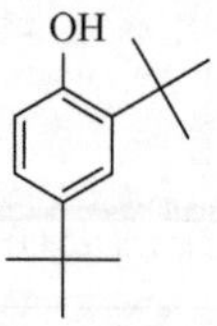
8	27.035	228	$C_{15}H_{16}O_2$	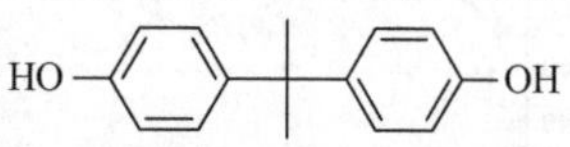

如图 6.68 所示，根据所检测出来的双酚 A 及中间产物，提出了 2 条可能的催化降解途径。首先，将双酚 A 中连接两个羟基苯的异丙基裂解形成 2,4-二叔丁基苯酚；2,4-二叔丁基苯酚会进一步分解生成水杨酸甲酯（途径Ⅰ）和 2-(2-甲氧基苯基)丙-2-醇（途径Ⅱ）。然后，进一步氧化分解生成苯甲酸、对二甲苯、苯酚和苯并呋喃。最后，苯环裂解生成最终产物。总的来说，双酚 A 的催化降解过程主要包括氧化、断裂重组、开环反应。

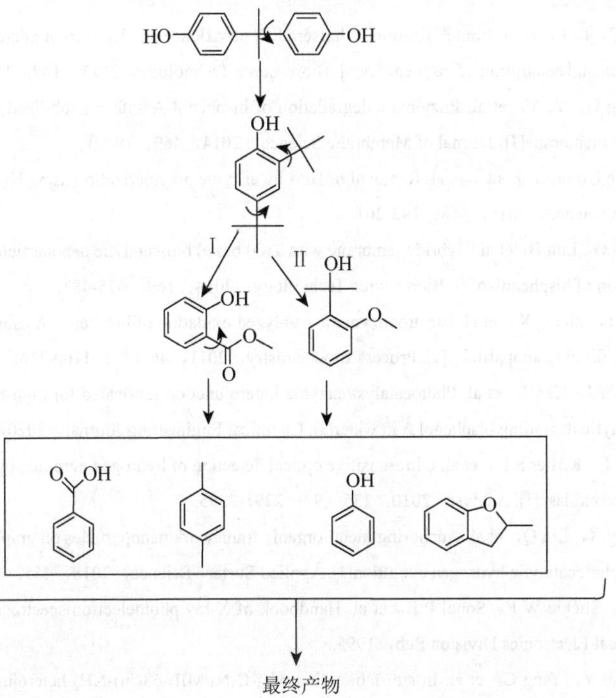

图 6.68　Cu-PABA@Lac 生物复合材料对双酚 A 的催化降解途径

参 考 文 献

[1]　Lei Z D，Xue Y C，Chen W Q，et al. The influence of carbon nitride nanosheets doping on the crystalline formation of MIL-88B(Fe) and the photocatalytic activities[J]. Small，2018，14（35）：1802045.

[2]　Vu T A，Le G H，Vu H T，et al. Highly photocatalytic activity of novel Fe-MIL-88B/GO nanocomposite in the degradation of reactive dye from aqueous solution[J]. Materials Research Express，2017，4（3）：035038.

[3]　蔡文婷，许嘉鑫，杜克斯，等. MIL-88B(Fe)固定辣根过氧化物酶去除双酚 A[J]. 环境工程学报，2021，15（7）：2295-2304.

[4]　Hong-Mei L，Nicell J A. Biocatalytic oxidation of bisphenol A in a reverse micelle system using horseradish peroxidase[J]. Bioresource Technology，2008，99（10）：4428-4437.

[5]　Xiao F，Xiao P，Jiang W，et al. Immobilization of horseradish peroxidase on Fe_3O_4 nanoparticles for enzymatic removal of endocrine disrupting chemicals[J]. Environmental Science and Pollution Research，2020，27（19）：24357-24368.

[6]　Zdarta J，Antecka K，Frankowski R，et al. The effect of operational parameters on the biodegradation of bisphenols by trametes versicolor laccase immobilized on hippospongia communis spongin scaffolds[J]. Science of the Total Environment，2018，615：784-795.

[7]　Lin J，Liu Y，Chen S，et al. Reversible immobilization of laccase onto metal-ion-chelated magnetic microspheres for bisphenol A removal[J]. International Journal of Biological Macromolecules，2016，84：189-199.

[8] Xu R，Chi C，Li F，et al. Immobilization of horseradish peroxidase on electrospun microfibrous membranes for biodegradation and adsorption of bisphenol A[J]. Bioresource Technology，2013，149：111-116.

[9] Hou J，Dong G，Ye Y，et al. Enzymatic degradation of bisphenol-A with immobilized laccase on TiO$_2$ sol-gel coated PVDF membrane[J]. Journal of Membrane Science，2014，469：19-30.

[10] Escalona I, de Grooth J, Font J, et al. Removal of BPA by enzyme polymerization using NF membranes[J]. Journal of Membrane Science，2014，468：192-201.

[11] Hou J，Dong G，Luu B，et al. Hybrid membrane with TiO$_2$ based bio-catalytic nanoparticle suspension system for the degradation of bisphenol-A[J]. Bioresource Technology，2014，169：475-483.

[12] Xu J，Tang T，Zhang K，et al. Electroenzymatic catalyzed oxidation of bisphenol-A using HRP immobilized on magnetic silk fibroin nanoparticles[J]. Process Biochemistry，2011，46（5）：1160-1165.

[13] Zhang H，Wu J，Han J，et al. Photocatalyst/enzyme heterojunction fabricated for high-efficiency photoenzyme synergic catalytic degrading bisphenol A in water[J]. Chemical Engineering Journal，2020，385：123764.

[14] Virel A，Saa L，Köster S D，et al. Ultrasensitive optical detection of hydrogen peroxide by triggered activation of horseradish peroxidase[J]. Analyst，2010，135（9）：2291-2295.

[15] Tian L，Yang X，Liu Q，et al. Anchoring metal-organic framework nanoparticles on graphitic carbon nitrides for solar-driven photocatalytic hydrogen evolution[J]. Applied Surface Science，2018，455：403-409.

[16] Moudler J F，Stickle W F，Sobol P E，et al. Handbook of X-ray photoelectron spectroscopy[M]. Perkin-Elmer Corp：Physical Electronics Division Pub，1995.

[17] Cao W，Yuan Y，Yang C，et al. In-situ fabrication of g-C$_3$N$_4$/MIL-68(In)-NH$_2$ heterojunction composites with enhanced visible-light photocatalytic activity for degradation of ibuprofen[J]. Chemical Engineering Journal，2020，391：123608.

[18] Jia Y，Chen Y，Luo J，et al. Immobilization of laccase onto meso-MIL-53(Al) via physical adsorption for the catalytic conversion of triclosan[J]. Ecotoxicology and Environmental Safety，2019，184：109670.

[19] Samui A，Sahu S K. One-pot synthesis of microporous nanoscale metal organic frameworks conjugated with laccase as a promising biocatalyst[J]. New Journal of Chemistry，2018，42（6）：4192-4200.

[20] Wang L，Zhi W，Wan J，et al. Recyclable β-glucosidase by one-pot encapsulation with Cu-MOF for enhanced hydrolysis of cellulose to glucose[J]. ACS Sustainable Chemistry & Engineering，2019，7（3）：3339-3348.

[21] Que Y，Sun S，Xu L，et al. High-level coproduction，purification and characterisation of laccase and exopolysaccharides by coriolus versicolor[J]. Food Chemistry，2014，159：208-213.

[22] Chen G，Kou X，Huang S，et al. Modulating the biofunctionality of metal-organic-framework-encapsulated enzymes through controllable embedding patterns[J]. Angewandte Chemie International Edition，2020，59（7）：2867-2874.